D1734685

Ingenieurbiologie
im Spannungsfeld zwischen
Naturschutz und Ingenieurbautechnik

Jahrbuch 6 der Gesellschaft für Ingenieurbiologie e.V.

CIP-Titelaufnahme der deutschen Bibliothek

Ingenieurbiologie im Spannungsfeld zwischen Naturschutz und Ingenieurbautechnik

Jahrbuch 6 der Ges. für Ingenieurbiologie e.v., Aachen. Hrsg.: Wolfram Pflug.
Selbstverlag der Gesellschaft für Ingenieurbiologie e.v., Aachen 1996
ISBN 3-980 26 34-1-X
NE: Pflug, Wolfram (Hrsg.)

Jahrbuch 6 (1995) der Gesellschaft für Ingenieurbiologie

Herausgeber: Universitätsprofessor em. Wolfram Pflug
Gesellschaft für Ingenieurbiologie e.V.
Eynattener Str. 24 a
52064 Aachen
Tel. 0241/77227
Fax 0241/71057
eMail: Eva.Hacker@t-online.de

Redaktion: E. Hacker, W. Pflug, B. Schippers

Der Druck dieses Buches wurde ermöglicht durch die freundliche Unterstützung der nachfolgend genannten Personen und Firmen, denen wir unseren Dank aussprechen:
Hans-Dieter Müller, Aachen
Büro für Vegetationskunde und Landschaftsökologie, Aachen (BÜVL)

Buchgestaltung und Layout: B. Schippers, E. Hacker
Einband: Idee W. Pflug, Gestaltung K.-H. Jeiter
Titelbild: Eingerissener Sohlabsturz im Tal des Langen Steiger, Oderhaus / Harz
Druck: Zypresse, Aachen
Printed in Germany 1996

ISBN 3-980 26 34-1-X

Inhalt

Vorwort

Was lange währt ...

Mit dem Jahrbuch sechs der Gesellschaft für Ingenieurbiologie werden nun endlich die Ergebnisse der siebten Jahrestagung der Gesellschaft für Ingenieurbiologie veröffentlicht. Die Tagung fand 1989 in Schneverdingen statt, gemeinsam veranstaltet von der Norddeutschen Naturschutzakademie und der Gesellschaft für Ingenieurbiologie.

Die Tagungsteilnehmer befaßten sich mit dem Thema „Ingenieurbiologie im Spannungsfeld zwischen Naturschutz und Ingenieurbautechnik". Führen wir uns kurz die Hauptinhalte der drei genannten Disziplinen vor Auge. Ingenieurbautechnik ist eng mit dem Bauingenieurwesen verbunden und ein Teil der Bautechnik. Diese befaßt sich mit Bauten, die vor allem durch technisch-konstruktive und statische Gesichtspunkte geprägt werden. Die verwendeten Baustoffe sind nichtlebender Natur. Ebenso im technischen Bereich angesiedelt setzt sich die Ingenieurbiologie mit der Sicherung von Bauwerken und Nutzungen mit Hilfe lebender Baustoffe - den Pflanzen und Vegetationsdecken - auseinander. In der Anfangsphase ingenieurbiologischer Bauwerke ist eine Verbindung mit unbelebten Baustoffen oft nicht zu umgehen. Die Ziele und Aufgaben des Naturschutzes liegen, halten wir uns an den gesetzlichen Auftrag, in der nachhaltigen Sicherung der Funktionsfähigkeit des Naturhaushaltes, der Nutzungsfähigkeit der Naturgüter, der Pflanzen- und Tierwelt sowie der Vielfalt, Eigenart und Schönheit von Natur und Landschaft als gesellschaftlichem Anliegen.

Die Ingenieurbiologie bemüht sich durch ihre Arbeitsweise die traditionellen Spannungen zwischen Technik und Natur, zwischen Ingenieurbauwesen und Naturschutz zu überwinden. Trotzdem oder auch gerade deshalb gibt es zu diesem Thema unterschiedliche Auffassungen, deren Diskussion bis heute anhält.

In Vorträgen und auf Exkursionen wurde gezeigt, welches der Zweck ingenieurbiologischen Arbeitens ist, mit welchen Mitteln das Ziel "Sanierung" angegangen wird und wie die Werke nach Jahren, sowohl als Sicherungsbauwerke als auch aus der Sicht des Naturschutzes, einzuschätzen sind. Wenn auch seit der Tagung neue Erkenntnisse gewonnen wurden und sich manche Baustelle und Bepflanzung weiter entwickelt haben, tragen die Ergebnisse der Tagung, so denken wir, noch heute aktuell zur Klärung der verschiedenen Standpunkte zwischen den drei genannten Disziplinen bei.

Unterschiedliche Auffassungen sind die beste Voraussetzung zur Erweiterung des eigenen Horizonts, sie geben Anstoß zu neuen Gedanken, zu mehr Erkenntnis, Wissen und Erfahrung. Zweck der Tagung war es daher, aus dem gemeinsamen Sicherungsbedürfnis für Natur, Landschaft und Mensch heraus Lösungen zu finden, die von allen Beteiligten mitgetragen werden können. Diesem Anliegen, das auch von nicht zu unterschätzender Bedeutung für den Ausgleich von Eingriffen in Natur und Landschaft ist, möchte die Gesellschaft trotz der seit der Tagung ins Land gegangenen Jahre mit der Veröffentlichung der Tagungsergebnisse nachkommen.

Aachen, den 2. Mai 1996   Wolfram Pflug, Eva Hacker

Jahrbuch 6 der Gesellschaft für Ingenieurbiologie e.V. Aachen (1996)
Ingenieurbiologie im Spannungsfeld zwischen Naturschutz und Ingenieurbautechnik

9

Naturschutz und Ingenieurbiologie -
Begrüßung und Einführung in die gemeinsam von der Norddeutschen Naturschutzakademie und der Gesellschaft für Ingenieurbiologie veranstalteten Tagung über „Ingenieurbiologie im Spannungsfeld zwischen Naturschutz und Ingenieurbautechnik" am 11. und 12. September 1989

Wolfram Pflug

Ihnen gilt mein Morgengruß, den ich noch durch einen Vers meiner literarischen Freundin Mascha Kaléko verstärken möchte:

> Einmal sollte man seine Siebensachen
> Fortrollen aus diesen glatten Gleisen,
> man sollte sich aus dem Staube machen
> und früh am Morgen unbekannt verreisen!

Kaum einer unter uns wird sich hierher aus dem Staub gemacht haben und unbekannt nach Schneverdingen verreist sein. Dennoch - lassen wir einen Hauch dieses Wunsches über unserem Beisammensein in den beiden Tagen schweben. Vielleicht macht er uns ein wenig frei von „diesen glatten Gleisen" in unserem Alltag.

Seien Sie der Norddeutschen Naturschutzakademie und der Gesellschaft für Ingenieurbiologie willkommen. Ein besonderer Gruß gilt den Referenten und Diskussionsleitern des heutigen Tages sowie den Leitern der Exkursionen am morgigen Tag. Mit Ihrer Hilfe werden wir beide Tage bestreiten, und Ihre Aussagen werden einen wesentlichen Inhalt der sechsten Jahrestagung der Gesellschaft ausmachen.

Gleich heute morgen möchte ich auch den Dank der Gesellschaft den Organisatoren der Tagung aussprechen. Ich danke Herrn Dr. Vauk, Direktor der Norddeutschen Naturschutzakademie, Herrn Otto und allen Mitgliedern der Akademie, die an der Vorbereitung der Tagung beteiligt waren. Dank auch dem Verkehrsverein Schneverdingen für die Mühe, die vielen Teilnehmer bei knappem Angebot an Unterkünften in der Zeit der Heideblüte auf dem Lande unterzubringen. Mein Dank gilt auch meinen engeren Mitarbeitern in Aachen, Frau Hacker, Frau Paulson, Frau Ambs und Herrn Offermann.

Eine große Hilfe wurde uns durch den Bundesminister für Umwelt, Naturschutz und Reaktorsicherheit zuteil, der auf gemeinsamen Antrag von Herrn Dr. Vauk und mir die Förderung der Tagung in Aussicht stellte und dann auch zusagte. Vor wenigen Tagen erreichte mich ein Schreiben des Ministeriums vom 14.9.1989, aus dem ich die folgenden Sätze zitiere: „Der Ingenieurbiologie kommt für den Bereich des Naturschutzes und der Landschaftspflege eine hohe Bedeutung zu. Dies gilt insbesondere für Fragen der Ausgleichbarkeit und der Vermeidung von Eingriffen in Natur und Landschaft. Ich freue mich daher, daß mit Herrn Prof. Dr. Erz und Herrn Dr. Krause der Geschäftsbereich des Bundesumweltministeriums auf der Tagung gut vertreten ist, und hoffe auf einen intensiven Meinungsaustausch über die Möglichkeiten einer sinnvollen Ergänzung von Ingenieurbautechnik und Naturschutz".

Das Thema der Tagung könnte den Eindruck erwecken, als stünde das Arbeitsgebiet der Ingenieurbiologie tatsächlich in harten Auseinandersetzungen zwischen den beiden Polen. Dem ist sicher nicht so. Die Ingenieurbiologie ist, so im Vorwort zum Programm der Tagung, eine naturwissenschaftliche Disziplin, die im technischen Bereich die Sicherung von Bauwerken und Nutzungen mit natürlichen Mitteln - sprich Pflanzen - im Auge hat. Der Naturschutz befaßt sich u.a. mit der nachhaltigen Sicherung der Funktionsfähigkeit des Naturhaushalts, der Nutzungsfähigkeit der Naturgüter, der Pflanzen- und Tierwelt sowie der Vielfalt, Eigenart und Schönheit von Natur und Landschaft als gesellschaftlichem Anliegen. Das Wort „Sicherung" wird also von beiden Bereichen in Anspruch genommen.

Die Ingenieurbiologie besitzt eine Mittlerfunktion. Sie bemüht sich, die traditionellen Spannungen zwischen Technik und Naturschutz oder, spezieller, zwischen Ingenieurbauwesen und Natur, zu überwinden. Ob dies wirklich so ist oder ob die Ingenieurbiologie nicht auch manchmal die Spannungen zum Ingenieurbauwesen oder zum Naturschutz verstärken hilft, ist eine Frage, der wir uns in diesen Tagen stellen sollten.

Nach meinem Dafürhalten ist der Zweck der Vorträge, Diskussionen und Exkursionen in Beispielen aufzuzeigen, mit welchen Mitteln das Ziel „Sicherung" angegangen wurde und wie das Werk nach Jahren sowohl als Sicherungsbauwerk als auch in seiner Aufgabe für den Arten-, Biotop- und Ökosystemschutz einzuschätzen ist. Für jedes ausgeführte Bauwerk wären demnach mindestens drei Fragen zu beantworten:

- lag eine ingenieurbiologische Bauweise vor?
- erfüllt es auf Dauer bzw. auf lange Sicht die erwartete biotechnische Sicherungsleistung?
- entspricht es sogleich oder auch nach längerer Zeit den Belangen des Naturschutzes und der Landschaftspflege?

Obwohl gerade durch den Einsatz ingenieurbiologischer Bauweisen bei Böschungs-, Hang- und Ufersicherungen die Belange des Naturschutzes und der Landschaftspflege von Anfang an mitverwirklicht werden - so behaupte ich einmal - bleiben Fragen wie die folgenden noch immer offen:

- sind die Lebendbauweisen nicht oft zu stark ingenieurtechnisch ausgerichtet?
- finden nicht ohne Not noch oft Pflanzenarten Verwendung, die auf dem zu sichernden Standort fremd sind?
- darf dem Verlangen nachgegeben werden, Bauweisen des Lebendverbaues primär nach den Forderungen des Biotop- und Artenschutzes auszurichten?

Zweck der Tagung sollte weiterhin sein, aus dem gemeinsamen Sicherungsbedürfnis für Natur, Landschaft und Mensch heraus Lösungen zu finden, die sowohl vom Naturschutz als auch von der Ingenieurbiologie getragen werden können. Nicht jede Küsten- oder Binnendüne muß ingenieurbiologisch festgelegt, nicht jeder Uferabbruch, nicht jedes Steilufer muß ingenieurbiologisch gesichert werden. Nicht jede ingenieurbiologische Maßnahme, z.B., aus Gründen der Verkehrssicherheit, kann von Anfang an dem Biotop- und Artenschutz dienen. Nicht jedes Ingenieurbauwerk verdient die Unterstützung und Rechtfertigung durch ingenieurbiologische Bauweisen. Nicht jeder Eingriff in Natur und Landschaft kann bzw. darf mit Hilfe ingenieurbiologischer Bauweisen gemildert bzw. verantwortet werden. Wir müssen uns daher auch mit der im Schreiben des Bundesumweltministeriums bereits aufgeworfenen Frage nach der Bedeutung ingenieurbiologischer Bauweisen bei Eingriffen in Natur und Landschaft im Sinne des § 8 BNatSchG und der entsprechenden Regelungen in den Landesnaturschutzgesetzen auseinandersetzen.

Wir tagen in der Lüneburger Heide. Mehr als zwei Jahrhunderte lang war sie Versuchsfeld für ingenieurbiologische Bauweisen. Über den Zustand dieser

Landschaft um die Mitte des 18. Jahrhunderts äußert sich der Deutsche Rat für Landespflege in seiner Stellungnahme zum Naturschutzgebiet Lüneburger Heide unter dem Thema „Zur weiteren Entwicklung von Heide und Wald im Naturschutzgebiet Lüneburger Heide" in folgenden Sätzen:

„Die Karte der Kurhannoverschen Landesaufnahme von 1775/76 erfaßt noch den Zustand der vermutlich maximalen Ausdehnung der Heiden. Sie zeigt zugleich das Landnutzungsmuster der traditionellen Heidebauernwirtschaft in ihrer Endphase mit bereits starken Degradationserscheinungen durch Übernutzung. Diese haben sich in der nächsten Phase noch verstärkt.

Absolut dominierend waren die weiten, baum- und strauchlosen Heideflächen mit fast 78 % der Gesamtfläche. Vielfach waren die Heiden durch Plaggenhieb, Überweidung und folgende Deflation zu Flugsandfeldern und Dünen degradiert. Heide (78 %), Moor (3,4 %) und Flugsand (bis 4 %) nehmen zu diesem Zeitpunkt über 85 % der Flächen des heutigen Naturschutzgebietes (Lüneburger Heide, der Verf.) ein. Dem standen nur 5,6 % Waldflächen gegenüber. Nach den Rezeßbeschreibungen muß es sich bei den wenigen Laubwaldresten (rd. 1,4 %) um durch Weidebetrieb stark degradierten Niederwald (Stühbusch) gehandelt haben. Gehalten hatte sich der Wald vor allem auf den leistungs- und widerstandsfähigeren Böden der Endmoränenzüge (Eiche, Buche als Mastbäume) und in den nassen Niederungen (Erlen und Birkenbruch)."

Einen Überblick über den Umfang der offenen Sandflächen noch um die Mitte des vergangenen Jahrhunderts zeigt die Tabelle 15 (siehe Abb. 1) aus dem Werk des Oberforstmeisters von HAGEN über „Die forstlichen Verhältnisse Preußens" (1883). Die Hannoverschen Lande waren durchsetzt von unzähligen Flugsandfeldern. Seit Anfang des vergangenen Jahrhunderts versuchten die Heidebauern und die Forstbehörden vermehrt den Flugsand festzulegen und auf diesen Flächen Wald zu begründen. Eine „Bedeckung der Dünen" (SCHULZE 1910) mittels Strauchwerk, Fangzäunen, Bestecks sowie Flecht- oder Kopierzäunen war damals gang und gäbe, in der Hoffnung, auf den beruhigten Sandflächen findet sich die sichernde Vegetationsdecke entweder von selbst ein oder kann durch Pflanzung von Bäumen hergestellt werden. Man unterschied zwischen stehenden und liegenden toten und lebenden „Deckungen". Hierzu eine Erläuterung von SCHULZE (1910): „Man kann auch bei lebenden Deckungen stehende und liegende Deckungen unterscheiden. Künstlich hergestellt werden in der Regel nur die ersteren, da die liegenden sich, wenn der Sand erst einmal festgelegt ist, in Gestalt von Moosen, Flechten, Gräsern und Kräutern von selbst einfinden..."

KREMSER (1990), dem ich hier folge und aus dessen Werk ich einige Autoren zitiere, bezeichnet in seiner Forstgeschichte Niedersachsens die Aufgabe, diese Flächen dem Wald zurückzugewinnen, als fast unlösbar. Der königlich hannoversche Revierförster MÜLLER schrieb 1837 über die Situation, die den Forstmann erwartete: „Vor ihm liegen, auf weitgedehnter Ebene, Flächen zu tausenden von Morgen, wo die Vegetation aufgehört zu haben scheint. Kein Grashalm begrünt den weißgelben Boden, selbst das Heideblümchen schmückt nicht einmal diesen dürren Grund, hunderte von haus- und thurmhohen Sandhügeln in der ödesten Sterilität umstarren ihn; wenige Halme Sandhafer nur wachsen an den Seiten dieser sich aneinander reihenden Hügel; klarer Sand ohne die geringste Narbe bedeckt weit und breit den Boden, kleiner Kies und auf der Oberfläche zerstreut umherliegende Feuersteine zeigen Stellen an, wo die große Unfruchtbarkeit herrscht; tagelanger Regen vermag den Sand kaum ein paar Zoll tief anzufeuchten, und anhaltender Sonnenschein trocknet ihn so sehr aus und verwandelt ihn dermaßen in Staub, daß der nächste Windstoß ganze Wolken von diesem Wehsand aufjagt, die Hügel losreißt und nach anderen Stellen hintreibt und oft naheliegende Äcker und Flächen für immer unfruchtbar macht. Sand, treibender Sand ringsumher, und mitten darin der Forstmann, mit der Aufgabe, einen Wald daraus zu schaffen."

KREMSER (1990) fährt fort: „Außerdem entstanden in ständig wachsendem Ausmaß die sog. „flüchtigen Moorflächen", „Muhlwehen" auch „Melmwehen" genannt, verursacht durch Plaggenhieb und Überweidung von Brandkulturen auf Mooren - eine gefährliche irreversible Degradation. Wehsande und Mullwehen waren Folgen eines Zwanges, die nackte Existenz zu sichern. Diese Versuche, „eine Not zu wenden", ohne Rücksicht auf die Grenzen der Belastbarkeit des Bodens zu nehmen, hatten zur Folge, daß dieser statt mehr immer weniger für die Ernährung hergab und schließlich zur Wüste wurde."

Tabelle

Nachweisung über die in Preußen

Bezirk	Größe der Sandschellen	Davon sind angrenzendem Kulturgelände		Nur theilweise oder in geringem Maaße gefahrbringend	Mit Deckungs- resp. Aufforstungs- Arbeiten ist der Anfang gemacht bei
		gefährlich	nicht gefährlich		
	ha	ha	ha	ha	ha
Königsberg	5 762,92	4 568,16	1 194,76	10	.
Gumbinnen	1 566,93	1 295,81	271,12	114,98	.
Danzig	1 228,00	606,00	622,00	4,00	.
Marienwerder	5 743,85	4 430,85	1 313,00	17,50	533,00
Potsdam	3 321,66	2 487,93	833,73	269,31	6,00
Frankfurt	1 992,46	1 796,77	195,69	33,13	5,13
Stettin	943,70	733,70	210,00	30,40	.
Cöslin	1 113,00	866,04	246,96	23,01	50,00
Stralsund	135,00	25,00	110,00	.	.
Posen	2 654,82	2 300,19	354,63	114,00	.
Bromberg	2 999,85	2 569,26	430,59	.	.
Breslau	40,75	40,75	.	.	.
Liegnitz	210,86	109,41	101,45	.	15,30
Oppeln	936,68	677,65	259,03	197,80	.
Magdeburg	1 440,76	818,41	622,35	162,76	15,00
Merseburg	1 275,26	1 224,36	50,90	6,00	104,00
Erfurt	.	.	.	.	.
Schleswig	330,50	181,50	149,00	.	.
Landdrostei Hannover	3 588,25	2 974,00	614,25	.	.
" Hildesheim	.	.	.	.	.
" Lüneburg	206,12	37,40	168,72	.	.
" Stade	95,31	4,58	90,73	.	.
" Osnabrück	1 298,57	859,15	439,42	.	537,50
" Aurich	69,41	.	69,41	.	.
" Ganze Provinz Hannover	5 257,66	3 875,13	1 382,53	.	.
Münster	302,56	.	302,56	.	.
Minden	42,50	17,50	25,00	.	.
Arnsberg	28,00	8,00	20,00	.	.
Cassel	.	.	.	.	.
Wiesbaden	.	.	.	.	.
Coblenz	.	.	.	.	.
Düsseldorf	87,00	.	87,00	.	75,00
Cöln	.	.	.	.	.
Trier	.	.	.	.	.
Aachen	33,75	2,75	31,00	.	.
Sigmaringen	.	.	.	.	.
Summa totalis	37 448,47	28 635,17	8 813,30	982,27	1 340,93
		37 448,47			

Abb. 1 Nachweisung über die in Preußen vorhandenen Sandschellen (Quelle: O. von HAGEN: Die forstlichen Verhältnisse Preußens. 2. Aufl. bearbeitet von K. DONNER. Verlag Julius Springer, Berlin 1883)

15.
vorhandenen Sandschellen.

Bezüglich des Umfanges der gesammten Sandschellen folgen die einzelnen Bezirke auf einander, wie nachstehend angegeben:	Bezüglich des Umfanges der gefahrbringenden Sandschellen folgen die einzelnen Bezirke auf einander, wie nachstehend angegeben:
1. Königsberg . . . . mit 5 762,92 ha	1. Königsberg . . . . mit 4 568,16 ha
2. Marienwerder . . . . » 5 743,85 »	2. Marienwerder . . . . » 4 430,85 »
Provinz Hannover . . . . » 5 257,05 »	Provinz Hannover . . . . » 3 875,11 »
3. Landdrostei Hannover . . . . » 3 588,25 »	3. Landdrostei Hannover . . . . » 2 974,00 »
4. Potsdam . . . . » 3 321,66 »	4. Bromberg . . . . » 2 569,26 »
5. Bromberg . . . . » 2 999,85 »	5. Potsdam . . . . » 2 487,93 »
6. Posen . . . . » 2 654,82 »	6. Posen . . . . » 2 300,19 »
7. Frankfurt . . . . » 1 992,46 »	7. Frankfurt . . . . » 1 796,77 »
8. Gumbinnen . . . . » 1 566,93 »	8. Gumbinnen . . . . » 1 295,81 »
9. Magdeburg . . . . » 1 440,76 »	9. Merseburg . . . . » 1 224,36 »
10. Landdrostei Osnabrück . . . . » 1 298,57 »	10. Cöslin . . . . » 866,64 »
11. Merseburg . . . . » 1 275,26 »	11. Landdrostei Osnabrück . . . . » 859,15 »
12. Danzig . . . . » 1 228,00 »	12. Magdeburg . . . . » 818,41 »
13. Cöslin . . . . » 1 113,00 »	13. Stettin . . . . » 733,70 »
14. Stettin . . . . » 913,70 »	14. Oppeln . . . . » 677,65 »
15. Oppeln . . . . » 936,68 »	15. Danzig . . . . » 606,00 »
16. Schleswig . . . . » 330,50 »	16. Schleswig . . . . » 181,50 »
17. Münster . . . . » 302,56 »	17. Liegnitz . . . . » 109,41 »
18. Liegnitz . . . . » 210,86 »	18. Breslau . . . . » 40,75 »
19. Landdrostei Lüneburg . . . . » 206,12 »	19. Landdrostei Lüneburg . . . . » 37,40 »
20. Stralsund . . . . » 135,00 »	20. Stralsund . . . . » 25,00 »
21. Landdrostei Stade . . . . » 95,31 »	21. Minden . . . . » 17,50 »
22. Düsseldorf . . . . » 87,00 »	22. Arnsberg . . . . » 8,00 »
23. Landdrostei Aurich . . . . » 69,41 »	23. Landdrostei Stade . . . . » 4,58 »
24. Minden . . . . » 42,50 »	24. Aachen . . . . » 2,75 »
25. Breslau . . . . » 40,75 »	25. Erfurt . . . . »
26. Aachen . . . . » 33,75 »	26. Landdrostei Hildesheim . . . . »
27. Arnsberg . . . . » 28,00 »	27. Landdrostei Aurich . . . . »
28. Erfurt . . . . »	28. Münster . . . . »
29. Cassel . . . . »	29. Cassel . . . . »
30. Wiesbaden . . . . »	30. Wiesbaden . . . . »
31. Coblenz . . . . »	31. Coblenz . . . . »
32. Cöln . . . . »	32. Düsseldorf . . . . »
33. Trier . . . . »	33. Cöln . . . . »
34. Sigmaringen . . . . »	34. Trier . . . . »
35. Landdrostei Hildesheim . . . . »	35. Sigmaringen . . . . »

Abb. 1 Fortsetzung
Nachweisung über die in Preußen vorhandenen Sandschellen (Quelle: O. von HAGEN: Die forstlichen Verhältnisse Preußens. 2. Aufl. bearbeitet von K. DONNER. Verlag Julius Springer, Berlin 1883)

In seiner Schilderung der hannoverschen Wehsandaufforstung in der Niedergrafschaft Lingen finden sich folgende Hinweise zu ingenieurbiologischen Arbeiten (KREMSER 1990): „Außerdem wurden die gefährlichsten Stellen, aus denen der Wind immer wieder Sand aufwirbelte, gegen Westen und Südwesten durch sog. „Coupirzäune" abgeschirmt. Sie wurden etwa 1,2 m hoch gefertigt „und bestehen aus Pfählen, die je 2 Fuß von einander in den Sand geschlagen und mit Kiefernzweigen durchflochten werden". Solche Zäune schützen je nach Hanglage einen 10 bis 60 m breiten Streifen vor dem Loswehen. „Der Zweck der Coupirzäune ist bloß der, den Wehsand, nachdem derselbe umwallet und somit gegen den Andrang der Schaafheerden .. geschützt ist .. in seinen Quellen und an seinen am leichtesten zum Treiben geneigten Stellen zu fangen" (MÜLLER 1837).

Jetzt erst, so KREMSER, konnte man zur eigentlichen „Dämpfung" der Sande schreiten. Das geschah in Lingen durch schachbrettartige oder streifenweise Deckung mit Soden oder Plaggen. Die einzelnen Karrees oder Streifen hatten, je nach Flüchtigkeit der Sande, eine Seitenlänge bzw. Breite von 1,2 bis 4 m. „Diese Soden und Plaggen wachsen auf dem Sande fest, und die Hegung der Flächen gegen Schaaf- und Viehheerden bewirkt in einigen Jahren einen starken Wuchs der Heide darauf, und hat sich diese erst gebildet, so haben die Wehsandländer vor dem Treiben keine Gefahr mehr." Wo das Treiben weniger gefährlich war, wurde mit Reisig gedämpft, von den Dorfschaften wohl auch durch mehrjähriges Aufbringen von Kartoffelkraut.

Wenn alle Vorarbeiten - oft erst nach Jahren - gut gelungen waren, begann die eigentliche Aufforstung. „Dieser Sandboden, auf dem die Sonne ewige Zeiten mit versengender Glut geschienen hat, .. soll zum Wald umgeschaffen werden. ... Zwei, drei, oft sogar vier Saaten werden in verschiedenen Jahren gemacht und wie oft vergeblich." Daraus erklärt sich der ungeheure Verbrauch von Kiefern-Saatgut für die Kulturen. Sie wurden teils mit Zapfen, meist aber mit reinem Samen ausgeführt, „wollte man des Gelingens gewisser sein, meistens gegen die Seitenlinien der durch die Plaggen und Soden gebildeten Quarrés ... und standen rund herum in einem solchen Quarré auch nur hier und dort einige junge Pflanzen, so konnte man auf deren Gedeihen mit bei weitem größerer Sicherheit rechnen, als es bei denen der Fall war, die auf dem bloßen Sande aufgegangen waren".

Man fing mit dem Dämpfen und Besäen stets von der herrschenden Windseite aus an. Nur auf dem „Biener Sand" - etwa 204 ha groß mit umfangreichen und steilen Dünen - konnte man so nicht zum Erfolg kommen. Er mußte „eingekränzt" werden, indem man von außen konzentrisch vorging. Die Kultur dieses Sandes dauerte viele Jahre und war die letzte in Lingen."

„Ein solcher gedämpfter und cultivierter Sand sieht sehr bunt aus, denn die vielen Hindernisse ... gestatten das allgemeine Gelingen der Aussaaten nicht, und so sieht man denn nach drei bis sechs Jahren zwischen dem Grün der jungen Bestände hier und dort Flächen ... hellgelben Sandes als Blößen durchscheinen, auf welche nun der Forstmann seine Aufmerksamkeit richten muß, um sie durch Kiefernpflanzung wieder in Bestand zu setzen" (MÜLLER 1837). Die Nachpflanzungen erfolgten mit frisch ausgehobenen Ballenpflanzen, die vorsorglich an geeigneten Stellen herangezogen worden waren.

Welche Summe von Planung, Organisation und Vorsorge die Sandkulturen dem Forstmann abverlangten, kann heute nur schwer nachvollzogen werden. Um 1840 konnten die hannoverschen Forstleute mit berechtigtem Stolz melden: „Wo sonst treibende Sandöden waren, sieht man nun blühende Kiefernbestände, und Staat und Unterthanen haben ungemein gewonnen" (MÜLLER 1837)."

Aus dem Oldenburgischen berichtet KREMSER (1990) „ Die Flugsandflächen erforderten eine andere Technik. Die bischöflich münstersche Regierung hatte zwar, besonders im Amt Cloppenburg, seit 1785 nach dem Verfahren von Theodor Hermann NANKEMANN ... eine Anzahl von „Tannenkämpen" angelegt, aber als man auch die Wehsande einfach zu besähen versuchte, erlitt man nur Mißerfolge. Man gab jedoch nicht auf. „Hier in diesen Steppen ist der Forstmann recht eigentlich an seiner Stelle; hier füllt er seinen Platz gemeinnütziger als anderswo aus durch Tragbarmachung jener unwirthbaren Strecken, die sonst keinem Zweige der menschlichen Industrie Nutzen bringen, ja der Landwirtschaft sogar gefährlich zu werden drohen" (BAUR 1842). Die bedeutensten Flugsande waren der Dwergter Sand, Amts Cloppenburg, die Littler, Spaischen und Oldenburger Sande.

Auch hier, so KREMSER weiter, „wurden wie in Lingen, die Sande zunächst dem Vieh, vor allem den Schafherden verschlossen, dann die Dünen abgeflacht und danach sofort, und zwar vorwiegend mit Moorplaggen, gedeckt. „Alle Berge ... müssen dicht mit Plaggen gedeckt werden, so daß kein Zwischenraum bleibt, und Scholle an Scholle liegt", nur die ebenen Stellen konnten „maschenförmig" gedeckt werden. Zuweilen wurde auch mit Holz - jungen Kiefern aus Erstdurchforstungen - abgedeckt, die, sehr dicht gelegt, mit Stangen und Haken festgemacht wurden. In geschützten Lagen konnte mit gemähter Langheide und darauf geworfenem Sand gedeckt werden. Von den in Lingen üblichen Kupierzäunen hielt man in Oldenburg nichts, sie waren bei der gründlichen Bedeckung wohl auch entbehrlich.

Die Kultur selbst erfolgte mit Kiefern-Ballenpflanzen, 3- bis 6 jährig, im 1-m-Quadratverband. Nur im Dwergter Sande ist auf die deckenden Moorplaggen Kiefer gesät worden. Die Ballenpflanzen wurden in eigenen Kämpen auf bindigem Boden gezogen. Um 1820 ging man in Oldenburg ganz allgemein zur Pflanzung der Kiefer über, denn Saatgut war teuer und mußte eingeführt werden, weil es im Lande nur wenig Bestände im samentragenden Alter gab.

Die Fläche der oldenburgischen Staatsforsten hat sich von 1780 (etwa 4400 ha) bis 1860 (etwa 9000 ha) mehr als verdoppelt. Die Kiefer nahm 1860 schon 5000 ha ein. Der Herzog fürchtete, daß man mit ihr schon zu weit gegangen sei, und ordnete an, daß Nadelholz nur noch auf laubholzuntüchtigen Standorten angebaut werden sollte.

Die oldenburgischen Sandkulturen haben womöglich noch mehr Aufwand und Mühe gekostet als die hannoverschen. Bei ersteren stand die Sicherheit des Gelingens im Vordergrund, bei letzteren hat man sich mit minder vollständigen Anfangserfolgen begnügt, mußte dann aber mehr nachbessern. Einen Zeitgewinn hat die Oldenburger Methode nicht erbracht: Infolge höherer Kosten wurde mit kleineren Flächen gearbeitet. Der Oberförster OHRT zu Streek hat noch 1877 in BURCKHARDTs „Aus dem Walde" ... berichtet, daß von den 600 ha Flugsand seines Reviers 100 ha noch der Kultur harrten.

Bei alledem sind es großartige Leistungen! Wir müssen sehr bedauern, daß so wenig Nachrichten von den Männern überliefert sind, die sie draußen im Revier erbracht haben. Denn solche Probleme werden weder vom Katheder noch vom Schreibtisch aus gelöst, mögen beide noch so grün sein. Erst recht nicht von jenen, welche die Kultur unserer Welt, unser Werk und unser Schicksal nicht wahrhaben wollen, als könne der Mensch sein Menschentum, „das er immer hat und nie verlor, dadurch gewinnen, daß er nun rückwärts läuft, woher er kommen" (LESSING 1962)."

Einen Einblick in die Verfahren und Techniken, aber auch die Aufwendungen, Hindernisse und Strafandrohungen zur Verhütung und Dämpfung der Sandwehen gibt die im Anschluß an diese Einführung abgedruckte Instruktion der Königlich Hannoverschen Land-Drostei in Lüneburg vom 1. November 1837.

In diesem für die Gesellschaft für Ingenieurbiologie und der von ihr übernommenen Aufgabe traditionsreichen Land findet unsere Tagung statt, die ich hiermit eröffne.

Literatur

BAUR, K.F. (1842): Forststatistik der deutschen Bundesstaaten. 2 Teile. Leipzig.

BURCKHARDT, H.Ch. (1877): Aus dem Walde. III. Heft. Hannover.

DEUTSCHER RAT FÜR LANDESPFLEGE (1985): Zur weiteren Entwicklung von Heide und Wald im Naturschutzgebiet Lüneburger Heide. Schriftenreihe des Deutschen Rates für Landespflege. H. 48. 745-774.

HAGEN, O. von (1883): Die forstlichen Verhältnisse Preußens. 2. Auflage. Bearbeitet von K. DONNER. Verlag Julius Springer. Berlin.

KÖNIGLICH HANNOVERSCHE LAND-DROSTEI (1837): Instruction wegen Verhütung und Dämpfung der Sandwehen. Lüneburg, 1. November 1837. Entnommen: Staatsarchiv Hannover unter Hann. 74, Winsen/L, Nr. 1328. Acta Generalia betr.: „Die Dämpfung der Sandwehen" ab 1837.

KREMSER, W. (1990): Niedersächsische Forstgeschichte. Eine integrierte Kulturgeschichte des norddeutschen Forstwesens. Heimatbund Rotenburg/Wümme (Hrsg.). Rotenburg (Wümme).

LESSING, Th. (1962): Geschichte als Sinngebung des Sinnlosen. Hamburg.

MÜLLER, F. (1837): Hannoversche Sandkulturen. Allg. Forst- und Jagdzeitung. Nr. 80-82.

SCHULZE, F.W.O. (1910): Der Dünenbau. In: Dünenbuch. Verlag von Ferdinand Enke in Stuttgart. 376-404.

Anschrift des Verfassers:
Univ.-Professor em. W. Pflug
Wilsede 1 Hillmershof
D-29646 Bispingen

Anlage

Königlich Hannoversche Land-Drostei Instruktion wegen Verhütung und Dämpfung der Sandwehen vom 1. November 1837

(Nachdruck. Entnommen: Staatsarchiv Hannover unter Hann. 74, Winsen/L, Nr. 1328. Acta Generalia betr.: „Die Dämpfung der Sandwehen" ab 1837)

Instruction
wegen
Verhütung und Dämpfung der Sandwehen.

Wenngleich Wir aus ben, in Folge des Ausschreibens vom 23. September vr J., die Verhütung und Dämpfung der Sandwehen betreffend,
uns vorgelegten Nachweisungen auf der einen Seite gern die Bemühungen
wahrgenommen haben, mit welchen verschiedene Obrigkeiten sich die mög-
lichste Dämpfung der in ihren Bezirken vorhandenen Sandwehen haben
angelegen seyn lassen, so sind Wir doch dadurch auf der anderen Seite
auf's Neue von der immermehr sich hervorthuenden Nothwendigkeit über-
zeugt worden, daß diesem Gegenstande allgemein eine gehörige Aufmerksamkeit und nachhaltige Thätigkeit gewidmet werde und nehmen nunmehr keinen Anstand, die sämmtlichen Obrigkeiten des Bezirks, jedoch excl. der
Magisträte zu Celle, Dannenberg, Hitzacker, Lüchow und Walsrode, so wie
der ungeschlossenen Gerichte bis auf Brome und Boldeckerland zu dem Ende,
unter wiederholter Verweisung auf die betreffenden, für das Fürstenthum
Lüneburg in der Polizey-Ordnung von 1618 und Holz-Ordnung von 1665
(Corp. Const. Luneb. Cap. IV pag. 130 und Cap. VIII pag 20),
enthaltenen gesetzlichen Vorschriften, mit folgender näheren Instruction über
das dabey zu beobachtende Verfahren und die in der Regel dabey anzuwendenden technischen Maaßregeln zu versehen:

§. 1.

Es soll künftig in der ersten Amtsberathungs-Sitzung des Monats
Junius jeden Jahrs und bey den betreffenden Magisträten und Gerichten
in der ersten Woche dieses Monats von den Districts-Unterbedienten genaue
Auskunft darüber ertheilt werden, ob und welche Sandwehen in ihren Di-
stricten vorhanden oder im Entstehen begriffen oder wo auch nur gegründete
Besorgniß der Entstehung derselben vorhanden ist, auch, was darüber vorge-
kommen, oder ob in dieser Beziehung etwas nicht zu bemerken gewesen, in
den hierher einzusendenden Protocollen jedesmal gehörig bemerkt werden.

§. 2.

Von der Obrigkeit ist hierauf nach vorgängiger genauer Untersuchung und erforderlichen Falls nach zuvoriger Besichtigung an Ort und
Stelle auf den Grund der bestehenden gesetzlichen Bestimmungen, so wie

unter angemessener Benutzung der weiter unten folgenden technischen Vorschriften, sofern nicht in der Oertlichkeit oder in sonstigen Umständen besondere Gründe zu einer Abweichung davon enthalten sind, so zeitig das
behuf Verhütung und Dämpfung der Sandwehen. Geeignete zu verfügen,
daß möglichst noch im Laufe des Herbstes zur Ausführung der Arbeiten
geschritten, oder doch wenigstens damit der Anfang gemacht werden
kann.

§. 3.

Die Obrigkeit wird bey diesen ihren Anordnungen zwar zunächst von
dem Gesichtspuncte der baldigen Abstellung des Uebels auszugehen, daneben
aber auch die disponibeln Geld= und Arbeitskräfte der Unterthanen gehörig zu
berücksichtigen haben.

§. 4.

In Fällen, wo es sich um Culturen von irgend größerem Umfange
handelt, namentlich dann, wenn die Vertheilung der Arbeiten auf mehre
Jahre erforderlich wird, ist von der Obrigkeit gemeinschaftlich mit einem,
aus der Zahl der Forstbeamte oder der practischen Landwirthe der Gegend
zu wählenden Sachverständigen, zuvörderst ein vollständiger Deckungs= und
Cultur = Plan zu entwerfen und mit dessen Ausführung nicht eher zu beginnen, bis für die sämmtlichen dazu erforderlichen Mittel an baarem
Gelde, Material und Diensten gehörig gesorgt, auch jeden Falls das Bey=
trags=Verhältniß zu den Kosten festgestellt ist.

§. 5.

Hiernächst ist in der folgenden ersten Amts=Berathungs=Sitzung des
Monats Junius und resp. in dem, nach §. 1 bey den Gerichten und den
betreffenden Magiſträten alljährlich anzuberaumenden Termine auch über den
Erfolg der in dem letztverflossenen Jahre angeordneten Maaßregeln zur Ver-
hütung und Dämpfung der Sandwehen vollständig zu berichten und das
Nöthige darüber in das Protocoll mit aufzunehmen.

§. 6.

Als hauptsächlichſte Vorsichts = Maaßregel gegen befürchtete
Sandwehen, von welcher aber auch regelmäßig bey wirklich schon vorhandenen, neben den eigentlichen Deckungs = und Cultur=Arbeiten, Gebrauch
zu machen ist, dient die sofortige und vollständige Einhegung des ganzen
bedrohten Raums in der Art, daß alles Stockroden, Plaggenhauen, Streu=
rechen, Sandgraben, Viehhüten und Durchtreiben, so wie jede andere, eine
Verflüchtigung der Bodenfläche herbeyführende Benutzung desselben bey einer
Geldstrafe von 1 bis 10 Rthlr. oder einer verhältnißmäßigen Gefängniß=
ſtrafe verboten wird.

§. 7.

Jeder Bearbeitung der nicht in gehöriger Düngung erhaltenen abgemagerten Äcker, namentlich auch das Ueberwalzen derselben, in dürrer Zeit und bey starkem Winde, wodurch die Oberfläche des Bodens sich erfahrungsmäßig sehr leicht verflüchtigt, ist thunlichst und in dazu sich eignenden Fällen durch Androhung einer angemessenen Geld = oder Gefängnißstrafe entgegenzuwirken, wie denn auch

§. 8.

für die Erhaltung solcher Feldhölzer und Gebüsche, welche bislang zum Schutze gegen Sandwehen dienten, möglichst zu sorgen und in Fällen, wo zu deren Abtrieb obrigkeitliche Genehmigung erforderlich ist, dieselbe zu versagen sein wird.

§. 9.

Die eigentlichen Deckungs = und Cultur = Arbeiten müssen die Bewaldung der Sandwehen zum Hauptgegenstande haben, wozu die Kiefer vorzugsweise zu wählen ist. Nur in feuchten Niederungen können auch Stecklinge von Baum = und Strauchweiden, von Aspen und Schwarzpappeln mit Aussicht auf guten Erfolg versteckt werden. Wo jedoch Ortstein flach unter dem Sande steht, verdient die Cultur von Birken und Aspen den Vorzug vor der Kiefer.

Als Nebenmittel zur Bindung des flüchtigen Sandes, wozu unter geeigneten Umständen (vergl. §. §. 15 und 20) ein nützlicher Gebrauch gemacht werden kann, dient die Anzucht nachstehender Gewächse: als des Sandrohrs (arundo arenaria), der Flugsand = Segge (carex arenaria) und die braune Weide (salix fusca) mit ihren, den Sandboden liebenden Varietäten (s. fusca var. argentea und var. repens Chloris han. pag. 496). Die beyden Sandgräser können durch Aussaat der reifen Saamenähren, auch durch Pflanzung verbreitet werden, die Weiden durch Stockreisersetzen.

§. 10.

Es versteht sich von selbst, daß auf eine regelmäßige Folge der Forstculturen in den Sandwehen nach forstwirthschaftlichen Grundsätzen dabey nicht gesehen werden darf, sondern daß dabey lediglich von dem Gesichtspuncte der baldmöglichsten Dämpfung des Flugsandes und des nothwendigen Schutzes der benachbarten artbaren Felder auszugehen ist.

Hiernach muß die Arbeit von dem äussersten Anfangspuncte der Sandwehe beginnen und nach der Richtung hin, welche dieselbe genommen, gewöhnlich von Westen oder Nordwesten nach Osten oder Südosten, allmählich fortrücken; niemals aber dürfen die Anlagen ihnen entgegengehen. Durch diese allgemeine Regel werden jedoch diejenigen, allerdings empfehlenswerthen Schutz = Vorrichtungen keinesweges ausgeschlossen, welche bey größeren flüchtigen Sandfeldern ganz im entgegengesetzten Ende in der Gegend .der bereits gefährdeten oder schon Abbruch erleidenden Äcker oder sonst nutzbaren Fläche aus Vorsicht zugleich zu dem Ende, unternommen werden müssen, um dieselben nur erst auf so lange vor dem völligen Untergange zu bewahren, bis die regelmäßige Hauptdeckungs = Arbeit so weit vorgerückt seyn wird.

§. 11.

Bevor die eigentliche Cultur = Arbeit auf einer Sandwehe beginnt, muß sie durch ein angemessenes Deckungs = Mittel gedämpft seyn, wozu hauptsächlich Coupir=Zäune, Dämme, Wälle und die Bedeckung der Boden= Oberfläche mit schweren bindenden Erden, Heide, Soden, Plaggen oder Reiserholz dient und darf die Cultur sich nie weiter erstrecken, als der Flugsand sich dadurch beruhigt zeigt.

Wo der Boden noch nicht ganz mit Sand überwehet ist, muß zuvörderst auf die Deckung und Befestigung der Sandkehlen und der Höhen der Sandrücken Bedacht genommen werden, indem diese als die Quellen zu betrachten sind, von welchen die Versandung ausgeht.

§. 12.

Die Anpflanzung von (3 bis 4jährigen) Kiefern=Pflänzlingen verdient vor der Besaamung jedenfalls den Vorzug, daher denn in Gegenden, wo es auf die Ausführung eines auf eine Reihe von Jahren vertheilten Cultur=Plans ankommt und es an Kiefern=Pflänzlingen fehlt, auf die Aussetzung eines zu Kiefern=Pflanzkämpen geeigneten Raums, welcher unverzüglich zu besaamen und mit einer gehörig wehrbaren Befriedigung zu versehen, Bedacht zu nehmen ist.

§. 13.

Wenn es an tauglichen Kiefern = Pflänzlingen nicht fehlt, so ist das Verfahren folgendes:

Zuvörderst werden die schroffen Uferwände der Sandwehen und der innerhalb derselben sich gebildeten kleinen Hügel durch Heidezwicken und Spaten möglichst lehne abgeschrägt. Sodann wird die Sandwehe mit 1½ bis 3füßigen Kiefern = Pflänzlingen bepflanzt, die wo möglich mit den Ballen versehen sind, weshalb die Entnehmung der Pflänzlinge von lehmigem oder bindenden Boden zu empfehlen ist. Endlich werden die Zwischenräume mit Busch oder Reiserholze belegt, um den Pflanzen gegen die Winde und heftige Sonnenstrahlen Schutz und Schatten zu verschaffen und zugleich ihren Wachsthum zu befördern.

§. 14.

Es ist gerathen, die Pflanzreihen etwas schräg gegen die Windlinie anzulegen, indem sie alsdann weniger vom Winde leiden werden, als wenn man sie rechtwinklich demselben entgegengestellt und dann die Pflanzung durch einen halbmondförmigen, Fronte gegen den Wind machenden, 3½ bis 4 Fuß, hohen Schirmzaun gegen das fernere Eingreifen des Windes zu schützen. Nach Maaßgabe der Umstände, namentlich alsdann, wenn es an hinreichenden Mitteln zur Deckung der Oberfläche mangelt, wird die Wieberholung solcher Zäune im Innern der Pflanzung nöthig. Ihre Entfernung von einander müssen Beobachtung und Erfahrung an jeder Stelle ergeben.

Die paßlichste Entfernung der, in Reihen zu setzenden Pflänzlinge ist die dreyfüßige.

Fehlt es bey der Cultur größerer Sandflächen an Pflänzlingen oder kommen die Kosten zu hoch, so reicht eine streifenweise Pflanzung hin, bey der 2½ bis 3 Ruthen breite, durch Deckbusch zu schützende Besaamungen mit 4 bis 6 Reihen Pflänzlingen abwechseln.

§. 15.

In Ermangelung von Pflänzlingen und wenn die Cultur so sehr eilt, daß eine Verzögerung derselben durch vorangehende Erzielung von Pflänzlingen in Pflanzkämpen nicht anwendbar erscheint, muß zur Kiefernsaat geschritten werden, wobey folgendes Verfahren beobachtet wird:

Kann man sich unschädlich aus der Nähe mit kurzen leicht zerbröckelnden Heidplaggen oder Lehm oder langer s. g. Zaunheide versehen, — was aber in Beziehung auf die Verhütung einer weiteren Verbreitung der Sandwehe einer besonderen Erwägung bedarf — so wird, nach vorgängiger Abschrägung der Ufer und Hügel (§. 13) die flüchtige Sandfläche mit einem oder dem anderen Deckmaterial weitläuftig, doch möglichst gleichmäßig und dergestalt bedeckt, daß sich regelmäßige kleine Zwischenräume bilden, welche alsdann entweder mit gutem keimfähigen Kiefern = Saamen oder mit reifen Kiefern = Zapfen (Kienäpfeln) zu besaamen sind. Wo die leichte Zaunheide ein Spiel des Windes zu werden droht, ist dieselbe gleich mit Sand zu beschweren oder erforderlichen Falls durch kleine Hakenpfähle festzustecken, wie denn auch hier namentlich das Ueberstreuen der Sandfläche mit dem Saamen des Sand=Rohrs (arundo arenaria) und der Flugsand=Segge (carex arenaria) zu empfehlen ist.

§. 16.

Zur Besaamung werden für den Morgen etwa 8 ℔ reiner Kiefern=Saamen oder 14 Himten Kienäpfel, zur Bedeckung aber mit kurzen Plaggen 28 Fuder, mit Lehm 40 Fuder und mit Zaunheide 4 Fuder erforderlich seyn.

§. 17.

Ein anderes derartiges Deckungs = und Cultur = Verfahren, welches im Oßnabrückschen mit gutem Erfolge angewandt wird, besteht darin, die Plaggen netzförmig aufzulegen, so daß allenthalben kleine Quadrate von 2 Fuß Länge und Breite entstehen. Diese freygebliebenen kleinen Quadrate werden dann auf die vorgedachte Weise mit reinem Kiefern = Saamen oder Kienäpfeln bestellt.

Diese Methode ist besonders da zu empfehlen, wo es an kurzen bröcklichen Plaggen in hinreichender Maaße mangelt, wo zusammenhängende zähe oder filzige Plaggen aber zu haben sind, welche letztere sich zu der oben = (§. 15) beschriebenen Deckungs=Methode nicht eignen.

§. 18.

Fehlt es aber auch an bindenden Erden, Plaggen und Heide, so wird der Zweck bey ganz kleinen Sandwehen dadurch erreicht werden können, daß man sich des Kartoffelnkrauts, des Rappsaatstrohs oder der Acker= quecken bedient. Es werden nämlich hievon in 4füßiger Entfernung schräg gegen die Winblinie gerichtete Reihen aufgelegt, mit Sand bedeckt und mit kleinen Hakenstöcken an den Boden befestigt, die Zwischenräume aber mit Kiefern angesäet.

§. 19.

Kann aber zu allem genannten Deck=Material in hinreichender Maaße nicht Rath geschafft werden und sieht man sich, wie dieses nicht selten der Fall seyn wird, auf die Sandwehe selbst beschränkt, so besteht die einzige Aushülfe darin, die Sandwehe von der Seite ihrer ersten Entstehung her allmählig, im Frühjahr bey nassem Boden streifenweise in Pflugfurchen, denen man die Richtung von Norden nach Süden giebt, zu legen und mit Kie= fern = Saamen zu besäen, die Saatfläche aber sofort nach der Besaamung mit Kiefern= oder anderen vorhandenen Reisern, der Spitze nach Osten ge= kehrt, dergestalt zu belegen, daß die Seiten und Spitzen der Sträuche ein= ander noch berühren. Damit die Sträuche aber nicht vom Winde zusam= mengetrieben werden oder theilweise zum Nachtheil der Keimung sich nicht zu fest an den Boden legen, müssen sie mit dem Abhieb=Ende ganz schräg in den Boden etwas eingesteckt werden.

Um den doppelten Zweck der Beruhigung des Sandes und der hinreichenden Beschattung zu erreichen, werden an Deckbusch für den Mor= gen 8 Schock Reiser = Wellen von 8 Fuß Länge und 12 Zoll im Durch= messer erforderlich seyn.

§. 20.

Wenn es nicht allein an Zaun = und Deckmaterial fehlt, sondern auch die disponibeln Kräfte es nicht gestatten, eine größere Sandwehe sofort in Bestand zu bringen, so bleibt noch das Mittel anwendbar, auf den noch haltbaren benachbarten Flächen, an der Grenze der Sandwehe, wenn auch nur schmale Kiefernbesaamungen anzulegen, auf ben ruhigsten und festesten Stellen der Sandwehe selbst aber kleine Gruppen von Kiefern und Birken anzupflanzen, an paßlichen Orten Weiden und Aspenstecfreiser zu setzen, und auch die Ansaat der im §. 9 empfohlenen Sandgräser zur Befestigung des Bodens zu Hülfe zu nehmen.

§. 21.

Erachtet man die nach §. 13 rc. angelegten Kiefern = Pflanzungen und Besaamungen nicht vor dem Viehe gesichert, so müssen dieselben mit einer Befriedigung, welche die Holz=Anlage zugleich in der Jugend vor dem Wind schützt, umgeben werden; im anderen Falle genügen die oben (§. 14) erwähnten Schirmzäune.

Ein Graben mit Aufwurf an der inneren Seite ist allerdings für die wohlfeilste Befriedigung zu halten; die Dauerhaftigkeit derselben kann dadurch vermehrt werden, daß die Kappe des Aufwurfs, nachdem sich dieselbe festgelagert hat, mit 1 oder 2 Reihen Kiefern= oder Birkenpflänzlingen besetzt wird. Man hüte sich aber diese Befriedigungs=Art zu wählen, wenn aus dem Graben keine bindende Erde zur Haltung des Aufwurfs, sondern nur leichter Sand aufgehäuft wird und wenn der Graben an Abhängen oder durch Thäler gezogen werden muß. Unter solchen Umständen ist die Vorrichtung eines Zauns von Fuhren= oder Wachholder = Zweigen vorzuziehen. Wo ein Anderes nicht übrig bleibt, ist das Verbot der Benutzung der Sandwehe (§. 6.) bis zur höchsten Summe zu schärfen.

§. 22.

Alle, nach dieser oder jener der hier aufgeführten Methoden ange= legten Deckungen, Pflanzungen und Besaamungen bedürfen im folgenden Jahre einer Revision. Zeigen sich bey diesen Stellen, wo der Wind wieder eingegriffen hat, oder wo Pflanzung und Besaamung nicht gekommen sind, so müssen solche auf's Neue gedeckt und durch Pflanzung nachgebessert wer= den, bevor mit der Anlage weiter fortgeschritten wird.

§. 23.

Der Ertrag der in Folge der Androhungen in den §. §. 6, 7, 8, 21 nach sofortiger Untersuchung von den Obrigkeiten, vorbehältlich des Recurses an Uns, zu erkennenden Geldstrafen soll zur Bestreitung der Ko= sten wegen Dämpfung der betreffenden Sandwehe, eventuell aber zu einem geeigneten Communal=Zwecke der betreffenden Gemeinde verwandt werden.

Wir vertrauen, daß die Obrigkeiten, und deren Unterbediente sich die gehörige Befolgung der obigen Vorschriften möglichst angelegen seyn lassen werden und behalten Uns übrigens vor, diejenigen Obrigkeiten, in deren Bezirken weder Sandwehen sich schon befinden, noch nach der Boden = Beschaffenheit darin zu besorgen sind, auf desfallsige weiter gehörig motivirte Anzeige in dem betreffenden Protocolle vom Junius k. J., von der Beobachtung des oben vorgeschriebenen Verfahrens zu dispensiren.

Lüneburg, den 1. November 1837.

Königlich Hannoversche Land-Drostei.
Meyer.

An
sämmtliche Obrigkeiten des Bezirks,
jedoch excl. der Magisträte zu Celle,
Dannenberg, Hitzacker, Lüchow und
Walsrode, so wie der ungeschlossenen
Gerichte bis auf Brome und Boldeckerland.

Themenkreis I

Einführung in das Wesen von Naturschutz und Ingenieurbiologie

Jahrbuch 6 der Gesellschaft für Ingenieurbiologie e.V. Aachen (1996)
Ingenieurbiologie im Spannungsfeld zwischen Naturschutz und Ingenieurbautechnik

33

Das Wesen des Naturschutzes

Wolfgang Erz

Der Vortrag von Professor Erz wird hier in einer Zusammenfassung auf der Grundlage von Mitschriften wiedergegeben, da leider vom Referenten kein Beitrag vorliegt, aber gerade diese Schlüsselgedanken zum Wesen des Naturschutzes in diesem Buch nicht fehlen sollen.

Professor Erz teilte den Naturschutz auf in sein Wesen als die Seele, sowie den Inhalt und die Ziele als die Organe des Naturschutzes:

- Er führte aus, daß das Wesen nicht beweisbar wäre und auch nicht bewiesen werden muß, vielmehr „das Apodiktische an sich" sei. Es sei das Sinngebende und Motivierende, das Wesentliche hinter den Dingen im Wandel der Zeit".
- Den Inhalt des Naturschutzes stellte er als „wesensabhängig und als materiell faßbar" dar. Der Inhalt sei abhängig von den Zeitströmungen und von äußeren Rahmenbedingungen, beispielsweise von der Landwirtschaftsklausel (im Bundesnaturschutzgesetz).
- Die Ziele sind dagegen dazu da, einen zu einem bestimmten Zweck angestrebten Sollzustand zu erreichen. Sie wären nicht so problematisch, wenn sie nicht an den jeweiligen menschlichen Bedürfnissen der Zeit gemessen würden.

Professor Erz zitierte die Defintion, wie sie in den Begriffen aus Ökologie, Umweltschutz und Landnutzung der Akademie für Naturschutz und Landschaftspflege Laufen aufgestellt wurde: „Naturschutz ist die Gesamtheit der Maßnahmen zur Erhaltung und Förderung von Pflanzen und Tieren wildlebender Arten, ihrer Lebensgemeinschaften und der natürlichen Lebensgrundlagen sowie zur Sicherung von Landschaften und Landschaftsteilen unter natürlichen Bedingungen" (ANL 1984).

Als Aufgabe des Naturschutzes sieht er, die Eingriffe in die Natur zu steuern - auch die Nulleingriffe -, wobei er objektive Erkenntnisdefizite in den Naturwissenschaften feststellt. Er ordnet deshalb der Ökologie als naturwissenschaftlicher Disziplin und dem Naturschutz die verschiedenen Arbeitsweisen zu:

- Ökologie zuständig für Fakten und Daten
- Naturschutz zuständig für Werte und Normen

Professor Erz resümierte zum Schluß darüber, was nun das Wesen des Naturschutzes ausmacht:

- der Heimatschutz und die Landschaftsverschönerung historisch gesehen
- die Naturbetrachtung in Form aller nicht vom Menschen gemachten Dinge
- die Gesamtheit einer Betrachtung
- die Unversehrtheit der Natur als Ideal des Naturschutzes.

Die Beschäftigung mit dem Naturschutz sieht er zum einen in ideelen Motiven und zum anderen als tradionalistische Denkweise.

Vortrag referiert von Eva Hacker

Literatur:

AKADEMIE FÜR NATURSCHUTZ UND LANDSCHAFTSPFLEGE (1984): Begriffe aus Ökologie, Umweltschutz und Landnutzung. ANL, Information 4, Laufen.

Anschrift der Verfasser:
Prof. Dr. Wolfgang Erz
Bundesamt für Naturschutz
Konstantinstraße 110
D-53179 Bonn

Dr. Eva Hacker
Büro für Vegetationskunde und Landschaftsökologie (BÜVL)
Eynattenerstraße 24A
D-52064 Aachen

Jahrbuch 6 der Gesellschaft für Ingenieurbiologie e.V. Aachen (1996)
Ingenieurbiologie im Spannungsfeld zwischen Naturschutz und Ingenieurbautechnik

35

Wesen, Inhalt und Ziele der Ingenieurbiologie

Helgard Zeh

Die Überzeugungskraft eines Pioniers der Ingenieurbiologie würde Ihnen schlagartig verständlich machen, was Ingenieurbiologie sei, mit seinem Ausspruch: „Zum Teufel mit der Beton- und Steinverbauung, wir wollen Grünverbauung." Das war KIRWALD (1964). Er verwendete übrigens Steine und Beton in geschickten Kombinationen mit Grünverbauungen. Heute genügen Begeisterung oder solche Meinungsäußerungen alleine noch nicht, wir sehen die Aufgabe differenzierter. Meinen Schülern, die zum ersten Mal mit Ingenieurbiologie zu tun bekommen, pflege ich zu sagen: „Ingenieurbiologie ist Bauen mit Pflanzen" - und dann brauche ich noch viele zusätzliche Erklärungen und lasse sie einen Tag lang mit Pflanzen bauen (siehe Abb. 1). Am Abend hoffe ich, daß sie ein bißchen davon mitbekommen haben.

Unser Ausschuß der Gesellschaft für Ingenieurbiologie definiert es genauer: „Ingenieurbiologie ist eine technisch-naturwissenschaftliche Disziplin, die sich mit dem Gebrauch höherer Pflanzen im Bauwesen und vom Verhalten dieser Pflanzen im Bauwesen befaßt". Damit drückt der Ausschuß aus, daß es ums technische Bauen mit Pflanzen geht.

1. Wesen der Ingenieurbiologie

Das Wesen der Ingenieurbiologie wird durch die Pflanzen bestimmt, die als lebende Wesen mit ihren Wuchsfunktionen Leistungen vollbringen (BEGEMANN 1982). Durch ihr Dasein und ihre ererbten Eigenschaften schützen sie den Boden gegen mechanische Angriffe. Vor allem die Wurzeln durchflechten und binden den Boden und verleihen losen Oberschichten Stabilitäten, die ohne Pflanzenwuchs nicht möglich sind.

Der Begriff des „ökologisch-technischen Wirkungskomplexes" (BEGEMANN, SCHIECHTL 1986) versucht die Vielschichtigkeit auszudrücken, daß durch Pflanzenaktivitäten umfassende Veränderungen in Lebensräumen stattfinden können. Alle natürlichen Elemente wie Boden, Wasser, Luft und Wärme bestimmen grundsätzlich, ob ein Ort besiedelt werden kann oder nicht. Wozu die Natur vielleicht 100 Jahre Zeit braucht, da verkürzen Ingenieurbiologen die Besiedlungs- und Stabilisierungszeit durch Verbesserung von Standorteigen-

Im   Mittelpunkt   der   Ingenieurbiologie   steht   die

Pflanze

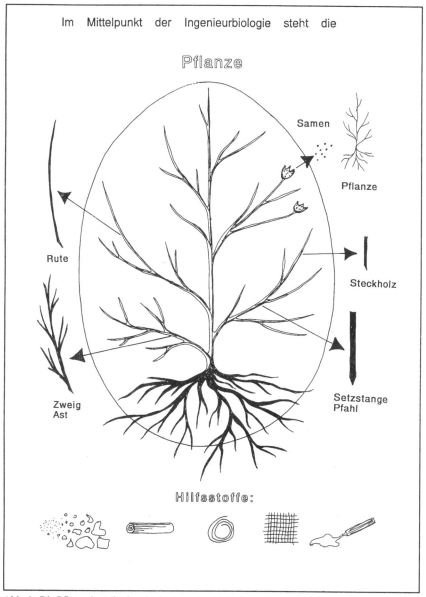

Hilfsstoffe:

Abb. 1 Die Pflanze im Mittelpunkt der Ingenieurbiologie

schaften und beschleunigte Sukzessionsabfolge. Aber grundsätzlich verhindern, daß unsere Berge aberodieren, können und wollen wir nicht (SCHIECHTL 1977). Es kann auch nicht Sinn der Ingenieurbiologie sein, in der Zeit zurückzumarschieren und die Ingenieurbauwerke der letzten Jahre einzureißen. Bei der Wiederbelebung unserer verbauten Landschaften geht es vielmehr darum, die notwendigen Bauwerke der dicht besiedelten Kulturlandschaften so zu konstruieren, daß sie sich in den Naturhaushalt einfügen, statt ihn zu zerstören. Bevor ein Bauwerk erstellt wird, muß man sich interdisziplinär verständigen, ob es notwendig ist, ob an diesem bestimmten Standort und wie es einzugliedern ist.

Man könnte ingenieurbiologisches Bauen auch „Berücksichtigung ökologischer Zusammenhänge" oder „Aktives Gestalten von Lebensräumen" nennen (siehe Abb. 2). Dabei werden wir Ingenieurbiologen gelegentlich Handlanger, um andere wirtschaftliche Nutzungen vor Erosionsschäden zu schützen. Wenn z.b. ein Uferweg ausgebaut werden soll, helfen wir das Ufer naturnah zu stabilisieren. Beim Naturschutz geht es uns ähnlich, da Schutzgebiete gesichert und erhalten werden sollen. Sind sie gefährdet, so gibt es Eingriffe zum Schutz des Naturschutzes. Der Kompromiß wird z.b. geschlossen, wenn geplante Steinschüttungen an Ufern am Rande eines Naturschutzgebietes durch kombinierte ingenieurbiologische Bauweisen ersetzt werden, die zu einem Uferweidensaum vor den unterspülten Gehölzen heranwachsen. Nicht immer können dazu bodenständige Pflanzen eingesetzt werden, sondern manchmal in großen Mengen standortgemäße Pionierpflanzen, die sich durch Sukzession zu heimischen Pflanzenbeständen entwickeln. Am liebsten würden wir natürlich autochthones Pflanzenmaterial verwenden, weil es biotechnisch am erfolgreichsten ist und bodenständige Pflanzen so vermehrt würden. Um sie zu gewinnen, müssen wir in den Naturhaushalt eines Gebietes eingreifen oder können die Pflanzen überhaupt nur in Naturschutzgebieten werben. Ich kann aus eigener Erfahrung berichten, daß Naturschützer und Ingenieurbiologin sehr gut zusammenarbeiten. Wenn ich Weiden für Verbauungen brauche, frage ich zuerst bei der Naturschutzverwaltung, wo Kopfweiden geschnitten werden müssen oder wo ein Schilfgebiet entkuselt werden muß. Selbstverständlich schneide ich nicht gerade die Kopfweiden, wenn der Kauz brütet, und Schilfgebiete werden nur im Winter betreten. Wir müssen unsere ingenieurbiologischen Baustellen unbedingt nach den Lebenszyklen von Pflanzen und Tieren einrichten und dürfen niemals Raubbau treiben, sondern das wertvolle Material nur recyceln.

Grundsätzliche Unterschiede zwischen

Hartbau   Lebendbau

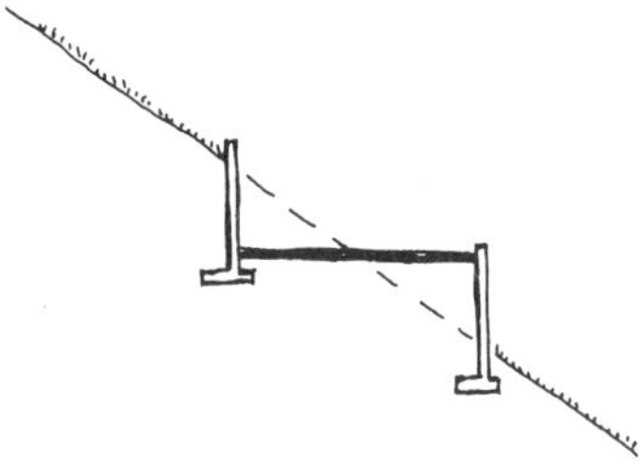

im Erdbau:
- Stützmauer
- blockierend, wasseraufhaltend
- geradlinig

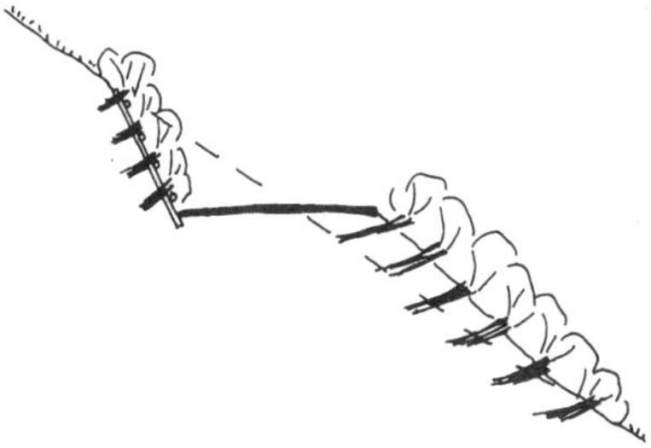

im Erdbau:
- Hangrost, Buschlagen
- elastisch, entwässernd
- dem Terrain angepasst

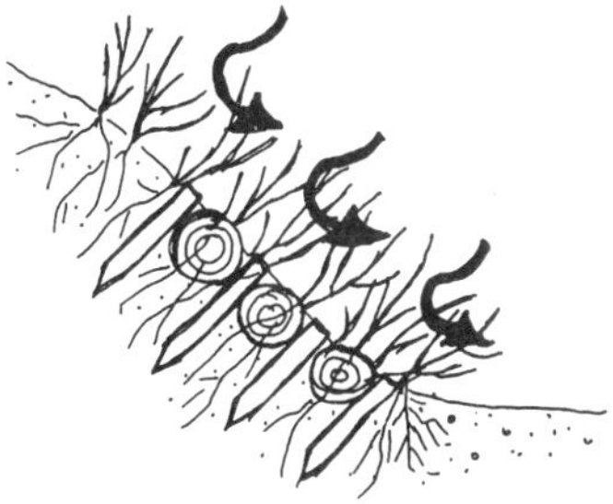

im Wasserbau:
- Blocksatz
- Trapezprofil
- gerade Linienführung
- Kräft werden herausgefordert

im Wasserbau:
- Holzgrünschwelle
- Mulde
- gewundener Lauf
- Kräfte werden behutsam umgeleitet

Abb. 2 Grundsätzliche Unterschiede zwischen Hartbau und Lebendbau

„An ihren Wirkungen (willkommen oder nicht willkommen) sollt` ihr sie er-
kennen."

Wenn sich die Ingenieurbiologie definitionsgemäß mit dem Gebrauch und dem
Verhalten von höheren Pflanzen in Bauwerken befaßt, so dürfte sich ihr Wesen
vor allem an den Wirkungen erkennen lassen. SCHIECHTL (1977) hat diesen
Zugang immer wieder betont und hat die Wirkungen in technische, ökologische,
ästhetische und ökonomische Wirkungen unterteilt.

In der Ingenieurbiologie sind technische Wirkungen:
• Abdecken des Bodens durch Pflanzenbestände
• Erhöhen der Bodenrauhigkeit und damit erosionsbremsend
• Binden und Festigen des Bodens durch Wurzelaktivitäten
• Rückhalten des Wassers durch Pflanzenaktivitäten
• Bremsen von Wind, Schnee, Steinschlag, Eis und Fließgeschwindigkeit

Ökologische Wirkungen sind:
• Aktivieren von Bodenflora und Bodenfauna
• Weiterentwickeln von Pflanzengesellschaften
• Verbessern des Kleinklimas, der Wasserspeicherfähigkeit des Bodens

Ästhetische Wirkungen sind:
• Ausheilen von Landschaftswunden
• Einbinden von Bauwerken in die Landschaft
• Umweltverträgliche Gestaltung von Bauwerken

Ökonomische Wirkungen sind:
• Einsparen von Bau- und Reparaturkosten
• Renaturieren mit geringen Material- und Energiekosten

2. Inhalt der Ingenieurbiologie

In der Ingenieurbiologie werden die Kräfte und Mittel der Natur eingesetzt. Die aufbauenden Kräfte des Wassers und des Bodens werden durch Pflanzeneinsatz positiv beeinflußt. Dazu stehen uns als lebende Baustoffe die Pflanzen zur Verfügung. Wir verwenden von den Pflanzen Samen, Einzelpflanzen, bewurzelungsfähige Teile und Pflanzenbestände. Das Ziel ist, standortgerechte Pflanzengemeinschaften heranwachsen zu lassen (siehe Abb. 3).

Aus all diesen Einzelelementen und Kombinationen davon haben sich im Laufe der Entwicklung der Ingenieurbiologie sehr viele Lebendbauweisen entwickelt:

Saaten:	Trockensaat, Naßsaat, Mulchsaat, Heublumensaat
Krautige und holzige Vermehrungen:	Heidestreu, Rhizomhäcksel und Rhizompflanzung, Wurzelschnittlinge, Halmpflanzung
Weidenpflanzungen:	Steckhölzer, Palisaden, Lebende Kämme, Flechtzaun, Spreitlage, Buschlage, Faschine, Wippe, Gitterbuschbau, Rauhpackung
Gemischte Pflanzungen:	Heckenlage, Heckenbuschlage, Gehölzpflanzung, Wurzelstockverpflanzung, Ballenpflanzung, Fertigrasen, Vegetationsstücke.

Nicht immer reichen Pflanzen alleine für die Stabilisierung eines Standortes aus. Unter den Baustoffen können wir viele auswählen, die die fehlende Anfangsstabilisierung der Pflanzen übernehmen und später verrotten oder Materialien, die den Standort für die Vegetation erst erschließen. Die Kombination von Lebendbauweisen mit den verschiedenen Baustoffen ergibt eine Fülle von kombinierten Bauweisen (siehe Abb. 4). Sie werden durch ständige Weiterentwicklung verbessert.

Mit diesem Variantenreichtum können wir Lösungen anbieten für alle Disziplinen, die in der Landschaft pflegend oder durch Eingriffe tätig sind. Der Ausschuß der Gesellschaft für Ingenieurbiologie hat eine Liste zusammengestellt und empfiehlt in all diesen Disziplinen Ingenieurbiologie als Prüfungsfach.

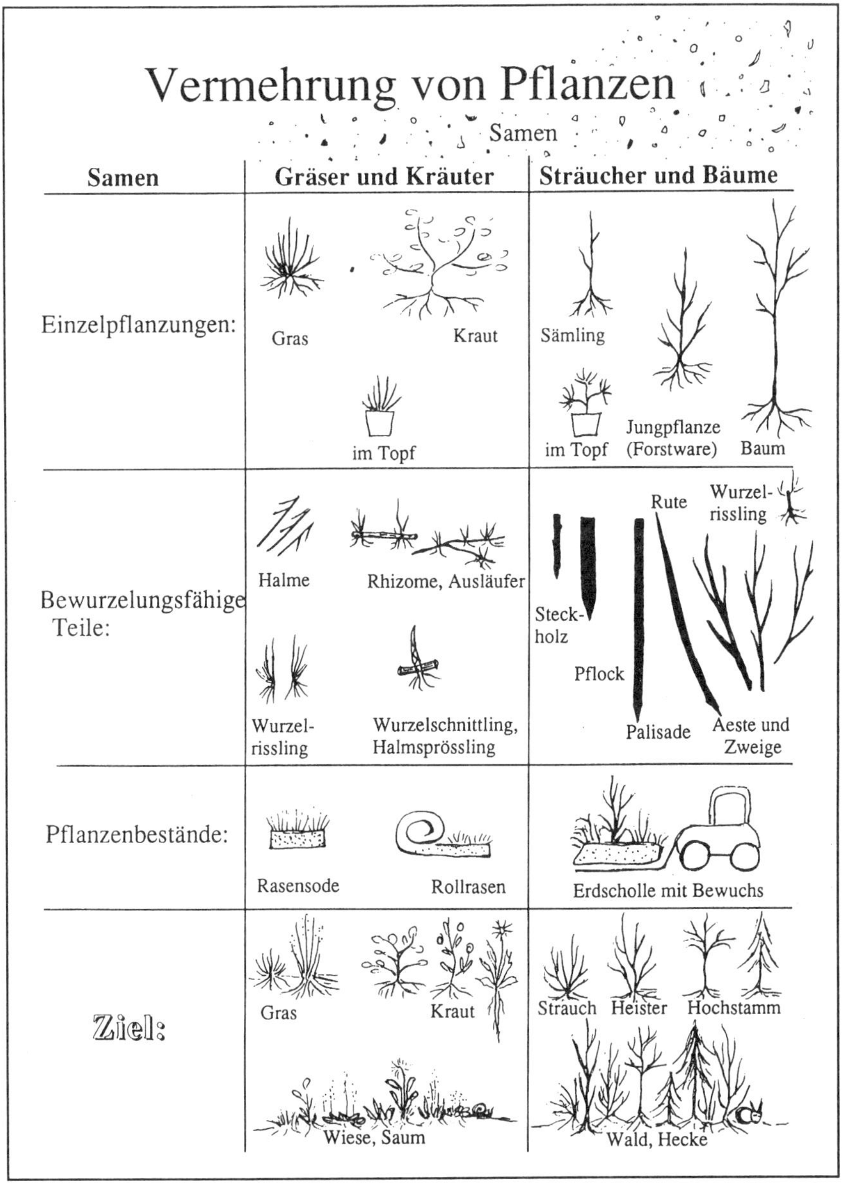

Vermehrung von Pflanzen

Samen

Samen	Gräser und Kräuter	Sträucher und Bäume
Einzelpflanzungen:	Gras Kraut im Topf	Sämling im Topf Jungpflanze (Forstware) Baum
Bewurzelungsfähige Teile:	Halme Rhizome, Ausläufer Wurzel- Wurzelschnittling, rissling Halmsprössling	Rute Wurzel- rissling Steck- holz Pflock Palisade Aeste und Zweige
Pflanzenbestände:	Rasensode Rollrasen	Erdscholle mit Bewuchs
Ziel:	Gras Kraut Wiese, Saum	Strauch Heister Hochstamm Wald, Hecke

Abb. 3 Vermehrung von Pflanzen (Quelle: H. Zeh 1990)

3. Ziele der Ingenieurbiologie

Das oberste Ziel der Ingenieurbiologie ist, abtragsgefährdete Rohböden mit natürlichen Mitteln zu stabilisieren und zu sichern. Dabei führen biotechnische Eigenschaften von Pflanzen über mehrere Sukzessionen zur potentiell natürlichen Vegetation. Da die natürlichen Prozesse sehr langsam verlaufen, wird die anfängliche bodenfestigende Wirkung von Pionierpflanzen und Baustoffen oder von Baumaßnahmen erfüllt. Erst mit dem Zusammenwirken aller den Standort beeinflussenden Faktoren wie Boden, Wasser, Klima, Vegetation, Tierwelt und Eingriffe des Menschen können dauerhafte und dynamische Bauwerke entstehen. Sie sollen die extremen physikalischen, chemischen und biologischen Beanspruchungen eines Standortes reduzieren. Dadurch kann neuer Lebensraum entstehen, oder es kann ein schlechter Lebensraum verbessert werden (siehe Abb. 5). Um den gewünschten Entwicklungszustand zu erreichen, sollten ingenieurbiologische Bauwerke gepflegt werden. Mit der Zeit lassen sich so die ökologischen Verhältnisse für Boden, Wasser und Kleinklima verbessern und gesunden.

Weitere ingenieurbiologische Zielbeiträge beziehen sich auf den naturnahen Schutz vor Naturgefahren oder Gefahren, die von Nutzungen ausgehen, beispielsweise:
• Windschutzpflanzungen in intensiven Landwirtschaftszonen
• Lärmschutzhügel zwischen Wohnen und Verkehr
• Vegetative und kombinierte Uferbefestigungen bei engen Platzverhältnissen
• Wiederherstellung etwas naturnäherer Verhältnisse bei Bauten, etc.

Nie sollte Ingenieurbiologie Selbstzweck des Verbauers sein, sondern erst zum Einsatz kommen, wenn die natürlichen, sich selbst regulierenden Kräfte nicht mehr wirken können und wenn alle anderen Maßnahmen ausscheiden wie Extensivierung, Verminderung von Lärm, Landerwerb für die Mäandrierung von Flüssen, Verhinderung von Bauten, etc.

4. Zukünftige Aufgaben

Die zukünftigen Aufgaben der Ingenieurbiologie sollen folgende Fragen und Beispiele aufzeigen.

In der Forschung sollten die biotechnischen Pflanzeneigenschaften von Wurzeln und Trieben vertieft werden. Was halten Wasser-Wurzelvorhänge aus? Wie rasch bewurzeln sich verschiedene Gehölzarten in Heckenbuschlagen? Wie lange richten sich elastische Gehölze nach Hochwassern wieder auf, wie bremsen sie den Abfluß? Wie beeinträchtigen eingehickte Ufergehölze das Abflußverhalten? Wie kann man die Verhältnismäßigkeit verschiedener Verbauungen prognostizieren?

Wir sollten unsere gelungenen ingenieurbiologischen Bauwerke dokumentieren, daß nachfolgende Anwender von gelungenen Lösungen lernen können. Dazu gehört auch unsere eigene Weiterbildung und die Ausbildung in verwandten Fachrichtungen. Ingenieurbiologie gehört als Prüfungsfach in alle Disziplinen, die in der Landschaft tätig sind. Die Öffentlichkeitsarbeit über die Grenzen in Literatur und Medien dürfte intensiver werden.

In näherer Zukunft werden folgende Bereiche intensiv bearbeitet werden müssen:
• Der naturnahe Wasserbau mit allen Auseinandersetzungen um mehr Platz und mehr Ökologie.
• Die Revitalisierung unserer zu hart verbauten Fließgewässer.
• Praktikable hydraulische Modelle für vielfältige Fließdynamik.
• Böschungsstabilisierungen beim Straßen- und Wegebau und in Rutschgebieten.
• Ersetzen von harten Stützkonstruktionen durch elastische und bewachsene Bauweisen; ästhetisch unbefriedigende und unterhaltsaufwendige Lösungen sollten wir kritisch betrachten.
• Renaturierung und Sprengung von Beton und harten Köpfen, Umgestaltung der Auswüchse des Betons.
• Die Pflege von Naturschutzgebieten ermöglicht nebenbei, selten gewordene Arten auf neue Standorte zu übertragen. Dabei sollte uns die Entnahme von größeren Mengen autochthoner Baustoffe nicht durch langwierige Genehmigungsverfahren schwer gemacht werden. Das Schnittgut von Kopfweiden kann z.B. in Buschlagen eingelegt werden.

In unserer stark geschädigten Umwelt können ingenieurbiologische Bauweisen zu ökologischen Problemlösungen beitragen, z.B. mit einem übersteilen Erddammlärmschutzwall aus Geotextilwalzen mit Heckenbuschlagen oder durch die Extensivierung eines Straßenrandes mittels Schotterrasen und offenem Entwässerungsgraben.

Baustoffe ••• > *für kombinierte Bauweisen*
(Baustoffe und Lebendbauweisen)

Steine und Erden:	*mit Steinen:*
Bruchsteine	Blockschlichtung
Schotter	Trockenmauer
Geröll	Blockwurf
Geschiebe	Steinpackung
Kies, Sand	Rauhpflaster
Schluff, Ton	Steinschüttung
Oberboden	Betonfertigteile
gebrannte Steine	
Betonsteine ...	

Holz und Fasern:	*mit Holz und Fasern:*
Rundholz, Pflöcke, Derbstangen	Hangrost
Schnittholz	Holzgrünschwelle
Häcksel, Reisig	Holzpilotenwand
Stroh, Schilfmähgut	Lahnung, Buhne
Holzwolle, Zellulose	Reisiglage
Kokosgewebe, Jutegewebe	Mulchsaaten, Böschungsmatten
Ramie ...	Röhrichtwalzen ...

Stahl und Draht:	*mit Stahl und Draht:*
Stahlstäbe, Anker	Boden- und Felsvernagelung
Baustahlmatten	"Gitterschiechteln"
Drahtgeflecht	Drahtschottermatten, -walzen, -kasten
Draht ...	Buschmatten, Faschinen

Kleber:	*mit Kleber:*
Bitumen	Strohdeckschichtverfahren ...
organische Kleber...	

Kunststoffe:	*mit Kunststoffen:*
Schnüre	Faschinen, Dräne
Dispersionen	
Kunststoffgewebe	Geotextilwalzen
Kunststoff-Fertigteile ...	Fertigmauern
	H.Zeh 4/90

Abb. 4 Baustoffe für kombinierte Bauweisen

Stets sollten uns ökologische Gesichtspunkte leiten, wenn wir einen Bach aus seinem Steinkorsett befreien und ihn vorübergehend ingenieurbiologisch stabilisieren bis sich die Natur selber wieder dieses Ortes annimmt.

Ingenieurbiologische Bauweisen können harte Bauweisen durch entsprechende konstruktive Vorkehren immer mehr und immer gesicherter im Wissen zurückdrängen. Umgekehrt aber kann sich Ingenieurbiologie wie jedes Mittel im konkreten Fall zugunsten von mehr Selbstregulation natürlicher Prozesse auch mal erübrigen.

5. Zusammenfassung

Ingenieurbiologie ist eine technisch-naturwissenschaftliche Disziplin, die sich mit dem Gebrauch höherer Pflanzen im Bauwesen und vom Verhalten dieser Pflanzen im Bauwesen befaßt.

Dabei schützen vor allem die Wurzeln der Pflanzen den Boden gegen mechanische Angriffe und schützen ihn so vor Erosion.

Ingenieurbiologische Bauwerke fügen sich in den Naturhaushalt ein, indem ihr Baumaterial meist aus autochthonem Pflanzenmaterial und den am Ort vorkommenden Erden und Steinen besteht. Braucht man Pflanzenmaterial aus Naturschutzgebieten, so läßt sich die Gewinnung mit Pflege kombinieren.

Das Wesen der Ingenieurbiologie ist an ihren technischen, ökologischen, ästhetischen und ökonomischen Wirkungen zu erkennen.

Der Inhalt der Ingenieurbiologie sind die lebendigen Bauweisen. Wenn es zu lange dauert, bis die Pflanzen gewachsen sind, werden die lebenden Pflanzenteile mit technischen Baustoffen zu den kombinierten Bauweisen ergänzt.

Die Ziele der Ingenieurbiologie sind abtragsgefährdete Rohböden mit natürlichen Mitteln zu stabilisieren und zu sichern. Die durch Erosion zerstörten Lebensräume sollen neu geschaffen werden. Oder Naturgefahren soll vorgebeugt werden. Die Fließgeschwindigkeit wird durch Pflanzenwuchs gebremst, weshalb Ingenieurbiologie an Ufern eingesetzt wird.

Ingenieurbiologie ist nie Selbstzweck, sondern dient den natürlichen, sich selbst regulierenden Kräften.

In Zukunft wird die Ingenieurbiologie in unserer stark geschädigten Umwelt zu ökologischen Problemlösungen beitragen.

Abb. 5 Straßenverbreiterung mit Holzgrünschwellen, Buschlagen, Anspritzsaat. Thun, Kanton Bern 1988 (Bild oben) und 1989 (Bild unten).

6. Literatur

KIRWALD, E. (1964): Gewässerpflege, BLV-Verlagsgesellschaft, München und Basel.

BEGEMANN, W. (1982): Ingenieurbiologie - Was ist das? Neue Landschaft 27/8, S. 562-563.

BEGEMANN, W.; SCHIECHTL, H.M. (1986): Ingenieurbiologie, Bauverlag, Wiesbaden + Berlin.

SCHIECHTL, H.M. (1977): Ingenieurbiologische Maßnahmen und ihre technische, landschaftsarchitektonische und ökonomische Auswirkung im Landschaftsbau, in: Wolkinger, F., Natur und Mensch im alpinen Lebensraum, Graz 1977, S. 127-136.

Anschrift der Verfasserin:
Helgard Zeh
Farbstrasse 37c
CH-3076 Worb

Themenkreis II

Ingenieurbiologische Maßnahmen und ihre
Beurteilung

Jahrbuch 6 der Gesellschaft für Ingenieurbiologie e.V. Aachen (1996)
Ingenieurbiologie im Spannungsfeld zwischen Naturschutz und Ingenieurbautechnik

51

Über Florenverfälschung beim Landschaftsbau

Albrecht Krause

Das Thema Florenverfälschung erfordert es, zumindest kurz auf die Flora unseres Landes einzugehen.

Ihrem Begriff nach umfaßt die Flora eines bestimmten Gebietes alle dort vorkommenden wildwachsenden Pflanzen. Für die Bundesrepublik Deutschland und West-Berlin sind das nach der Standard-Florenliste von KORNECK und SUKOPP (1988) derzeit 2.995 Sippen. Diese Liste ist aber keineswegs als endgültig anzusehen. Immer wieder kommt es zu Abgängen, Arten gehen verloren, und es gibt Zugänge, neue Arten, sogenannte Neophyten, treten hinzu.

Insgesamt besteht unsere Flora aus zwei großen Gruppen. Die eine enthält solche Arten, die von Natur aus heimisch sind (84%), die andere solche, die ihre Anwesenheit der direkten oder indirekten Mithilfe des Menschen verdanken (16%). Die zweite Gruppe läßt sich aufgrund des Zeitpunktes der Einbürgerung der Arten noch weiter untergliedern. Ein Teil gelangte bereits in prähistorischer Zeit zu uns (7%). Dazu gehören z.B. der Weiße Gänsefuß (Chenopodium album) oder der Klatschmohn (Papaver rhoeas), die schon seit der Steinzeit in Deutschland heimisch sind. Ihrer langen Anwesenheit wegen heißen sie Archäophyten. Ihnen stehen die Neophyten gegenüber, Pflanzen, die erst in historischer Zeit den Weg zu uns gefunden haben (9% nach SUKOPP 1976). Viele davon konnten sich z.B. an Flußufern festsetzen, etwa das Indische Springkraut (Impatiens glandulifera) oder der Japanische Knöterich (Polygonum cuspidatum), andere sind zu Ackerunkräutern geworden wie das Kleinblütige Franzosenkraut (Galinsoga parviflora) oder der Persische Ehrenpreis (Veronica persica), oder sie sind auf Ruderalflächen zu finden.

Die weitere Ausbreitung von einmal ins Land gelangten Neophyten ist ein ständiger Prozeß. Er läuft, einmal in Gang gesetzt, ohne weiteres direktes Zutun des Menschen ab - er unterliegt dann nicht mehr der menschlichen Willkür.

Willkür ist dagegen im Spiel, wenn nicht bodenständige Pflanzen planmäßig in der freien Landschaft ausgebracht werden, etwa wenn bei uns nordamerikanische Lupinen auf Straßenböschungen ausgesät oder Grauerlen an Münsterländer Bächen gepflanzt werden, wo sie von Natur aus nicht vorkommen. Dann haben wir es mit krassen Beispielen von Florenverfälschung zu tun.

Zwei Kriterien entscheiden darüber, ob eine zur Verwendung vorgesehene Pflanze als bodenständig eingestuft werden kann oder nicht. Zum einen müssen die nötigen Standortbedingungen gegeben sein, damit sich die Pflanzenart auf Dauer halten kann; darüber bestimmen insbesondere Boden und Klima. Zum anderen gehört dazu, daß sich die Art in ihrem natürlichen Verbreitungsgebiet befindet. Steht also eine Pflanze 1. innerhalb ihres Areals und 2. auf dem ihr gemäßen Standort, ist sie bodenständig. Um diese zwei Bedingungen zu unterscheiden, spricht man auch davon, eine Pflanze sei standorts- und arealgerecht.

Von Pflanzen, um die es bei der Florenverfälschung geht, werden niemals beide Kriterien auf einmal erfüllt: Manche sind zwar standorttauglich aber arealfremd, andere gehören der Florenregion an, ohne jedoch auf den gewählten Standort zu passen - für viele stimmt weder das eine noch das andere.

Florenverfälschung kommt bei allen möglichen Landschaftsbaumaßnahmen vor, wozu hier auch alle ingenieurbiologischen Maßnahmen gerechnet werden. Das gilt für Böschungsbegrünungen beim Straßen- und Eisenbahnbau nicht anders als für die Anlage von Windschutzpflanzungen im Rahmen der Flurbereinigung oder die Ufersicherung beim Wasserbau.

Nachfolgende Tabelle 1 soll einen Eindruck vermitteln von dem, was alles an unpassenden Gräsern, Kräutern, Sträuchern und Bäumen zur Verwendung gelangt. Manches davon ist nur kurze Zeit da und verschwindet wieder, manches bleibt über Jahre und Jahrzehnte präsent, und wieder anderes wird man wohl gar nicht wieder loswerden.

Doch wie kommt es überhaupt so oft zur Florenverfälschung? Zahlreiche Ursachen lassen sich dafür finden. Zum einen sind es zweifelhafte Ratgeber, wofür als Beispiel drei Publikationen herausgegriffen werden sollen.

Nr. 1 ist eine etwas ältere Ausgabe von KRÜSSMANN´s Taschenbuch der Gehölzverwendung. Darin finden sich u.a. ausführliche Artenlisten für Windschutzpflanzungen, für die Begrünung von Ödland oder für Vogelschutzgehölze, insgesamt also eine wahre Fundgrube, in der aber neben vielen heimischen auch viele fremdländische Arten von Ailanthus glandulosa über Gleditsia triacanthos bis hin zu Quercus rubra vorkommen, wodurch das Buch leider zu einer Quelle für Fehlentscheidungen bei der Artenauswahl wird.

Nr. 2 ist die 2. Auflage von EHLER's „Baum und Strauch in der Gestaltung und Pflege der Landschaft" von 1986. In diesem Nachschlagewerk wird z.b. für die Uferbegrünung und als Böschungsschutz die Späte Traubenkirsche (Prunus serotina) und die Küblerweide (Salix smithiana) empfohlen, und vom Flieder (Syringa vulgaris) heißt es, er solle „an Waldrändern... in gruppenweiser Anpflanzung nicht fehlen".

Nr. 3 ist die von KIERMEYER bearbeitete und vom Bund deutscher Baumschulen herausgebrachte „Artenliste Wildgehölze". Auch dieses Beispiel lockt auf falsche Fährte. Formal macht die Liste zwar einen Unterschied zwischen alteingesessenen Arten und solchen, die als Neophyten eingebürgert sind oder nur ganz gelegentlich verwildern. Doch wird die Trennung zwischen diesen Gruppen allein schon dadurch wieder hinfällig, daß für sie ein und dieselbe Bezeichnung „Wildgehölze" gewählt wird. Dazu gehören dann Exoten wie Caragana arborescens, Cornus alba, Lonicera tatarica, Rosa rugosa, Sorbus intermedia, Symphoricarpos rivularis und viele mehr.

Ein anderer Grund ist in einer weitgehenden Kompromißbereitschaft, der Bereitschaft zur Empfehlung und Verwendung unpassender Arten entgegen der grundsätzlichen Einstellung, zu sehen. Ein bezeichnendes Exempel dafür findet sich schon bei Alwin SEIFERT. Einerseits setzt gerade er sich mit Vehemenz dafür ein, „das Typische der Landschaft herauszuarbeiten", denn nichts anderes als dieses solle „oberstes Gesetz alles Gestaltungswillens in der Bepflanzung der neuen Straßen sein". Andererseits glaubt er, auf ausländische Gehölze denn doch nicht verzichten zu können und fordert zugleich: „Wie brauchen zum Beispiel die Robinie für trockene, die Roteiche für nasse ostdeutsche Sandböden, die kanadische Pappel dort, wo die einheimische Schwarzpappel nicht genügt" (1941). Frei von solchen Kompromissen ist selbst das Handbuch für Planung, Gestaltung und Schutz der Umwelt von BUCHWALD und ENGELHARD (1980) nicht, wo ausdrücklich für Windschutzpflanzungen Fremdarten als sogenannte „Gastholzarten" und „Pflegeholzarten" empfohlen werden.

Pflanzen	von kurzer Anwesenheit
Rohrkolbengewächse	• Breitblättriger Rohrkolben (Typha latifolia) im Bachröhricht.
Gräser	• Roggentrespe (Bromus secalinus) und Abessinisches Liebesgras (Eragrostis tef) als Decksaat an Straßenböschungen.
Kräuter	• Gelbe Lupine (Lupinus luteus), Weißer Senf (Sinapis alba) und Büschelschön (Phacelia tanacetifolia) als Bodendecker. • Gabeliges Leimkraut (Silene dichotoma) aus verunreinigtem Rasensaatgut.
Sträucher	
Bäume	

Tab. 1 Florenverfälschung: Beispiele aus dem Landschaftsbau und Einschätzung ihrer Dauerhaftigkeit

von ± langer Anwesenheit	von unbegrenzter Anwesenheit
• Rauher Schwingel (Festuca trachyphylla) und Wehrlose Trespe (Bromus inermis) an Straßenböschungen. • Schilf (Phragmites communis) in der Rohrglanzgraszone am Mittelrhein.	
• Weichstacheliger Wiesenknopf (Sanguisorba muricata) anstelle von Sanguisorba minor im Rasensaatgut. • Zuchtformen der Leguminosen Wundklee (Anthyllis vulneraria) und Hornklee (Lotus corniculatus) in Landschaftsrasen. • Vielblättrige Lupine (Lupinus polyphyllus) als Gehölz-Untersaat.	
• Grünerle (Alnus viridis) als Hangsicherung im Mittelgebirge. • Schneebeere (Symphoricarpos rivularis) als Ufersicherung. • Elfenbeinginster (Cytisus praecox) und Gestreifter Ginster (Cytisus striatus) anstelle von Besenginster auf Straßenböschungen. • Tatarische Heckenkirsche (Lonicera tatarica), Schmalblättrige Ölweide (Elaeagnus angustifolia), Goldjohannisbeere (Ribes aureum), Blasenstrauch (Colutea arborescens), Schmalblattweiden und viele andere mehr an Straßenböschungen.	• Kanadische Felsenbirne (Amelanchier lamarckii) an Straßenböschungen: Einbürgerung in N-Deutschland. • Kartoffelrose (Rosa rugosa): Einbürgerung auf Küstensand. • Späte Traubenkirsche (Prunus serotina) an Straßen, in Windschutzpflanzungen: Einbürgerung vor allem in Sandgebieten. • Spierstrauch (Spiraea alba) an Bach- und Flußufern.
• Baumweiden (Salix alba, Salix rubens) an trockenen Straßenböschungen. • Schwedische Mehlbeere (Sorbus intermedia) in Windschutzpflanzungen.	• Robinie (Robinia pseudoacacia) auf Halden und Böschungen. • Grauerle (Alnus incana) außerhalb ihres Areals an Bach- und Flußufern.

Tab. 1 Fortsetzung
Florenverfälschung: Beispiele aus dem Landschaftsbau und Einschätzung ihrer Dauerhaftigkeit

Eine weitere Triebfeder für florenverfälschende Pflanzungen und Saaten mag
der alte Wunsch nach „Anreicherung" sein, das falsch verstandene Streben nach
„Artenvielfalt", da man sich mit dem im Vergleich zum immensen Baum-
schulangebot allemal bescheidenen natürlichen Arteninventar nicht zufrieden
geben will. Wo dies der Fall ist, werden ohne Zweifel Garten und Landschaft
verwechselt.

Gelegentlich dürfte auch Geschäftsinteresse eine Rolle spielen, öfters auch
fehlendes Fachwissen, und dann wird leicht einmal bei „Traubenkirsche" die
gewünschte Prunus padus zur ungewollten Prunus serotina, bei „Schneeball"
Viburnum opulus zu Viburnum lantana.

Wie wird Florenverfälschung bei Maßnahmen des Landschaftsbaus beurteilt? In
früheren Zeiten erblickte man darin zunächst Disharmonie, gegen die sich das
ästhetische Empfinden sträubte. So jedenfalls drückte es PÜCKLER 1834 in
seinen Andeutungen über Landschaftsgärtnerei aus, in denen er sich wie folgt
äußert: „Wir haben eine Menge blühender, sehr schöner Sträucher, die bei uns in
Deutschland wild wachsen, und diese mögen vielfach benutzt werden, aber
wenn man eine Centifolie, einen chinesischen Flieder oder Klumpen solcher
Sträucher mitten in der Wildnis findet, so macht dies eine höchst widrig
affectierte Wirkung....".

In der ersten Hälfte unseres Jahrhunderts gab es vielerlei Appelle, bodenständige
Pflanzen zu verwenden - wie bereits gesagt von SEIFERT, von den um ihn ver-
sammelten Landschaftsanwälten und insbesondere auch von Reinhold TÜXEN,
der dies mehr von der geobotanischen Seite her begründete.

Verschiedene Gesichtspunkte, die gegen eine Florenverfälschung sprechen,
haben schließlich Eingang in das Bundesnaturschutzgesetz gefunden. Das
beginnt in § 1 mit den Zielen des Naturschutzes und der Landschaftspflege, zu
denen es gehört, die Eigenart von Natur und Landschaft zu erhalten, es läßt sich
weiter in den Grundsätzen des Naturschutzes und der Landschaftspflege (§ 2)
verfolgen, zu denen die standortgerechte Begrünung gehört, und gipfelt im
§ 20 d, in dem es heißt: „Gebietsfremde ... Pflanzen ...dürfen nur mit
Genehmigung der nach Landesrecht zuständigen Behörde ... in der freien Natur
angesiedelt werden. Die Genehmigung ist zu versagen, wenn die Gefahr einer
Verfälschung der heimischen ... Pflanzenwelt ... nicht auszuschließen ist."

Damit ist es nicht mehr einfach eine reine Geschmacksfrage, welcher Baum und welcher Strauch in der freien Landschaft gepflanzt wird, man muß es auch vor dem Gesetz verantworten können. Doch wie ließe sich überhaupt die hier angesprochene Florenverfälschung vermeiden? Im Idealfall vielleicht so, daß man

1. geobotanisch versierte Fachleute an Maßnahmen des Landschaftsbaus beteiligt,
2. vor der Aufstellung von Saat- und Pflanzplänen eine floristisch-vegetationskundliche Geländeerkundung durchführt,
3. bei der Artenwahl allein die Gegebenheiten von Standort und natürlichem Arteninventar berücksichtigt,
4. keine sogenannten Ersatzlieferungen akzeptiert, soweit es sich dabei um andere als die bestellten, aber als ähnlich bezeichnete Arten handelt, und
5. an der Baustelle eine strenge Prüfung des gelieferten Materials vornimmt und nicht davor zurückschreckt, falsche Lieferungen zurückzuweisen.

Wo dies alles zusammentrifft, sollten sich wohl Fehler, wie sie die scheinbar nicht auszumerzenden Florenverfälschungen im Landschaftsbau darstellen, vermeiden lassen - auch wenn, wie PÜCKLER treffend feststellte, „die Natur eine so schwer nachzuahmende Lehrmeisterin" ist.

Zusammenfassung

Im Gegensatz zur Ausbreitung der meisten Neophyten, die ohne absichtliches Zutun des Menschen erfolgt und auch nicht rückgängig zu machen ist, führt die willkürliche Verwendung areal- und standortfremder Pflanzen bei ingenieurbiologischen Arbeiten immer wieder zu einer durchaus vermeidbaren Florenverfälschung. Deren Auswirkung ist von unterschiedlicher Dauer, manche der verwendeten Arten halten sich nur kurze Zeit, andere werden unabsehbar lange bleiben.

Es werden Vorschläge unterbreitet, wie sich Fehler bei der Pflanzenverwendung vielleicht vermeiden lassen.

Literatur

BUCHWALD, K. und ENGELHARD, W. (Hrsg.) (1980): Handbuch für Planung, Gestaltung und Schutz der Umwelt. BLV Verlagsgesellschaft, München, Bern, Wien. Bd. 3: Die Bewertung und Planung der Umwelt.

EHLERS, M. (1986): Baum und Strauch in der Gestaltung und Pflege der Landschaft. 2. Aufl. (Bittmann). Verlag Parey, Berlin und Hamburg.

KIERMEYER, P. (1987): Artenliste Wildgehölze. Fördergesellschaft „Grün ist Leben" Baumschulen mbH. Pinneberg.

KORNECK, D. und SUKOPP, H. (1988): Rote Liste der in der Bundesrepublik Deutschland ausgestorbenen, verschollenen und gefährdeten Farn- und Blütenpflanzen und ihre Auswertung für den Arten- und Biotopschutz. Schriftenreihe für Vegetationskunde 19.

KRÜSSMANN, G. (1970): Taschenbuch der Gehölzverwendung. 2. Auflage. Parey Verlag, Berlin und Hamburg.

PÜCKLER, H. FÜRST von (1977): Andeutungen über Landschaftsgärtnerei. Deutsche Verlagsanstalt, Stuttgart (nach der Ausgabe von 1834).

SEIFERT, A. (1941): Im Zeitalter des Lebendigen. Müllersche Verlagshandlung, Dresden und Planegg vor München.

SUKOPP, H. (1976): Dynamik und Konstanz in der Flora der Bundesrepublik Deutschland. Schriftenreihe für Vegetationskunde 10.

Anschrift des Verfassers
Dr. Albrecht Krause
Bundesamt für Naturschutz
Konstantinstraße 110
D-53179 Bonn

Jahrbuch 6 der Gesellschaft für Ingenieurbiologie e.V. Aachen (1996)
Ingenieurbiologie im Spannungsfeld zwischen Naturschutz und Ingenieurbautechnik

59

Sicherung durch lebende Baustoffe, ihre Entwicklung und Pflege

Florin Florineth

„Der Mohr hat seinen Dienst getan, der Mohr kann gehen."
Dieser Satz aus dem „Othello" von William Shakespeare trifft bestens die Funktion von Pionierpflanzen. Ein bezeichnendes Beispiel eines solchen Erstbesiedlers ist Linaria alpina, das Alpenleinkraut, das mit seinen Ausläufern alpine Geröll- und Schutthalden erobert und nach der Befestigung und Urbarmachung des Bodens von den einwandernden Nachfolgern verdrängt wird.

Für Sicherungsarbeiten mit lebenden Baustoffen braucht es ebenfalls Pionierpflanzen, die jedoch zum Unterschied alpiner Erstbesiedler schnell wachsen, viel Wasser verdunsten, tiefe Wurzeln treiben, hohe Auszugwiderstände und viele andere Sicherungseigenschaften aufweisen sollen. Solche Pflanzen gibt es, nur sind sie zum Großteil sehr konkurrenzstark und bleiben häufig „nach getaner Arbeit".

Der Zwang zu einer schnellen Sicherungsfunktion und der Drang nach einer standortgerechten Vegetation bringt den Ingenieurbiologen in ein geladenes Feld. Den Funken zündet der Mensch, der nicht warten kann.

Anhand einiger Beispiele will ich aufzeigen, daß beides möglich ist: Eine schnelle Sicherungsfunktion und die Entwicklung zu einer standortgerechten Schlußvegetation. Nur braucht es dazu etwas Geduld.

1. Bau einer Weidenspreitlage zur Ufersicherung

Hochwässer reißen oft Bach- und Flußufer ein. Mit einer Weidenspreitlage lassen sich diese Abbrüche und Auskolkungen auch an Wildbächen recht wirksam wiederherstellen und sichern. Dicht und parallel auf der Böschung aufgelegte Weiden werden mit Draht niedergebunden, mit Erde leicht abgedeckt und am Fuß mit Steinblöcken in der Höhe der Niederwasserlinie abgesichert (Abb. 1-3).

Messungen nach darübergegangenen Hochwässern haben ergeben, daß unsere Weidenspreitlagen bereits nach der Fertigstellung Schubspannungen von 150 bis

Abb. 1 Bau einer Weidenspreitlage am Zanggenbach im Eggental im Frühjahr 1980

Abb. 2 Ein durch Pflegeschnitte entwickelter ungleichaltriger Bestand der neunjährigen Weidenspreitlage am Zangenbach im Eggental (Frühjahr 1989)

200 N/m² aushalten, nach zwei bis drei Jahren bereits 300 N/m², was der Grenz-schleppspannung eines Blocksteinwurfes (Abb. 4) entspricht.

Die Hauptwirkung der sehr dicht aufkommenden Weiden liegt in der Verringe-rung der Fließgeschwindigkeit.

Beim Bau von Spreitlagen werden als lebende Baustoffe nur ausschlagfähige Weiden und Pappeln verwendet. Zur besseren Bodenabdeckung als Schutz gegen frühe Hochwässer wird oft nicht ausschlagfähiges Rundholz von Erlen oder Lärchen miteingelegt.

Die Verwendung bewurzelter Laubhölzer gleich beim Bau der Spreitlage bringt nicht viel, weil diese zwischen den eingelegten Weiden nur schlecht anwurzeln und das Wachstum der oberirdischen Pflanzenteile durch das dichte und schnelle Austreiben der Weiden stark unterdrückt wird.

Zielführender ist das Ausschneiden von Freistellen ein Jahr nach dem Aufwuchs

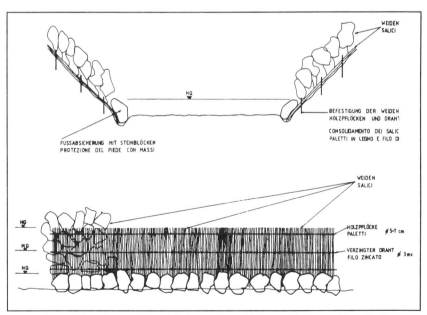

Abb. 3 Querschnitt (oben) und Grundriß (unten) einer skizzierten Weidenspreitlage für die Ufersicherung von Wildbächen im Alpenraum

der Weidenspreitlage im oberen Teil der Böschung und das Einsetzen von 1,0 - 1,5 m hohen, bewurzelten Laubhölzern in die freigeschnittenen Stellen. Je nach Standort im Alpenraum eignen sich dazu Grauerlen, Traubenkirschen, Eschen, Haselnüsse, Ebereschen und Vogelkirschen sehr gut. Solche Jungpflanzen werden auch am oberen Ende der Böschung, wo die Weidenspreitlage ausläuft, eingesetzt.

Diese Maßnahmen beschleunigen die Entwicklung zum standortgerechten Uferbestand, den wir anstreben.

Pflegeschnitte sind zusätzlich notwendig. Nach 5 bis 6 Jahren wird der obere Teil der weidenbewachsenen Böschung auf den Stock gesetzt, wodurch die anderen Laubhölzer stärker aufkommen und allmählich die Oberhand gewinnen. Der untere Teil der Böschung soll allerdings weidenbewachsen bleiben, um die für den Schutz der Ufer notwendige Elastizität des Bewuchses zu gewährleisten.

Auf den Stock gesetzt sollen später auch diese Weiden werden, um das Wurzelwachstum zu fördern, die Elastizität der Zweige zu erhalten und falls lange Bachstrecken mit solchen Weidenspreitlagen verbaut worden sind, einen ungleichaltrigen Bestand zu erreichen.

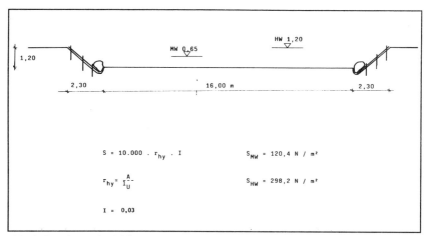

Abb. 4 Berechnung der Schleppspannung (S) einer 6 Monate alten Weidenspreitlage bei Mittelwasser (MW) und einer 15 Monate alten Weidenspreitlage bei Hochwasser (HW) am Zanggenbach / Eggental,
rhy = hydraulischer Radius, A = benetzte Fläche, lu = Umfanglänge, I = Gefälle

2. Hangsicherung durch Buschlagen

Zur Sicherung von abgerutschtem Lockermaterial eines Abbruchs eignen sich Buschlagen besonders gut. Auf den 1,0 bis 1,5 m breiten, leicht hineinhängend gegrabenen Terrassen werden Weidenäste und bewurzelte Laubhölzer eingelegt und diese mit dem Ausgraben der nächsthöheren Terrasse zu zwei Dritteln zugeschüttet (Abb. 5-7).

Die Weiden und beigefügten bewurzelten Sträucher und Bäume treiben zu dichten Reihengebüschen aus. Sie schützen damit als querliegende, ineinanderwachsende Pflanzenschichten den Hang.

Sehr gut eignet sich diese biologische Baumethode auch für die Sicherung von zu schüttenden hohen Böschungen und Dämmen, wobei die Buschlagen während der Schüttung eingebracht werden.

Die Erhöhung der Standsicherheit (η) einer Böschung durch den Bau von Buschlagen auch in Abhängigkeit vom Reihenabstand und der Einbindetiefe zeigen die Abbildungen 8 und 9.

Weiden sind ausgenommen der Salweide wasserbegleitende Gehölze und kommen an Hängen nur selten vor. Aus diesem Grund mag es widersinnig klingen, solche zur Hangsicherung zu verwenden. Als Pioniergehölze können wir allerdings nicht darauf verzichten.

Die parallel eingelegten starken Weidenäste bieten gemeinsam mit dem dahinter aufgesetzten Rundholz einen mechanischen Schutz. Sie verhindern das Abdrücken der meist zarten Sproßspitzen durch Steinschlag oder Nachrutschen der geschütteten Erde. Auch verstärken sie die quer zur Hangneigung ansetzende erddruckverteilende Wirkung der eingelegten Pflanzenschichten. Im späten Frühjahr wird oft auch totes Rundholz statt der Weiden verwendet, wenn diese am ursprünglichen Standort zu stark ausgetrieben haben und als Steckhölzer nur mehr schlecht anwachsen. Die Hangdurchwurzelung geht dabei langsamer vor sich.

Jede Sicherung eines Abbruchs - auch die durch den natürlichen Anflug von Wildlingen - erfolgt durch Pioniergehölze. Durch das Mitverwenden von bewurzelten Grauerlen, Salweiden, Eschen und Traubenkirschen und durch das Ausschneiden der Weiden, die später notwendig für andere Lebendverbauungsarbeiten zu gebrauchen sind, wird die Sukzessionsfolge beschleunigt, die dann in einem Fichten-Lärchenwald ihre Schlußgesellschaft findet.

Abb. 5 Hangrutschung am Käsebach im Eggental unmittelbar vor der Sicherung durch Buschlagenbau im Frühjahr 1986

Abb. 6 Die Entwicklung der Buschlagen am Käsebach nach 3 Jahren im Frühjahr 1989

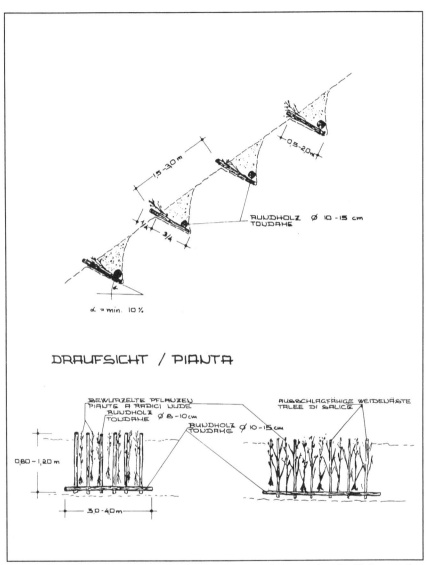

Abb. 7 Querschnitt und Grundriß einer Heckenbuschlage mit bewurzelten Laubhölzern und ausschlagfähigen Weidenästen. Totes Rundholz wird zur Abstützung am hinteren Ende daraufgesetzt oder, falls ausschlagfähiges Weidengebüsch nicht verfügbar ist, dazwischengelegt.

STANDSICHERHEIT $\eta = \dfrac{\tan \beta_B \quad \text{Grenzneigung}}{\tan \varphi \quad \text{Reibungswinkel}}$

$\tan \beta_B = \tan \varphi + 1{,}4\,(1 - \frac{2}{x})\,m$

$\eta = \dfrac{\tan \varphi + 1{,}4\,(1 - \frac{2}{x})\,m}{\tan \varphi}$

VERBAUUNGSVERHÄLTNIS $m = \dfrac{ds \quad \text{Einbindetiefe}}{l \quad \text{Böschungslänge}}$

ANZAHL DER VERBAUUNGSFELDER $x = \dfrac{l \quad \text{Böschungslänge}}{a \quad \text{Reihenabstand}}$

BUSCHLAGE

Böschungslänge	l	$= 10\ m$
Reihenabstand	a	$= 2\ m$
Einbindetiefe	ds	$= 2\ m$
Reibungswinkel	φ	$= 27°\quad (\tan \varphi = 0{,}51)$

$\eta = \dfrac{0{,}51 + 1{,}4\,(1 - \frac{2}{10})\cdot\frac{2}{10}}{0{,}51}$

$= \dfrac{0{,}51 + 1{,}4\cdot 0{,}60\cdot 0{,}20}{0{,}51}$

$= \dfrac{0{,}51 + 0{,}17}{0{,}51}$

$= \dfrac{0{,}68}{0{,}51}$

$\eta = 1{,}33$

Abb. 8 Berechnung der Standsicherheit (η) einer Böschung durch den Bau von Buschlagen

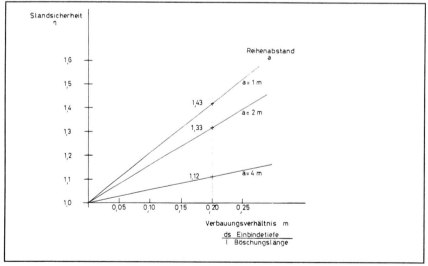

Abb. 9 Erhöhung der Standsicherheit (η) durch den Bau von Buschlagen in Abhängigkeit von Reihenabstand (a) und der Einbindetiefe (ds)

3. Begrünung von Erosionszonen über der Waldgrenze

Durch die Rodung von Wäldern für die Weidegewinnung und die anschießende Überbeweidung haben sich im Alpenraum während der letzten Jahrhunderte großflächige Erosionszonen gebildet. Zur Verhinderung dieser starken Erosion und zur Vorbeugung möglicher Überschwemmungen im Talboden sind dauerhafte Begrünungen (Berasungen) notwendig (Abb. 10-12).

Die Dauerhaftigkeit der Begrünung zwingt uns zu einer möglichst standortgerechten Vegetation, denn über der Waldgrenze haben fremde Arten nur wenig Chancen durchzukommen.

Bereits seit 1978 wird Saatgut von der Alpenrispe (Poa alpina) gesammelt und zur Vermehrung weitergeleitet. Heute können wir der Saatgutmischung für diese hohen Lagen bis zu 20% davon beimischen. Auch die standortähnliche Drahtschmiele (Deschampsia flexuosa) ist im Handel erhältlich.

Weitere Arten werden gesammelt und ihre Vermehrung versucht.

Diese Methode, standorteigene Samen zu sammeln, vermehren zu lassen und der Handelssaatgutmischung beizumengen, stößt an Grenzen, weil einerseits die Samen je nach Witterung nur schlecht oder gar nicht ausreifen, und andererseits Samen mit relativ guter Keimfähigkeit nicht unbeschränkt vorhanden sind.

Aus diesem Grund werden die wenigen reifen Samen einiger Pflanzen in der Gärtnerei des landeseigenen biologischen Labors als Topfpflanzen herangezogen: wie vom Bürstling (Nardus stricta), Goldfünffingerkraut (Potentilla aurea) und der Moschusschafgarbe (Achillea moschata).

Für viele Pflanzen, deren Samen nur selten ausreifen, ist die vegetative die einzige Möglichkeit einer Vermehrung. Aus der Umgebung der Begrünungsgebiete werden Rasenziegel alpiner Pflanzen entnommen und in der oben erwähnten Gärtnerei durch Teilung als Einzelsprosse vermehrt und herangezogen.

Für das heurige Jahr 1990 sind 100.000 Topfpflanzen vegetativ vermehrter Arten verfügbar, über Samen hingegen rund 20.000.

Diese Topfpflanzen, herangezogen in sogenannten Rootrainers (zusammenklappbare, 10 cm tiefe, wiederverwendbare Plastiktöpfe) nach dem Muster von

Abb. 10 In Rootrainers herangezogene vegetativ vermehrte Pflanzen von der Alpenrispe (Poa alpina)

Abb. 11 Auf eine freie Erosionsfläche zum Versuch ausgesetzte vegetativ vermehrte Agrostis alpina (Alpenstraußgras) nach 4 Jahren - Pfannhorn, 2400 m ü.M. (Sommer 1988)

Abb. 12 Eine zwölfjährige mit vielen standortgerechten und -eigenen Pflanzen durchmischte Begrünung am Pfannhorn - 2200 m ü.M. (Sommer 1988)

Prof. K. URBANSKA - ETH Zürich werden in die Lücken der bestehenden Begrünungen eingesetzt.

Mit diesen Maßnahmen hoffe ich, einen Schritt in Richtung standortgerechter Vegetation getan zu haben. Auf Handelssaatgut als Pionierpflanzen zu verzichten, wird erst dann möglich sein, wenn es gelingt, vom natürlich vorkommenden Schwarzrotschwingel (Festuca rubra nigrescens) und anderen alpinen Pflanzen große Mengen Saatgut zu erzeugen. Davon sind wir leider noch entfernt. Natürliche Pionierarten sind kaum zu vermehren und wachsen auch zu langsam für die Abdeckung der großen Erosionsflächen, die jährlich zu begrünen sind. Für die Verwendung von standortähnlichen Pionierpflanzen, vor allem Schwingelsorten, werden diese in einem Versuchsgarten (2500 m Meereshöhe) auf ihre Höhenresistenz getestet.

Viele dieser eingesäten sogenannten fremden Arten sind inzwischen von den eingewanderten alpinen Pflanzen oder von den in der Saatgutmischung vorhandenen und langsam sich entwickelnden standortgerechten Gräsern und Kräutern verdrängt worden. Einige Arten (vor allem resistente Rotschwingelsorten) haben sich in meinen bisher ältesten 14-jährigen Begrünungen gehalten.

Aus den vor Jahren erzeugten fast reinen Kunstwiesen haben sich durch das Einsetzen alpiner Topfpflanzen und die natürliche Sukzession bereits blütenreiche, schön anzusehende und für den Erosionsschutz wirksame Pflanzengesellschaften entwickelt. Ich hoffe, daß diese auch dauerhaft sind und eine spätere Düngung und Pflege nicht mehr brauchen.

Sicherungsarbeiten durch lebende Baustoffe, oft unterstützt durch technische Hilfsmittel, sollen der Natur helfen, ihre meist vom Menschen verursachten Wunden zu heilen. Wenn dies im Anfangsstadium durch standortfremde Pionierarten geschieht, so besteht noch immer die Möglichkeit, durch das Beimischen von standortgerechten Pflanzen, durch eine entsprechende Pflege und durch die Steuerung der Sukzession zu einer Schlußgesellschaft zu kommen, die sich von der natürlichen nicht mehr unterscheidet.

Dazu braucht es viel Geduld.

4. Zusammenfassung

In unserer Landschaft wird zuviel gemauert. Es gibt heute Möglichkeiten Böschungen, Hänge und Ufer mit Pflanzen als lebenden Baustoffen zu sichern. Dafür eignen sich nur wenige Arten, die oft nicht standorteigen sind.

Diese Pflanzen haben allerdings nur Pionierfunktion. Durch das Miteinlegen standortgerechter und standorteigener Arten, durch eine entsprechende Pflege, durch Schnitt und Nachsetzen können wir die Entwicklung zu einer natürlichen Schlußvegetation beschleunigen und auch erreichen. Dazu braucht es Zeit und Geduld. In diesem Bericht werden an Hand dreier Beispiele solche Wege zu einer natürlichen Schlußvegetation aufgezeigt.

5. Literatur

BEGEMANN, W. und SCHIECHTL, H.M. (1986): Ingenieurbiologie - Handbuch zum naturnahen Wasser- und Erdbau. Bauverlag Wiesbaden und Berlin.

FLORINETH, F. (1978): Ingenieurbiologische Arbeiten bei der Wildbach- und Lawinenverbauung in Südtirol. Zeitschrift Garten und Landschaft H. 11.

FLORINETH, F. (1982): Ingenieurbiologische Maßnahmen an den Fließgewässern in Südtirol. Landschaftswasserbau - Technische Universität Wien - Band 3.

FLORINETH, F. (1982): Begrünungen von Erosionszonen im Bereich und über der Waldgrenze. Zeitschrift für Vegetationstechnik - Patzer Verlag Berlin H. 5.

FLORINETH, F. (1988): Begrünung von Erosionszonen über der Waldgrenze. Jahrbuch 3 Gesellschaft für Ingenieurbiologie - Sepia Verlag Aachen.

FLORINETH, F. (1988): Versuche einer standortgerechten Begrünung von Erosionszonen über der Waldgrenze. Zeitschrift für Vegetationstechnik H. 3 - Patzer Verlag Berlin.

GESELLSCHAFT FÜR INGENIEURBIOLOGIE (1985): Wurzelwerk und Standsicherheit von Böschungen und Hängen. Jahrbuch 2 - Sepia Verlag Aachen.

GRABHERR, G.; MAIR, A.; STIMPFL, H. (1988): Vegetationsprozesse in alpinen Rasen und die Chancen einer echten Renaturierung von Schipisten und anderen Erosionsflächen in alpinen Hochlagen. Jahrbuch 3 der ingenieurbiologischen Gesellschaft - Sepia Verlag Aachen.

INDLEKOFER, H. (1982): Leistungsberechnung naturnaher und natürlicher Gewässer. Landschaftswasserbau Band 3 Technische Universität Wien.

MESZMER, F. (1970): Das Saumwaldprofil. Zeitschrift Wasser und Boden H. 2 - Hamburg.

SCHARSCHMIDT, G. und KONECNY, V. (1971): Der Einfluß von Bauweisen des Lebendverbaues auf die Standsicherheit von Böschungen. Mitteilungen der Technischen Hochschule Aachen.

SCHIECHTL, H.M. (1973): Sicherungsarbeiten im Landschaftsbau. Callwey Verlag - München.

SCHIECHTL, H.M. (1988): Hangsicherung mit ingenieurbiologischen Methoden im Alpenraum. Jahrbuch 3 der Gesellschaft für Ingenieurbiologie - Sepia Verlag Aachen.

URBANSKA, K.M. (1987): Forschung über Wiederbegrünung in Hochgebirgslagen der Schweiz - Probleme und Aussichten. Veröff. Geodet. Inst. ETH - Zürich.

Anschrift des Verfassers
Prof. Dr. Florin Florineth
Universität für Bodenkultur
Institut für Landschaftsplanung
Borkowskigasse 4
A-1190 Wien

Jahrbuch 6 der Gesellschaft für Ingenieurbiologie e.V. Aachen (1996)
Ingenieurbiologie im Spannungsfeld zwischen Naturschutz und Ingenieurbautechnik

73

Die Verwendung von Weiden für ingenieurbiologische Sicherungsarbeiten und die Gefahr einer Florenverfälschung

Hugo Meinhard Schiechtl

1. Einleitung

In den vergangenen 100 Jahren verloren die Weiden durch Flußverbauungen und Schaffung landwirtschaftlicher Kulturflächen den größten Teil ihrer ehemaligen natürlichen Standorte. So etwa gingen im Tiroler Inntal rund 85% der ehemaligen Auwälder verloren.

Die Geschiebebilanz der meisten mitteleuropäischen und vor allem der alpinen Flüsse ist negativ geworden. Sand- und Kiesbänke - die potentiellen Standorte für initiale Weidengesellschaften - sind heute in vielen Fließgewässern bereits eine Rarität.

In den Alpen- und Voralpenländern war es bisher üblich, das für ingenieurbiologische Verbauungen erforderliche Ast- und Steckholzmaterial aus natürlichen Beständen zu beschaffen. Aber auch dort wird dies immer schwieriger und vielfach muß man bereits ausweichen auf junge Weidenbestände, die durch ingenieurbiologische Sicherungsarbeiten selbst geschaffen wurden. Das hat natürlich auch Vorteile, da hierdurch zugleich die erforderliche Pflege dieser Bestände erfolgt (Abb. 1).

2. Verwendung von Weiden auf bisher weidenfreien Standorten

Wenn wir Sicherungsarbeiten mit lebendem Weidenmaterial an Bauflächen ausführen, machen wir eigentlich nichts anderes, als auch die Natur machen würde. Nur die Einbauart und die Zahl der eingesetzten Individuen ist erheblich größer als dies von Natur aus möglich wäre. Denn in der Regel werden derartige Flächen durch die Baumaßnahmen von der vorhandenen Vegetation und auch vom belebten Oberboden entblößt, sodaß wir einen Rohboden und damit einen

Abb. 1 Durch ingenieurbiologische Verbauung geschaffener Weidenbestand, der neben der Ufersicherung auch der Beschaffung von Weidenästen für weitere ingenieurbiologische Verbauung dient.

Abb. 2 Die bereits selten gewordene Lorbeerweide (Salix pentandra), hier durch ingenieurbiologische Uferschutzbauten vor dem Aussterben bewahrt.

potentiellen Weidenstandort vor uns haben. Die natürliche Sukzession würde sicher auch über ein Pionierstadium ablaufen, in welchem verschiedene Weidenarten eine wesentliche Rolle spielen, und diese Entwicklung ginge auch ganz ohne unser Zutun vor sich, nur erheblich langsamer und vielfach durch Rückschläge unterbrochen.

Die Kunst des Ingenieurbiologen besteht in der richtigen Standortbeurteilung und folglich in der richtigen Auswahl der geeignetsten Weidenarten. Hierbei werden im Alpenraum mit seiner Vielfalt an unterschiedlichen Standorten natürlich weit höhere Anforderungen an den Planer gestellt als im Flachland. Wir haben allerdings schon vor vierzig Jahren für den österreichischen Alpenanteil auf der Basis von geologischen Karten und von Karten der aktuellen Vegetation die grundsätzlichen Unterschiede zwischen Weiden- und Erlenstandorten publiziert sowie die heimischen Weidenarten systematisch auf ihre Eignung für ingenieurbiologische Sicherungsarbeiten untersucht (RASCHENDORFER 1953 u. 1959; SCHIECHTL 1973 u. 1989).

Selbst Fehlverwendungen - etwa von Weiden auf Erlenstandorten oder falsche Weidenarten - führten nie zu Problemen und zwar deshalb, weil wir stets das Weidenmaterial aus nahegelegenen und ökologisch gleichwertigen oder sehr ähnlichen Naturbeständen beschaffen konnten.

Die Erhaltung mancher Weidenart verdanken wir sogar der Verwendung für ingenieurbiologische Bauarbeiten zum Ufer- und Böschungsschutz, so etwa die letzten Vorkommen der Lorbeerweide (Salix pentandra) im Ötztal und in Osttirol, der Kriechweide (Salix repens) im Osttiroler Pustertal, ja sogar der relativ seltenen Teppichweidenarten (Salix alpina und Salix serpyllifolia) in den Trokkenmauern an der Großglockner-Hochalpenstraße (Abb. 2, 3 und 4).

Weidengebüsche als Dauerbestand sind nur auf wenigen Standorten möglich, etwa an voll belichteten Fließwasserufern, auf Rohböden mit langsamer Bodenentwicklung (z.B. in Dolomit- und Serpentingebieten), auf baumfrei bleibenden Mooren oder in Lawinenzügen (Salicetum elaeagni, Salicetum cinereae, Salicetum foetidae - Abb. 5-7). Natürlich sind auch die alpinen Teppichstrauch-Weidenbestände wegen der geringen Konkurrenz auf diesen Standorten Dauer-Saliceten.

In den überwiegenden Fällen der ingenieurbiologischen Anwendung von Weiden stellen diese aber ein relativ kurzlebiges Initialstadium dar und die geschaffene erste Gehölzvegetation entwickelt sich rasch zu Strauch- oder Baumgesellschaften weiter, in denen andere Gehölze die Führungsrolle übernehmen. Die Weiden werden bald durch die Konkurrenz - vor allem durch Beschattung - verdrängt und nur wenige, schattenresistentere Arten können im Schirm der höherwüchsigen Bäume noch einige Jahrzehnte aushalten, so etwa die Schwarzweide (Salix nigricans) und die Mandelweide (Salix triandra ssp. triandra).

Dies war auch das Motiv für die Entwicklung des Heckenbuschlagenbaues, der heute am häufigsten angewandten ingenieurbiologischen Stabilbauweise zur tiefgründigen Böschungssicherung. Dabei wird mit einem Arbeitsgang nicht nur die initiale Weidengesellschaft, sondern auch das nächstfolgende Laubgehölz-Stadium eingebracht, und eine rasche Weiterentwicklung der Pioniervegetation ist damit gewährleistet (Abb. 8).

3.   Gefahr einer Florenverfälschung

Die Gefahr einer Florenverfälschung durch Verwendung nicht standortgemäßer Weidenarten besteht daher unter den genannten Voraussetzungen - Verwendung von Weiden aus nahegelegenen, ökologisch gleichwertigen Naturbeständen - nicht.

Ich kenne viele Fälle, wo man nicht die richtigen Weidenarten verwendet hat. Die Ursache war dabei entweder die mangelnde Kenntnis der Weidenarten, Unkenntnis der Weidenökologie oder Beschaffungsschwierigkeiten.

Der einzige mir bekannte Fall im Alpenraum, wo eventuell eine Florenverfälschung durch Einbau fremder Weidenarten möglich gewesen wäre, passierte beim Bau der Brennerautobahn 1962. Dort wurden für den Buschlagenbau die Weiden aus den ca. 10 km entfernten Inn-Auen beschafft. Neben den fünf heimischen Weiden (Salix alba, daphnoides, elaeagnos, purpurea und nigricans) war dabei auch die im Tiroler Inntal nicht mehr heimische, vermutlich aus ehemaligen Flechtweidenkulturen stammende Korbweide (Salix viminalis). Sie wurde ebenfalls mit eingebaut, konnte sich aber nur wenige Jahre halten und verschwand schließlich von selbst.

Immerhin ist es denkbar, daß in Gebieten, in denen das ausschlagfähige Ast-Material aus Weidenhegern beschafft werden muß, tatsächlich eine Florenverfälschung eintreten kann, wenn nicht die nötige Sorgfalt bei der Auswahl der anzuzüchtenden bzw. zu vermehrenden Arten eingehalten wird. So passierte es z.B. in Bayern, wo die als Flechtweide angebaute Bandstockweide (Salix dasyclados) in den Auen der Isar Fuß fassen konnte und auf weiten Strecken verwilderte.

4. Weidenanbau für ingenieurbiologische Zwecke

Wegen des schon geschilderten zunehmenden Verlustes an natürlichen Weidenbeständen wird es in Zukunft auch in bisher weidenreichen Gebieten in absehbarer Zeit notwendig sein, das für ingenieurbiologische Verbauungen benötigte Ast- und Rutenmaterial in Gärten anzubauen.

Während es im Alpenraum heute keine derartigen Betriebe mehr gibt, werden in der BRD und in den Beneluxländern in mehreren Baumschulen Weiden angezüchtet. Dies geschah bisher allerdings fast ausschließlich zur Bedarfsdeckung von Flechtmaterial und von Pflanzgut für gestalterische Zwecke in urbanen Bereichen. Dies führte zur Auslese zahlreicher verschiedener Sorten, unter denen auch etliche ausländische Arten und natürlich auch verschiedene Bastarde zu finden sind.

Wenn ein Weidenanbau auch für ingenieurbiologische Zwecke erfolgen soll, können zwar die wertvollen Erfahrungen im Betrieb von Weidengärten ausgenützt werden, für die Beschaffung des Ausgangsmaterials müssen jedoch andere Grundsätze als bisher gelten. Es wäre nämlich wichtiger, das gesamte heute noch in der Natur vorhandene genetische Potential zu nützen, als immer neue Zuchtformen zu schaffen und womöglich nur mehr Klone weiter zu vermehren.

In der Praxis wäre es daher notwendig, das zu vermehrende Material von möglichst vielen Individuen beider Geschlechter zu beschaffen. Für den Anzuchtbetrieb entstehen dadurch keine Nachteile, nur müssen die Quartiere für ingenieurbiologische Zwecke von den anderen getrennt werden. Hinsichtlich des Schädlingsbefalles werden sich in diesen Quartieren sicherlich keine größeren, sondern geringere Probleme ergeben als in den viel anfälligeren Sortenquartieren.

Abb. 3 Kriechweide (Salix repens). Sie konnte an ihrem einzigen Standort im Osttiroler Pustertal durch Schaffung eines geschützten Feuchtbiotops im Rahmen eines Kraftwerkbaues vor dem Aussterben gerettet werden.

Abb. 4 Myrtenweide (Salix alpina), vor 60 Jahren beim Bau der Trockenmauer an der Großglockner-Hochalpenstraße in die Fugen gesteckt und dadurch erhalten.

Abb. 5 Weiden-Dauergesellschaft (Salicetum elaeagni) auf den vorwiegend aus Hauptdolomit bestehenden Kiesbänken der obersten Isar.

Abb. 6 Weiden-Dauergesellschaft (Salicetum cinereae) auf baumfeindlichen, anmoorigen Boden mit stagnierendem Wasser.

5. Florenverfälschung durch Anpflanzung anderer exotischer Gehölzarten

Abschließend soll noch festgehalten werden, daß im Gegensatz zu ingenieur-biologischen Verbauungen mit Weiden bei anderen „Gestaltungs-" und Siche-rungsarbeiten oder Ödlandaufforstungen leider häufig eklatante Florenver-fälschungen verursacht wurden, die meistens unberechtigt sind, weil auch heimische Gehölzarten denselben Zweck erfüllt hätten.

Beispiele hierfür sind etwa die Kaschierung von Bausünden durch deren Ver-stecken hinter Cotoneaster-Vorhängen, die häufige Pflanzung der bis in den Alpenraum verschleppten Rosa rugosa in der freien Landschaft und vor allem die früher schematisch zur Sicherung von Bahn- und Straßenböschungen übliche Pflanzung von Robinien. Alle drei Arten sind bereits an vielen Stellen aus den seinerzeitigen Anpflanzungsgebieten in die benachbarten, teils auch in weit entfernte natürliche Bestände ausgewandert und haben sich dort zu Lasten der heimischen Arten eingebürgert. Im Fall der Robinie führte dies bekanntlich zu schwerwiegenden Veränderungen der Bestandesstrukturen und in der Folge zu schweren Ertragsverlusten.

Damit soll aber nicht a priori jede standortfremde Pflanzenart von ihrer Ver-wendung für ingenieurbiologische Verbauungen ausgeschlossen werden. Denn es entstehen auch in unseren Breiten durch die menschliche Tätigkeit immer mehr Sonderstandorte, deren Boden- und Kleinklimaverhältnisse so extrem sind, daß sie mit den heimischen Pflanzenarten nicht mehr besiedelbar sind, wohl aber - zumindest im Initialstadium - mit manchen exotischen Arten.

Solche Sonderstandorte sind etwa Industrie- und Bergbauhalden, aber z.B. auch die Mittelstreifen von Autobahnen, die durch häufiges Streuen von Auftausalzen eisfrei gehalten werden.

Ob sich die auf solchen Sonderstandorten verwendeten Exoten in die umgeben-den, natürlichen Vegetationsbestände ausbreiten können, kann vorerst nicht beurteilt werden, weil die ältesten derartigen Arbeiten erst vor etwa 25 Jahren ausgeführt wurden. Im Einzelfall muß zumindest mit der Möglichkeit gerechnet werden.

6. Zusammenfassung

Äste vegetativ vermehrbarer Weiden sind für viele ingenieurbiologische Bauweisen im Erd- und Wasserbau das wichtigste Baumaterial. Die Erkennung der Weiden im Winterzustand bereitet mit der bisher verfügbaren Bestimmungsliteratur allerdings Schwierigkeiten.

Wo das lebende Astwerk noch aus nahegelegenen, ökologisch der Baustelle gleichwertigen Naturbeständen beschafft werden kann, besteht kaum eine Gefahr von Florenverfälschungen. Werden ungeeignete Wildweiden ausgewählt, so werden diese schon nach wenigen Jahren wieder durch die Konkurrenz höher und rascher wachsender Gehölze verdrängt.

Weidenbestände sind meist kurzlebige Pionierstadien, die sich nach wenigen Jahren in höhere Laub- oder Nadelwaldgesellschaften weiterentwickeln. Nur auf Extremstandorten wie etwa nährstoffarmen oder toxischen Substraten oder in konkurrenzarmen Mooren können sich Dauerstadien von Saliceten bilden.

Die Gefahr einer Florenverfälschung besteht dort, wo Weiden nicht aus Naturbeständen, sondern aus Weidenhegern beschafft werden müssen. Für den Anbau

Abb. 7 Weiden-Dauergesellschaft (Salicetum foetidae) auf einem baumfrei bleibenden, jährlich mehrmals von Lawinen überfahrenen, subalpinen Standort.

von lebendem Astmaterial sollten daher spezielle Grundsätze eingehalten werden, da zur Verwendung für ingenieurbiologische Verbauungen die Flechtbarkeit und andere Zuchtziele weniger wichtig sind wie die Erhaltung des noch vorhandenen genetischen Potentials. Vor allem sollten Klon-Kulturen vermieden werden.

Florenverfälschungen entstanden vor allem bei Ödlandaufforstungen und falsch verstandenen „Gestaltungsarbeiten" in der freien Landschaft als Folge der Verwendung exotischer Gehölze.

Es soll aber nicht verschwiegen werden, daß auf Sonderstandorten gelegentlich die heimischen Arten nicht ausreichen. Beispiele hierfür sind streusalzbeeinflußte Straßenränder und -mittelstreifen sowie manche toxische Industrie- und Bergbauhalden.

Abb. 8 Dreijährige Heckenbuschlagen, zur Sicherung einer
Dammschüttung eingebaut. Im dritten Lebensjahr
werden die zugleich mit den Weidenästen eingebau-

7. Literatur

RASCHENDORFER, I. (1953): Stecklingsbewurzelung und Vegetationsrhytmus. Einige Versuche zur Grünverbauung in Rutschflächen. Forstw. Zentralbl. 72.JG. H. 5/6.

RASCHENDORFER, I. (1959): Blaikentypen in den Ostalpen. Kennzeichnung von Rutschflächen nach den Vegetationsstufen zum Zwecke der Grünverbauung. De Natura tirolensi. Prem-Festschrift. Univ. Verlag Wagner, Innsbruck.

SCHIECHTL, H.M. (1958): Grundlagen der Grünverbauung. Mitt. d. Forstl. Bund. Vers. Anstalt Wien, Heft 55, 273 Seiten.

SCHIECHTL, H.M. (1973): Sicherungsarbeiten im Landschaftsbau. Verlag Georg D.W. Callwey, München, 244 Seiten.

SCHIECHTL, H.M. (1989): Karte der potentiellen Weidengesellschaften für die Praxis der Ingenieurbiologie, Blatt Österreich 1:500.000. Unveröffentlichtes Original des Verfassers.

Anschrift des Verfassers:
Prof. h. c. Dr. Hugo Meinhard Schiechtl
Wurmbachweg 1
A-6020 Innsbruck-Mühlau

Themenkreis III

Naturschutz und Ingenieurbiologie in
Beispielen

Jahrbuch 6 der Gesellschaft für Ingenieurbiologie e.V. Aachen (1996)
Ingenieurbiologie im Spannungsfeld zwischen Naturschutz und Ingenieurbautechnik

87

Die Naturschutzbedeutung einer durch Lebendverbau gesicherten Anschnittsböschung im Pfälzerwald

Helmut Duthweiler

Das Straßenbauamt Speyer ließ 1961 bis 1964 die Bundesstraße 48 im gewundenen, tief eingeschnittenen Kerbtal des oberen Wellbaches ausbauen.

Dies führte zwangsläufig zu relativ ausgedehnten, steilen Einschnitten (ca. 35° = 1:1,5) im grobsandig-steinigen Verwitterungsschutt - mit zwischenlagernden Felshorizonten - der Rehberg-Schichten des mittleren Buntsandsteins, dazu Material von geringmächtigen lößlehmhaltigen Fließerdezungen mit zunächst starker Rillenerosion auf den unbewachsenen rohen Böschungen.

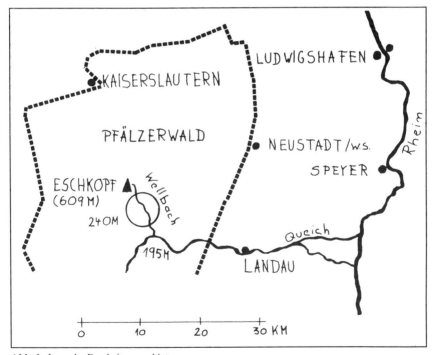

Abb. 1 Lage der Bearbeitungsgebietes

Daher wurde eine im Herbst 1961 fertiggestellte, ca. 200 m lange und bis 8 m hohe Anschnittsböschung im Vorfrühling 1962 nach meinen Angaben durch die damals noch junge Methode des Buschlagenbaues gesichert (SCHIECHTL 1958). Naturschutz war nicht im Blickpunkt; ich fühlte mich Alwin Seiferts Maxime aus den Anfängen des Autobahnbaues in Deutschland verpflichtet, „alle neu geschaffenen technischen Ödländer mit der jeweils bodenständigen Waldgesellschaft zu bedecken". TÜXEN (1956a) nannte sie „heutige potentielle natürliche Vegetation", d.h. die Schlußgesellschaft (bzw. die langlebigste) der Sukzession unter den gegenwärtigen Standortbedingungen.

Letztere sowie die wahrscheinliche natürliche und die reale Vegetationszonierung seien daher zunächst skizziert, eingebettet in das relativ mild-subatlantische Regionalklima des mittleren Pfälzerwaldes, das im meist Nord-Süd gerichteten, windgeschützten Wellbachtal deutlich luftfeuchter-strahlungsärmer ausgebildet ist. Folgende Klimawerte seien dazu herausgegriffen und der Situation in der östlich benachbarten Rheinebene gegenübergestellt (BURCKHARDT 1971):

	Wellbachtal	Landau
Mittlere Jahressummen des Niederschlags (mm) 1931-1960	900 mm	650mm
Mittlere Lufttemperatur Juli (°C) 1931-1960	17°	19,5°
Mittlere Zahl der trüben Tage (Tagesmittel der Bewölkung >80) 1951-1960	>155	<135

Tab. 1 Klimawerte des Wellbachtales im Vergleich zur benachbarten Rheinebene

Wesentlich ist außerdem im Kerbtal die nach oben mit der Hangneigung zunehmende Abtragstendenz, die auch beim Einschneiden des Baches vorherrscht. Nur unmittelbar oberhalb des Talgrundes findet eine geringe Anreicherung von Hangschutt statt, einschließlich der relativ nährstoffreichen, schluffig-tonigen Lößlehmreste. Hier entwickelt sich das charakteristische Standortmosaik vieler „Schluchtwälder": die Verzahnung felsig-grobblockiger, mäßig trockener und feinbodenreicher, frischer bis quelliger Bereiche (siehe Abb. 2). Damit sind hier Stieleiche, Winterlinde, Hainbuche und Vogelkirsche, also Carpinion-Arten, gegenüber der sonst vorherrschenden Buche und Traubeneiche begünstigt. Ihr Kronendach ist z.T. lockerer, die Streu nährstoffreicher und leichter zersetzlich. Fragmente von thermo- wie hydrophilen Saum- und Lichtungsgesellschaften

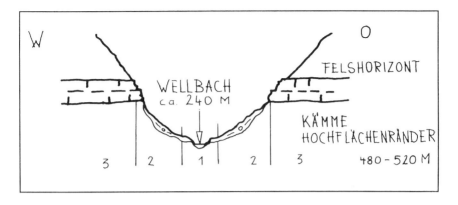

1.　**Hainmieren-Erlenwald (Stellario-Alnetum)**

GEBÜSCH	VORWALD	OPTIMALBESTAND
Brombeere	Schwarzerle	Schwarzerle
(Rubus fruticosus coll.)	(Alnus glutinosa)	(Alnus glutinosa)

2.　**Schluchtwald (Tilio-Acerion-Gesellschaft)**

GEBÜSCH	VORWALD	OPTIMALBESTAND
Hasel	Sandbirke	Hainbuche
(Corylus avellana)	(Betula pendula)	(Carpinus betulus)
Faulbaum	Aspe	Winterlinde
(Rhamnus frangula)	(Populus tremula)	(Tilia cordata)
	Vogelbeere	Stieleiche
	(Sorbus aucuparia)	(Quercus robur)
	Mehlbeere	Vogelkirsche
	(Sorbus aria)	(Prunus avium)
		Buche
		(Fagus sylvatica)

3.　**Typischer bis Heidelbeer-Hainsimsen-Buchenwald (Luzulo-Fagetum typicum bis myrtilletosum), submontane Form mit höherem Traubeneichenanteil, auf Fließerde Ausbildung mit Calamagrostis arundinacea, z.T. Mosaik mit kiefernreichem Buchen-Eichenwald (Violo-Quercetum)**

GEBÜSCH	VORWALD	OPTIMALBESTAND
Besenginster	Sandbirke	Buche
(Sarothamnus scoparius)	(Betula pendula)	(Fagus sylvatica)
Brombeere	Kiefer	Traubeneiche
(Rubus spec.)	(Pinus spec.)	(Quercus petraea)
Himbeere	Aspe	Stieleiche
(Rubus idaeus)	(Populus tremula)	(Quercus robur)
	Vogelbeere	
	(Sorbus aucuparia)	
	Mehlbeere	
	(Sorbus aria)	

Abb. 2 Vegetationszonierung eines Querschnittes durch das Wellbachtal

gab es sicher schon in der Naturlandschaft. Erstere und vor allem die „gemäßigt-kontinentalen" Baumarten Winterlinde und Hainbuche (ebenso Kiefer an den Oberhängen nahe ihrer westlichen Verbreitungsgrenze, sowie die Mehlbeere) sind Indikatoren für den Einfluß der nahen, sommerwarmen Rheinebene, sowie der relativ geringen Massenerhebung bis um 610 m im mittleren Pfälzerwald. Nur auf Schluchtwaldstandorten können sich hier Fragmente bzw. Arten der Lebensgemeinschaften der montanen Stufe entwickeln (mit Aruncus dioicus, Centaurea montana, Senecio fuchsii und Ulmus glabra).

Hiermit ergibt sich für die Naturlandschaft des Wellbachtales die in Abbildung 2 dargestellte Vegetationszusammensetzung:

Vom Naturschutz her notwendig wäre der Schutz eines solchen charakteristischen Talquerschnittes vor forstlichen Veränderungen und Straßenbau - regional wohl kaum mehr zu verwirklichen. Dabei wäre über die oben skizzierten Sukzessionen hinaus der gesamte Zyklus von den Pionier- bzw. Lichtungsfluren und Säumen bis zum Zerfallsstadium einzubeziehen.

Die vorhandene Situation ist jedoch so stark gestört, daß nur noch kleine Teile dieses Komplexes unmittelbar bzw. nach Regeneration schutzwürdig erscheinen. Örtlich sind dies vor allem die Saumbereiche des Winterlinden-Hainbuchen-Hangfußwaldes (siehe Abb. 3).

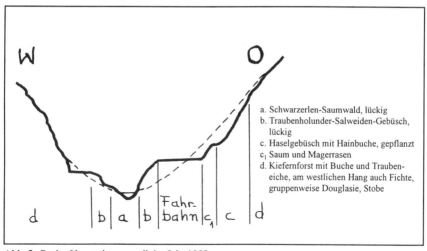

a. Schwarzerlen-Saumwald, lückig
b. Traubenholunder-Salweiden-Gebüsch, lückig
c. Haselgebüsch mit Hainbuche, gepflanzt
c_1 Saum und Magerrasen
d. Kiefernforst mit Buche und Traubeneiche, am westlichen Hang auch Fichte, gruppenweise Douglasie, Stobe

Abb. 3 Reales Vegetationsmosaik im Jahr 1989

Bei der Sicherung des Einschnittes 1962 sollte neben der „Hangbewehrung" durch Buschlagen (maximal daumenstarke lebende Weidenruten, 50 - 60 cm lang, aus Kulturbeständen) gleich die zum Winterlinden-Hainbuchenwald hinführende Gebüschgesellschaft eingebracht werden.

Pflanzung (mit abnehmendem Mengenanteil), in Gruppen zu 3 bis 6 einer Art gepflanzt:

Carpinus betulus	Hainbuche
Quercus petraea	Traubeneiche
Tilia cordata	Winterlinde
Sorbus aucuparia	Vogelbeere
Prunus avium	Vogelkirsche
Betula pendula	Sandbirke
Corylus avellana	Hasel
Frangula alnus	Faulbaum
Crataegus monogyna	Eingriffliger Weißdorn

Die Böschungsneigung von 35° erlaubte eben noch den Buschlagenbau mit Cordon-Pflanzung, indem beim Zuschütten der auf waagerechte, stark nach innen geneigte Terrassen ausgebreiteten Weidenruten ein kleiner Absatz gebildet wurde. Auf diesem wurden die Gebüschgehölze mit 0,5 m Abstand als Cordons gepflanzt. Sie hatten dadurch gegenüber dem üblichen Miteinlegen in die Buschlage (= Heckenbuschlage) einen unbehinderten Start (DUTHWEILER 1967). Den Oberflächenschutz der nicht humusierten Böschung sollte eine Pionierkraut-Einsaat der folgenden Arten geben:

Sarothamnus scoparius	Besenginster
Lupinus luteus	Gelbe einjährige Lupine
Lotus corniculatus	Hornklee
Achillea millefolium	Schafgarbe

Diese entwickelte sich aber im Rohboden so langsam und lückig, daß noch etwa ein Jahr lang eine mäßige Rillenerosion zu beobachten war. Immerhin wurde diese durch die Stufen und die dichten Weidenkämme immer wieder aufgehalten. Im Frühjahr 1963 wurde eine Nachsaat eingebracht.

Nach drei Vegetationsperioden war die Pflanzendecke völlig geschlossen. Die austreibenden Weiden wurden vom Rehwild so gründlich abgeäst, daß sie nie eine Konkurrenz für die gepflanzten, offenbar wenig verbissenen Gehölze darstellten.

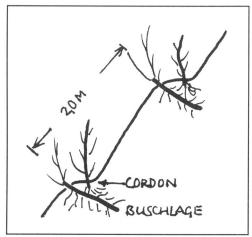

Abb. 4 Buschlagenbau mit Cordon-Pflanzung

Leider konnte ich die Böschung erst 1988 wieder in Augenschein nehmen. Der nun 2 bis 4 m hohe Gehölzbestand war dicht zusammengewachsen, die Weiden waren völlig unterdrückt (Abb. 5). Dagegen sind einige Robinien der beim ersten Straßenbau, vor etwa 100 Jahren eingebrachten Einschnittsbepflanzung aus tiefgreifenden Wurzeln bereits wieder 5 m hoch gewachsen, breiten sich aber noch nicht weiter aus.

Der regenerierte artenreiche Saum, des potentiellen Winterlinden-Hainbuchenwaldes (Abb. 3c), zum Teil farbenprächtig und hochwüchsig (siehe Abb. 6), besteht bei stärkerer Hangfrische vor allem aus den folgenden Arten:

Aruncus dioicus	Wald-Geisbart
Valeriana officinalis s.l.	Echter Baldrian
Geranium palustre	Sumpf-Storchenschnabel
Lysimachia vulgaris	Gemeiner Gilbweiderich
Peucedanum palustre	Sumpf-Haarstrang
Athyrium filix-femina	Frauenfarn
Urtica dioica	Brennessel
Prenanthes purpurea	Hasenlattich
Epilobium montanum	Weidenröschen
Senecio fuchsii	Fuchs-Kreuzkraut
Equisetum hyemale	Winterschachtelhalm
Rubus fruticosus coll	Brombeere
Rubus idaeus	Himbeere

im trockenen Bereich mit

Origanum vulgare	Oregano
Campanula persicifolia	Pfirsichblättrige Glockenblume
Campanula rotundifolia	Rundblättrige Glockenblume
(benachbart auch mit	
C. baumgartenii)	Lanzettblättrige Glockenblume

Knautia sylvatica　　　　　Wald-Knautie
Centaurea montana (!)　　　Berg-Flockenblume
Verbascum thapsus　　　　　Kleinblütige Königskerze
Digitalis purpurea　　　　　Roter Fingerhut

Wo der Boden ärmer und sandiger wird, herrschen vor:

Teucrium scorodonia　　　　Salbei-Gamander
Hieracium sylvaticum　　　　Wald-Habichtskraut
u.a.

An Felsen tritt hervor:

Calluna vulgaris　　　　　　Heidekraut
Vaccinium myrtillus　　　　　Heidelbeere
Sarothamnus scoparius　　　Besenginster

Die artenarme Krautschicht im Gebüschinnern entspricht etwa dem typischen Hainsimsen-Buchenwald, nach oben zunehmend dem Heidelbeer-Hainsimsen-Buchenwald; d.h. die gepflanzten anspruchsvolleren Gehölze wie Hasel, Weiß-dorn und Hainbuche sind im oberen Böschungsteil nicht standortgemäß. Spontan haben sich Sämlinge aus den umgebenden Nadelholzforsten, bereits bis 1,5 m hoch und nach oben zunehmend, eingefunden: Kiefer, Fichte, Douglasie, Strobe. Folgende Laubgehölzsämlinge sind in geringer Menge vorhanden: Hasel, Faul-

Abb. 5　1962 durch Lebendverbau gesicherte Böschung, Zustand 1988

Abb. 6 Waldgeißbart (Aruncus dioicus) im hangfrischen Saum

baum, Hainbuche, Sandbirke, Buche, Besenginster, Brombeere, Salweide, Bergahorn. Zum Vergleich ein kurzer Blick auf eine nahe gelegene, ostexponierte, aber standörtlich ähnliche Anschnittsböschung, 1963 durch Anspritzung mit einer artenarmen Rasenmischung (und Bitumenauftrag) begrünt. Hier stabilisierte sich die Böschung erst allmählich, nach wiederholtem fleckenhaftem Abrutschen der flachwurzelnden Rasendecke. Statt dieser dominieren heute vielfältig strukturierte, größtenteils niedrigwüchsige Himbeer-, Brombeer-, Besenginster- und Wurmfarn- (Dryopteris filixmas) Dickichte unter einem sehr lockeren Schirm von spontan angesamten Einzelbäumen: Sandbirke, Kiefer, Salweide, Robinie. Die trockenste und steilste Stelle wird von einem Pionierrasen mit Hainrispengras (Poa nemoralis) eingenommen. Gut ausgebildete Säume wie an der Buschlagenböschung fehlen, zum Teil wohl wegen des steileren und trockeneren Fußbereiches. Die Besonderheit liegt hier mehr in der Vielfalt und Langlebigkeit niedrigwüchsiger Vegetationsstrukturen, die sicher eine vielfältige Tierwelt begünstigen.

Ausblick mit Vorschlägen

1. Bei unvermeidbaren Eingriffen - wie beschrieben - Vegetation und Tierwelt wegen fehlender vergleichbarer Flächen detailliert aufnehmen,
2. schutzwürdige Bereiche wie Winterlinden-Hainbuchenwälder mit ihren Säumen möglichst schonen; notfalls Säume verpflanzen, aber nicht auf offene Böschungen,
3. dort durch Erdbau, Lebendverbau und Vegetationsaufbau Voraussetzungen zur Entwicklung von Säumen und Staudenfluren schaffen, soweit dies die Böschungsstabilisierung nicht hindert. Auf durchlässigem Sandstein-Verwitterungsmaterial genügt zur Sicherung eine Mulchsaat (Anspritzung) mit engmaschiger Jute- oder Kokosgewebedeckung. Die Saatmischung sollte die verwendeten Pionierarten sowie - im 2. Arbeitsgang - die standorteigenen Gehölze enthalten.
4. Eine mosaikartige Ausbringung und extensive Pflege sollte die Saumentwicklung fördern.

Zusammenfassung

Wegen des Ausbaues der Bundesstraße 48 im Wellbachtal im mittleren Pfälzerwald (Rheinland-Pfalz) ab 1961 mußten zahlreiche Steilböschungen gesichert und begrünt werden. Ein 1962/63 ausgeführtes Beispiel dieser ingenieurbiologischen Maßnahmen wird verschoben. Zwar wurde die Wiederherstellung der heutigen potentiellen natürlichen Vegetation (TÜXEN 1956a) ins Auge gefaßt nicht jedoch Naturschutzaspekte im engeren Sinne.

1989/90 wurde die aktuelle Vegetation dieser Beispielböschung aufgenommen und nach ihrer Naturschutzbedeutung bewertet. Inmitten des meist geschlossenen bewaldeten Bundsandstein-Berglandes Pfälzerwald mit vorherrschender potentieller natürlicher Vegetation Hainsimsen-Buchenwald (Luzulo-Fagion, OBERDORFER 1983) sind die Hangfüße in engen feuchten Tälern wie im Wellbachtal nicht selten von z.T. noch real vorhandenen Eichen-Hainbuchen-Wäldern (Stellario-Carpinetum) mit Winterlinde (Tilia cordata) bedeckt. Naturschutzbedeutung besitzt vor allem das vielfältige Mosaik dieser Waldgesellschaft mit ihrem strauchigen und krautigen Stadium bzw. Mänteln und Säumen.

Die Vorschläge gehen in Richtung der Erhaltung und Entfaltung der potentiellen Vielfalt dieser Vegetation, unter Beachtung der ingenieurbiologischen Ziele.

Literatur

BURCKHARDT, H. (1971): Karten zum Klima der Pfalz (Karte Nr. 7), Pflanzatlas, Textband, 17. Heft. Speyer/Rhein.

DUTHWEILER, H. (1967): Lebendbau an instabilen Böschungen. Erfahrungen und Vorschläge. Forschungsarbeiten aus dem Straßenwesen N.F. Heft 70. Bad Godesberg.

OBERDORFER, E. (1983): Pflanzensoziologische Exkursionsflora. 5. Auflage. Verlag E. Ulmer. Stuttgart.

SCHIECHTL, H.M. (1958): Grundlagen der Grünverbauung. Mitteilungen der Forstlichen Bundes-Versuchsanstalt Mariabrunn. 55. Heft. Wien.

SPUHLER, L. (1957): Einführung in die Geologie der Pfalz. Veröffentlichung der Pfälzischen Gesellschaft zur Förderung der Wissenschaft. Bd. 34. Speyer/Rhein.

TÜXEN, R. (1956 a): Die potentielle natürliche Vegetation als Gegenstand der Vegetationskartierung. Angewandte Pflanzensoziologie 13. Stolzenau/Weser.

WEISS, J. (1989): Zur ökologischen Bedeutung des Alt- und Totholzes im Waldlebensraum. Naturschutzzentrum Nordrhein-Westfalen. Seminararbeit. H. 7, 3.Jahrg. Recklinghausen.

Anschrift des Verfassers:
Prof. Dr. Helmut Duthweiler
Alte Kronsbergstr. 8
D-30521 Hannover

Jahrbuch 6 der Gesellschaft für Ingenieurbiologie e.V. Aachen (1996)
Ingenieurbiologie im Spannungsfeld zwischen Naturschutz und Ingenieurbautechnik

97

Böschungssicherungsmaßnahmen im Zuge der Bundesautobahn A 48
- Bendorf bis Dernbacher Dreieck -

Paul Breuer

In den Jahren 1959 bis 1962 wurde die Autobahnstrecke der BAB A 48 zwischen dem Dernbacher Dreieck (A 3) und der Anschlußstelle Bendorf bei Koblenz gebaut (zum Zeitpunkt des Ausbaues noch B 408). In ihrem Verlauf berührt sie mehrere Ortschaften, in denen Ton- und Keramikindustrie heimisch ist. Deshalb heißt diese Landschaft auch "Kannebäcker Land". Dieser Name deutet so auch schon auf die geologische Struktur hin, nämlich auf Löß und Ton. Aufgrund dieser Gegebenheiten ergaben sich für den Bau der damaligen B 408 große erdbauliche Probleme, nämlich instabile Böschungen und wasserführende Schichten.

Diese Probleme traten aber erst im Herbst 1959 auf, als der Erdbau schon fast

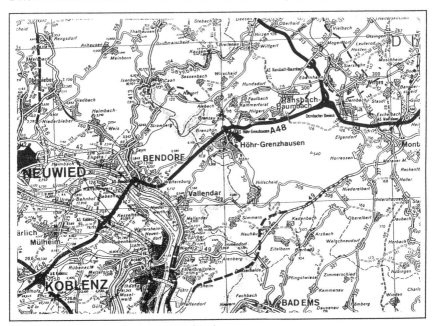

Abb. 1 Lageplan der beschriebenen BAB-Strecke

abgeschlossen war. Durch die große Trockenheit des Sommers traten keine Vernässungen auf, und es zeigten sich keine wasserführenden Schichten. So konnte der Erdbau zügig vorgenommen werden. Dadurch ergab sich aber auch, daß vom Tiefbau her keine Sicherungsmaßnahmen vorgesehen wurden. Mit den Regenfällen im Oktober/November kam dann das Sickerwasser, das an vielen Stellen aufgrund der angeschnittenen Tonschichten auf den Böschungen austrat und nun zu starken Rutschungen führte, die nur mit großem Aufwand egalisiert werden konnten.

Eine besonders interessante Sanierung im Bereich der Anschlußstelle Höhr-Grenzhausen (Abb. 1) soll hier in Ursache und Maßnahme beschrieben werden. Nach Fertigstellung der Böschungen und der Fahrbahn waren in der Ausfahrt Höhr-Grenzhausen tiefe Rutschungen in der ca. 20 m hohen Einschnittsböschung entstanden (Abb. 2). Ebenso waren in der Dammböschung im Einfahrtsbereich zum Dernbacher Dreieck Rutschungen entstanden, die bereits den Straßenaufbau freilegten (Abb. 3).

Das Planungsbüro Joh. Schad in dem ich damals tätig war, hatte den Auftrag, die Ausbaustrecke landschaftsbaulich zu betreuen. So wurden wir gebeten, die Ursachen der Rutschungen festzustellen und danach die erforderlichen Maßnahmen für die Sanierung festzulegen.

Da das Gelände oberhalb der Böschung weiter anstieg, vermuteten wir, daß das Wasser von dort herkam. So wurden oberhalb der Böschungen Schürfgruben angelegt (Punkt 1 in Abb. 4). Diese hatten sich bald mit Wasser gefüllt und liefen ständig über. Der Sickerwasseranfall war sehr groß, was auch der ständige Abfluß innerhalb der Rutschungen bestätigte. Nähere Untersuchungen ergaben, daß eine im Zuge der Anschlußstelle neu verlegte Wasserleitung vom oberhalb der Böschung gelegenen Wasserhochbehälter (ca. 200 m) wie eine Drainage wirkte und somit Wasser zur Böschung brachte (Punkt 2). Der größte Teil dieses abgeführten Wassers staute sich aber im Bereich einer kreuzenden Ferngasleitung und drang bei Punkt 3 in diesen Rohrgraben ein, und das Leitkabel, das mit Sand und Kabelsteinen gesichert war, wirkte ebenfalls als Drainage und führte das Wasser bis zum Anschlußast, wo es dann an der schmalsten Stelle aus der Böschung austrat und aufgrund der großen Wassermengen tiefe Rutschungen hervorrief, so daß Gefahr bestand, daß die Gasleitung freigespült würde. Der Rückstau des Wassers war so groß, daß oberhalb der Böschungen an einigen Stellen das Wasser wie Quellen an der Oberfläche austrat und über die Böschungen abfloß.

Abb. 2   Rutschungen im Bereich der Anschlußstelle Höhr-Grenzhausen

Abb. 3
Rutschstelle im Bereich
des Straßendammes mit
Freilegen der Frost-
schicht

Der Verlauf des Wassers konnte durch Einfärben mit Kaliumpermanganat besonders gut festgestellt werden. Hierbei konnte auch die Ursache der Rutschung in der Dammböschung bei Punkt 6 ermittelt werden. Das Wasser der Hauptrutschung versickerte unter die Fahrbahn, lief auf der Frostschutzschicht weiter und trat am Knickpunkt der Gradiente aus der Böschung und verursachte so den Abrutsch.

Grundsätzlich heißt es ja, die beste Sanierung ist die Beseitigung der Ursache. Dies war leider hier nicht möglich, da die neu verlegte Wasserleitung ja nicht entfernt werden konnte. So wurden innerhalb der großen Rutschung zunächst die stark vernäßten Bodenmassen entfernt und mit Lavalith in der Körnung 40/60 als Filter die Böschung im Profil wieder so aufgebaut, daß auch Mutterboden wieder aufgebracht werden konnte.

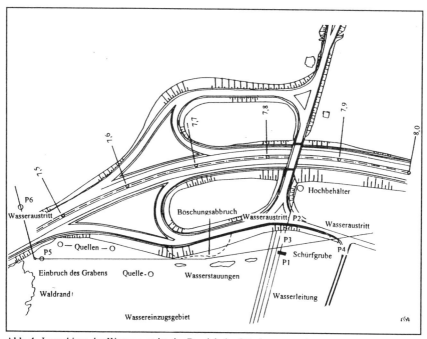

Abb. 4 Lageskizze der Wasseraustritte im Bereich der Böschungsrutschungen

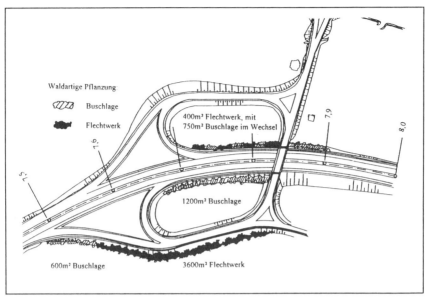

Abb. 5 Skizze für die Sanierungsmaßnahmen

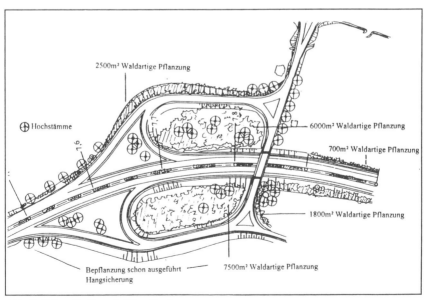

Abb. 6 Skizze für die endgültige Bepflanzung

Abb. 7 Zustand der gesicherten Böschung im Sommer 1989

Abb. 8 Zustand der gesicherten Böschung im Sommer 1989

Abb. 9 Gesicherte Stellen mit Weiden im Sommer 1989

Abb. 10 Gesicherte Stellen mit Weiden im Sommer 1989

Mit dem Mutterbodeneinbau wurden zugleich im Abstand von 1,0 m lagenweise Buschlagen aus Korb- und Purpurweide so eingebracht, daß sie noch in den Lavakörper, der nun als Dauerdrainage wirkte, hineinreichten. Die angrenzenden Runsen und die weniger gefährdeten Flächen wurden mit Ausbuschungen, lebenden Querschwellen und Diagonalflechtwerk gesichert. Als Baustoff dienten auch hier Korb- und Purpurweide, die in Baustellennähe gewonnen werden konnten (Abb. 5). Wegen der Böschungsneigung 1:1 wurde das Flechtwerk im Abstand von 1,0 m x 1,0 m hergestellt. Im Frühjahr 1960 wurden dann die so festgelegten Flächen, wie auch die übrigen Flächen der Anschlußstelle, mit standortgerechten Gehölzen der Eichen-Hainbuchenwald-Gesellschaft bepflanzt. Die Gehölzmischung bestand aus 36 % Baumarten und 65 % Straucharten. Die Rutschung bei Punkt 6 wurde an der Hauptwasseraustrittsstelle mit einer Steinrigole und die Gesamtfläche mit Diagonalflechtwerk gesichert und im Frühjahr ebenfalls überpflanzt (Abb. 6).

Wie aus den Abbildung 7 und 8 zu ersehen, ist zum heutigen Zeitpunkt die Böschung gesichert und mit der natürlichen Vegetation bestanden. Lediglich der Bereich, der mit dem Lavafilter ausgebaut wurde, zeigt keinen Erfolg mit der Eichen-Hainbuchenformation. Hier ist noch immer die Weide vorrangig (Abb. 9 u. 10). Aufgrund des noch immer anfallenden Wassers hat sich die Weide somit als standortgerecht gehalten.

Die ehemalige Rutschung bei Punkt 6 ist heute ebenfalls nicht mehr zu erkennen, da sich auch hier die natürliche Formation durchgesetzt hat. Ungeachtet dessen hält sich an einer Stelle doch noch die Weide. Wahrscheinlich ist auch hier noch genügend Feuchtigkeit vorhanden.

Als Fazit zeigt sich die heutige Strecke als gut in die Landschaft eingebunden und aufgrund der damaligen ingenieurbiologischen Sicherungsmaßnahmen konnte die standortgerechte Bepflanzung Fuß fassen und läßt heute nicht mehr die damaligen Schwierigkeiten erkennen.

Zusammenfassung

In den Jahren 1959 bis 1962 wurde die Autobahnstrecke der BAB 48 zwischen Dernbacher Dreieck und der Anschlußstelle Bendorf bei Koblenz gebaut.

Es wurde beschrieben, daß aufgrund der geologischen Verhältnisse (Ton, Löß, Lehm) im Erdbau große Rutschungen auftraten, als nach einem trockenen Sommer im Herbst 1959 heftige Regenfälle einsetzten.
Eine besonders interessante Rutschstelle war die Anschlußstelle Höhr-Grenzhausen. Eine neu verlegte Wasserleitung, die einen Ferngasleitung kreuzte, wirkte wie eine Drainage und verursachte ausgedehnte, tiefe Rutschungen.

Diese wurde dann durch Anlegen von Lavafiltern und ingenieurbiologischen Bauweisen, wie Weidenbuschlagen, Weidenflechtwerk, Ausbuschungen und lebenden Querschwellen saniert.
Nachdem sich ergab, daß die Böschungen durch diese Maßnahmen gesichert waren, wurde die gesicherte Fläche ein Jahr später mit standortgerechten Gehölzen (Eichen-Hainbuchen-Gesellschaft) bepflanzt.

Anschrift des Verfassers:
Paul Breuer
Raiffeisenstraße 101
D-56072 Koblenz

Jahrbuch 6 der Gesellschaft für Ingenieurbiologie e.V. Aachen (1996)
Ingenieurbiologie im Spannungsfeld zwischen Naturschutz und Ingenieurbautechnik

107

Uferentwicklung an der Nahe bei Odernheim nach Sicherung mit Weidenkämmen vor 35 Jahren

Wolfram Pflug, Eva Hacker, Rolf Johannsen und Eckart Stähr

1. Vorgeschichte

Unmittelbar oberhalb der Einmündung des Glan in die Nahe bei Odernheim (Abb. 1) entstand in den fünfziger Jahren auf dem rechten Naheufer ein Abbruch auf einer Länge von rund 200 m (Abb. 2). Die Abbildung 3 zeigt einen Ausschnitt aus dem Uferabbruch.

Die Ursache für den Uferabbruch war schon damals nicht genau bekannt. Wahrscheinlich unterlag das Ufer einer zu starken Belastung durch Weidevieh. Die Vegetationsdecke wurde durch Viehtritt zerstört und der freigelegte Boden bei Hochwasser abgeschwemmt. Das abgespülte Bodenmaterial bildete unterhalb der Abbruchstelle im Flußbett eine Barre. Dadurch entstand ein Rückstau in der Nahe und im Glan. Wäre genügend Raum vorhanden gewesen, hätte sich die Nahe ohne Eingriff in einen naturnäheren Zustand entwickeln können. Doch der Grundeigentümer wollte seine Wiesen nicht verlieren. Befürchtet wurde auch, wenn nicht bald Abhilfe geschaffen würde, eine Gefährdung der westlich der Nahe verlaufenden Bundesbahnstrecke. Der Bahndamm liegt an der schmalsten Stelle nur rund 40 m vom Naheufer entfernt (Abb. 2).

Im Jahr 1953 überzeugte der Erstverfasser den Leiter der Außenstelle des Wasserwirtschaftsamtes

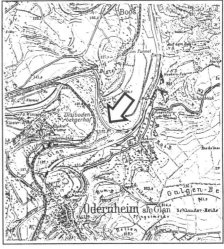

Abb. 1 Lage des mit ingenieurbiologischen Bauweisen gesicherten Uferabschnittes der Nahe bei Odernheim (verkleinerter Ausschnitt aus der Topographischen Karte Blatt 6212 Meisenheim)

Neustadt an der Weinstraße in Kaiserslautern von seinem Vorschlag, den starken Uferabbruch nicht in der üblichen Weise durch Herstellung einer Böschung mit einer Neigung von 1:1 oder 1:2 instandzusetzen und diese mit einer schweren Steinpackung zu sichern, sondern Bauweisen des Lebendverbaues anzuwenden. Über das zu dieser Zeit keineswegs selbstverständliche Vorgehen hielt dann Reg. Bauamtmann Philipp Heller von der Außenstelle Kaiserslautern seine Hand.

2. Natürliche Gegebenheiten

2.1 Lage

Der betrachtete Gewässerabschnitt der Nahe liegt 1 km nördlich des Ortes Odernheim/Glan direkt oberhalb der Glanmündung (Abb. 1). Die Talsohle liegt hier etwa 130 m ü NN.

2.2 Gesteine und Böden

Im Niederschlagsgebiet der Nahe stehen überwiegend Gesteine des Oberen und Unteren Rotliegenden sowie Basalte an (Geologisches Landesamt Rheinland-Pfalz 1979).

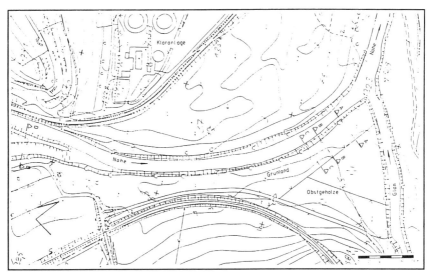

Abb. 2 Lage der Querprofile A -D an der Nahe bei Odernheim (Ausschnitt aus der Luftbildauswertung zur Deutschen Grundkarte 1:5000 Blatt Odernheim am Glan, verkleinert)

Abb. 3 Ausschnitt aus dem Uferabbruch am rechten Naheufer bei Odernheim im Jahr 1952

Im Bauabschnitt wurde Flußgeschiebe bis 200 mm Kantenlänge festgestellt. Am Ufer befand sich unter einer humosen sandigen Lehmschicht von etwa 60 bis 80 cm Dicke Kies.

2.3 Klima und Wasserhaushalt

Nach KELLER (1978) beträgt der mittlere Jahresniederschlag im Raum Odernheim 500 - 600 mm. Die Schneemenge beträgt weniger als 7 % des Gesamtniederschlages. Im Planungsabschnitt kommt es häufig (10 - 11 mal pro Jahr) zu intensiven Trockenperioden mit einer mittleren Gesamtdauer von 110 bis 120 Tagen pro Jahr.

Das Regime der Nahe ist durch eine ziemlich ungleichmäßige Verteilung der Abflüsse über das Jahr gekennzeichnet. So liegt nach KELLER das Verhältnis der mittleren Monatsabflüsse zum mittleren Jahresabfluß zwischen 0,3 und 2,3. Die maximalen Abflüsse treten in den Monaten Januar bis März, die minimalen in den Monaten Juli bis September auf. Das Verhältnis zwischen dem mittleren Hochwasserabfluß und dem mittleren Niedrigwasserabfluß liegt zwischen 100 und 199.

2.4 Gewässer

Die Nahe hat im Untersuchungsabschnitt den Charakter eines Mittelgebirgs-flusses. Neben der für den Mittellauf eines Flusses typischen Erosion am Ufer und Umlagerung von Geschiebe kommt es bei starkem Hochwasser des Glan auch zu Rückstau und starker Geschiebeablagerung in der Nahe. Die Aufwei-tung des Flußbettes im Mündungsbereich und die anschließende trichterförmige Verengung mit erhöhtem Gefälle spiegeln diese Erscheinung wieder.

Die Nahe weist oberhalb der Glanmündung eine Gewässerbreite von 30 - 40 m gegenüber einer sonstigen Breite des Mittelwasserbettes von 20 - 25 m auf (Abb. 2).

Die Flußkrümmung im Bereich des Bauabschnittes hat einen Radius von etwa 450 m bei einem Krümmungswinkel von etwa 60°. Der Glan stößt in einem Winkel von etwa 60° von rechts auf die Nahe.

Überschlägige Abschätzungen ergeben für den Bereich des Bauabschnittes ohne Berücksichtigung des Kurveneinflusses mittlere Fließgeschwindigkeiten zwischen 2,5 und 3,0 m/sec und Schleppkräfte von 50 - 100 N/m² bei Hoch-wasser. Am Prallufer muß mit höheren Werten gerechnet werden.

2.5 Pflanzenwelt

Von Natur aus dürfte die Nahe in ihrem Mittellauf (die Baustelle liegt rund 35 km oberhalb ihrer Einmündung in den Rhein) einen uferbegleitenden Erlen-wald mit Übergängen zum Weidenwald aufweisen. Sowohl mehrere hundert Meter oberhalb als auch unterhalb der Baustelle dominieren in der Baumschicht Baumweiden, überwiegend die Rötliche Bruchweide (Salix rubens). Daneben wachsen Schwarzerlen (Alnus glutinosa), vereinzelt Eschen (Fraxinus excelsior) und Schwarzpappelhybriden. Eine Grauerle (Alnus incana) wurde oberhalb der Glanmündung gefunden.

In der Strauchschicht überwiegen deutlich Purpurweiden (Salix purpurea) bzw. Purpurweiden-Hybriden, hinzu kommen Korbweiden (Salix viminalis), einzelne Weidenhybriden und junge Baumweiden. Purpurweiden und Korbweiden haben teilweise einen baumartigen Wuchs.

Die Krautschicht wird in relativ kleinteiligem Wechsel durch einjährige Kräuter und andauernde Gräser und Stauden gebildet. Auf sie wird später näher eingegangen.

3. Uferanbruch und Ufersicherung im Jahr 1954

Zunächst wurde die Barre im Baggerbetrieb beseitigt. Das Ufer wurde durch Vorbau von Geschiebemassen aus den Anlandungen neu hergestellt, der Böschungsfuß durch Sinkwalzen gesichert, das Baggergut dahinter mit Böschungsneigungen zwischen 1:5 und 1:10 aufgebracht und bis zur Höhe des mittleren Hochwassers durch eine Spreitlage aus totem Reisig abgedeckt (Abb. 4).

Die darüberliegende, bis zu 30 m breite Böschung erhielt eine lebende Verbauung. Senkrecht zum Stromstrich wurden in einem Abstand von 1,5 m Kämme aus Weidensteckhölzern (nach dem Verfahren des österreichischen Wasserbauingenieurs KELLER 1937 und 1938) von 60 cm Länge und bis 15 mm Durchmesser eingebaut (Abb. 5 und 6). Die Steckhölzer konnten in der Nähe der Baustelle von am Ufer stehenden Weiden gewonnen werden. Sie wurden zu 2/3 ihrer Länge (40 cm) mit einer leichten Neigung in Stromrichtung in entsprechend tiefe Gräben eingelegt, mit Boden bedeckt und festgetreten. Auf einem Meter Weidenkämme wurden 20 Steckhölzer verwandt (Abb. 6).

Das Setzen der Steckhölzer erfolgte im Frühjahr 1954. Bereits nach zwei Monaten zeigten die Kämme durchweg einen kräftigen Austrieb (Abb. 7). Die Lebendverbauung überstand die bald nach dem Ausbau eintretenden Hochwässer gut.

Geplant war, die Weiden in Abständen von zwei bis drei Jahren auf den Stock zu setzen, um ständig einen elastischen Uferbewuchs zu gewährleisten. Mit Herrn Amtmann Heller war sich der Erstverfasser einig, dieser Anordnung nicht Folge zu leisten. Die austreibenden Steckhölzer konnten durchwachsen, sofern sie nicht durch Weidevieh verbissen und geschädigt wurden. Im Jahr 1975, rund zwanzig Jahre nach dem Bau war ein stattliches Weidenwäldchen herangewachsen (Abb. 8 und 9).

Abb. 4 Die neu hergerichtete Böschung am rechten Naheufer bei Odernheim mit Neigungen zwischen 1:5 und 1:10 und bis zu 30 m Breite vor dem Setzen der Kämme aus Weidensteckhölzern. Im Bild Reg. Bauamtmann Heller

Abb. 5 Das rechte Ufer der Nahe bei Odernheim nach der Instandsetzung (1954) mit Kämmen aus Weidensteckhölzern

Abb. 6 Senkrecht zum Stromstrich eingebrachte Kämme aus Weidensteckhölzern auf dem rechten Naheufer bei Odernheim

Abb. 7 Die Weidensteckhölzer nach dem Austrieb im Sommer 1954 auf dem rechten Naheufer bei Odernheim

Abb. 8 Das Weidengehölz am rechten Naheufer bei Odernheim im Jahr 1975, rund zwanzig Jahre nach dem Lebendverbau

Abb. 9 Blick auf die Mündung des Glan in die Nahe vom Schillerstein im Jahr 1975. Oberhalb der Glanmündung das aus Lebendbauweisen entstandene, rund 20 Jahre alte Weidengehölz.

Viele Jahre nach dem Bau, der Zeitpunkt ist nicht mehr festzustellen, wurde die Böschung an Stellen, an denen sich zwischen den Weiden und in ihrem Wurzelbereich steilere Ufer eingestellt hatten, mit einer Steinpackung aus Buntsandstein von 200 bis 400 mm Kantenlänge einlagig bis etwa 40 cm oberhalb der Mittelwasserlinie versehen. Dieser Eingriff blieb dem Erstverfasser bis zu seinem Besuch im Jahr 1975 unbekannt. Der Grund für diesen Einbau ist aller Wahrscheinlichkeit nach in der Sorge zu sehen, die Weiden würden eine dauerhafte Sicherung des Böschungsfußes im Bereich der neu entstandenen kleineren Steilufer auf Dauer nicht übernehmen können.

4. Zustand des Lebendverbaues im Frühjahr 1988

JOHANNSEN und STÄHR untersuchten im Frühjahr 1988, 35 Jahre nach dem Bau, den gesicherten Uferabschnitt. Dabei wurden repräsentative Profile vermessen und der Boden wurde untersucht (Abb. 10 bis 12). Daneben wurden auffällige Entwicklungen festgehalten.

4.1 Baum- und Strauchbewuchs

Die Uferlinie ist seit dem Ausbau im wesentlichen erhalten geblieben. Dadurch ist die Sicherung der angrenzenden landwirtschaftlichen Nutzfläche nach wie vor gegeben. Das Ufer ist durch Ablagerung von Sedimenten aufgehöht und in seiner Gestalt sowie im Bodenaufbau verändert worden.

Aus den Lebendbauweisen hat sich ein breites Uferschutzgehölz überwiegend aus Rötlichen Bruchweiden mit einem Mantel aus Purpurweiden gebildet (Abb. 13). Am Ufer stehen einzelne Schwarzerlen. Eschen sind spontan aufgekommen. Im Profil B (Abb. 11) ist ein weitgehend unverändertes Ufer erkennbar.

Das Profil C wurde in einem kleineren Uferanbruch aufgemessen. Hier ist nach einer Unterspülung der Steinpackung eine direkt am Ufer stehende Baumweide in das Gewässer gekippt (Abb. 14). Der vor dem Ufer liegende Baum behindert ähnlich wie ein Rauhbaum ein schnelles Fortschreiten der Erosion. Unter günstigen Umständen kann er weiterwachsen und wieder Substrat binden.

Einige Meter oberhalb befindet sich ein ähnlicher Anbruch, in dem eine Purpurweide weiterwächst (Abb. 15). Wegen der hier möglichen selbständigen Sanierung des Anbruchs durch die gekippten Gehölze sollte nicht eingegriffen

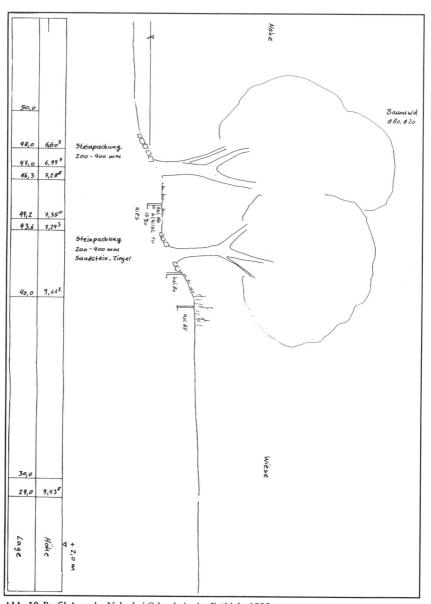

Abb. 10 Profil A an der Nahe bei Odernheim im Frühjahr 1988

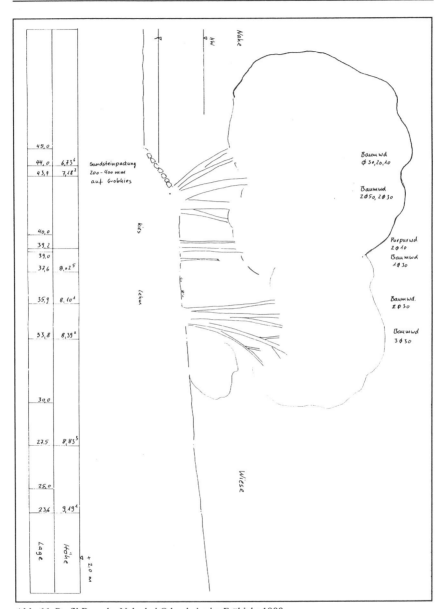

Abb. 11 Profil B an der Nahe bei Odernheim im Frühjahr 1988

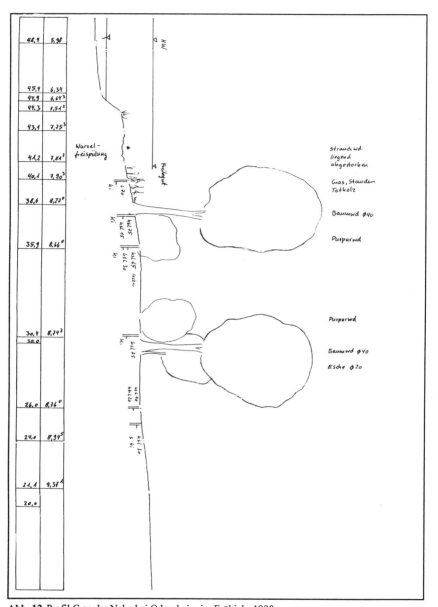

Abb. 12 Profil C an der Nahe bei Odernheim im Frühjahr 1988

werden. Die Möglichkeit zu einer vom Menschen unbeeinflußten Entwicklung sollte erhalten bleiben.

Auf Grund der geringen Ausmaße dieser Anbrüche, der Breite des gesamten Uferschutzgehölzes und der genannten Möglichkeiten der Eigenstabilisierung wird derzeit keine Gefahr für ein Aufreißen der gesamten Uferlinie und die angrenzende landwirtschaftliche Nutzung gesehen.

Von den eingangs beschriebenen Sinkwalzen war keine Spur mehr zu finden. Als Ursache für die kleineren Uferanbrüche ist demnach ein Versagen der Böschungsfußsicherung denkbar.

Gut erhalten war die Steinpackung aus den zum Teil behauenen Sandsteinen. Sie weisen in den meisten Bereichen keine starken Verwitterungsschäden auf und waren gut durch die Gehölzwurzeln verklammert. Die Beobachtungen lassen erkennen, daß in Kombination mit lebenden Baustoffen der Bau leichterer Steindeckwerke bei geringen Qualitätsanforderungen an das Steinmaterial möglich ist.

Abb. 13 Blick von Westen auf das Weidengehölz am rechten Naheufer bei Odernheim im Jahr 1989. Gut zu erkennen ist der Rand aus Purpurweide.

Abb. 14 Ufersicherung der Nahe bei Odernheim im Bereich des Profiles C mit gekippter Baumweide, Steinpackung und Baumweidenwurzeln (1988)

Die im Abstand von 1,3 bis 1,5 m angelegten Pflanzriefen der Weidenkämme waren gut als Gräben mit Oberbodenfüllung in dem Kiesufer erkennbar (Abb. 16). Aus der großen Anzahl der Weidensteckhölzer wuchs nur eine kleine Zahl zu Bäumen und Sträuchern heran. Am Ufer und in der Bestandsmitte überwiegen Baumweiden. Sogar einzelne Purpurweiden bilden hier einen hohen Einzelstamm aus (Abb. 12). Aus der Böschungsoberkante entstand ein Mantel aus strauchförmigen Purpurweiden (Abb. 13). Diese Zonierung war nicht geplant. Sie ergab sich durch Zufall oder Auslese. Im Profil C wurde die ufersichernde Wirkung der Weidenwurzeln festgestellt (Abb. 16 bis 18). Unter der Rasendecke und 5 cm starker Oberbodenschicht befindet sich ein dichter, fester Wurzelhorizont aus bis zu fingerdicken Weidenwurzeln. Dieser Wurzelhorizont leistet oberhalb der Steinpackung einen wesentlichen Beitrag zum Erosionsschutz des Ufers. Daneben konnte in der Sohle der Pflanzgräben ein zweiter Horizont von Weidenwurzeln festgestellt werden.

Die im Bereich des Profiles C gekippte Baumweide bildet neben den genannten oberflächennahen Wurzelhorizonten einen tieferen Horizont unter einer 70 cm mächtigen Kies-Schotter-Schicht aus (Abb. 14 und 19). Dieses durch Erbanlagen und Standortbedingungen geprägte Wurzelbild führt auf dem Naheufer zu einer hohen Standsicherheit der Baumweiden. Bei Purpurweiden, die direkt am

Abb. 15 Purpurweide mit der Wirkung eines lebenden Rauhbaumes oberhalb des Profils C an der Nahe bei Odernheim (1988)

Naheufer wachsen, konnte eine ähnlich starke Wurzelentwicklung wie bei den Baumweiden nicht festgestellt werden. Vielmehr wird hier ein relativ schwaches, extensives, weitgehend oberflächennahes Wurzelwerk vermutet. Diese Schwäche des Wurzelwerkes führt bei den direkt am Naheufer stehenden Purpurweiden zu einer interessanten Er-

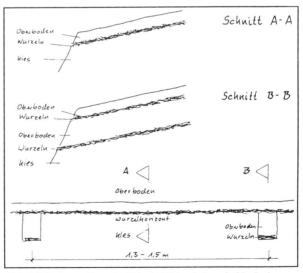

Abb. 16 Bodenprofil an der Nahe bei Odernheim mit Oberbodenauflage, Pflanzriefen und Horizonten der Weidenwurzeln

Abb. 17 Steilufer hinter der gekippten Baumweide im Profil C der Nahe bei Odernheim mit Rasendecke, Baumweidenwurzeln und Kiesschicht (1988)

scheinung. Sie wandern flußabwärts (Abb. 15 und 20). Bei Hochwasser werden größere Purpurweiden flußabwärts umgedrückt. Die flußaufwärts gerichteten Wurzeln reißen ab. Wie Rauhbäume legen sich die umgedrückten Purpurweiden auf das Ufer. Auf der Oberseite treiben die Stämme harfenartig aus, auf der Unterseite bilden sich bei Wasser- und Bodenkontakt Adventivwurzeln aus. Durch die Rauhbaumwirkung kommt es zur Auflandung und damit zur Förderung des Verwachsens im Ufer. Die flußaufwärts gerichtete Bruchstelle wird durch Fäulnis und bei Hochwasser durch Geschiebetrieb fortlaufend angegriffen und dezimiert, so daß die Verbindung zum primären Wurzelsystem relativ schnell verloren geht.

Diese Beobachtungen wurden sowohl bei einer Purpurweide am gesicherten Prallufer oberhalb des Profiles C als auch im Bereich einer flußaufwärts gelegenen Kiesgrube gemacht.

4.2 Bodenflora im amphibischen und terrestrischen Bereich

Im Jahr 1989 untersuchte HACKER die Krautschicht. Folgende drei Lebensstätten konnten beobachtet werden:

4.2.1 Offene Buchten (der Weichholzaue vorgelagerte Spülsäume)

Die Buchten wiesen keinen direkten Gehölzwuchs auf, wurden aber von den Baumweiden beschattet. Hier stehen Arten einjähriger Spülsäume wie Spitzblättrige Melde (Atriplex hastata), Dreiteiliger Zweizahn (Bidens triparitus) und Wasserpfeffer (Polygonum hydropiper). Es finden sich aber auch bereits einige ständige Feuchtezeiger wie Hainmiere (Stellaria nemorum) und Gilbweiderich (Lysimachia vulgaris). Das Erdreich wird nicht ständig abgetragen, bleibt aber immer etwas offen. Festgestellt wurde ein Nebeneinander von ein- und mehrjährigen Arten, unmittelbar daneben die Weidenwurzeln im Wasser.

Abb. 18
Weidenwurzeln am Ufer der Nahe
bei Odernheim (1989)

4.2.2 Tiefliegende Standorte mit Bruchweiden und Schwarzerlen (Weichholzaue)

In diesen Bereichen traten vor allem auf: Rohrglanzgras (Phalaris arundinacea), Hainmiere (Stellaria nemorum), Rasenschmiele (Deschampsia cespitosa) und Kriechender Hahnenfuß (Ranunculus repens). Als Vertreter der Hochstauden, die Nährstoffreichtum anzeigen, fand sich die Knoblauchsrauke (Alliaria officinalis). Als weitere Auenwaldart wurde Hopfen (Humulus lupulus) angetroffen.

4.2.3 Übergänge zur Hartholzaue

Hier konnten drei Bereiche unterschieden werden

a) Arten der Hartholzaue auf Wurzelstöcken der Baumweide (erhöhter Standort)
   Festgestellt wurden u.a. Hainrispengras (Poa nemoralis), Riesenschwingel (Festuca gigantea), Hundsquecke (Agropyron caninum) und Kratzbeere (Rubus caesius).

b) Auflandungsbereich
   Hier handelt es sich um einen noch höher gelegenen Bereich. Die Arten der Hartholzaue waren weitgehend von stickstoffanzeigenden Hochstauden wie Große Brennessel (Urtica dioica), Kleblabkraut (Galium aparine) und Giersch (Aegopodium podagraria) verdrängt. Aber auch seltene Arten wie Zottige Karde (Virga villosa) und Knollen-Kälberkropf (Chaerophyllum bulbosum) und, vereinzelt, Ufer-Neophyten wie Drüsiges Springkraut (Impatiens glandulifera) und Sonnenblume (Helianthus tuberosus) treten auf.

c) Baumbestand aus Esche und Bergahorn
   Die Bodenvegetation setzte sich hier aus Arten zusammen, wie sie unter a) beschrieben wurden. Zusätzlich fanden sich mehr ständige Auewaldarten wie Waldziest (Stachys sylvatica) und Giersch. Außerdem trat hier Jungwuchs der Esche auf.

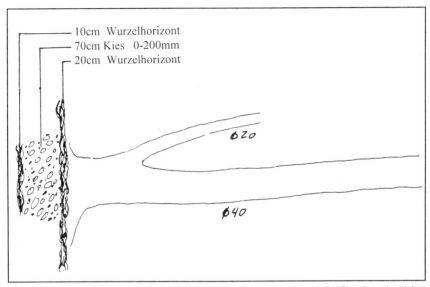

Abb. 19 Gekippte Baumweide mit zwei Wurzelhorizonten im Bereich des Profiles C an der Nahe bei Odernheim

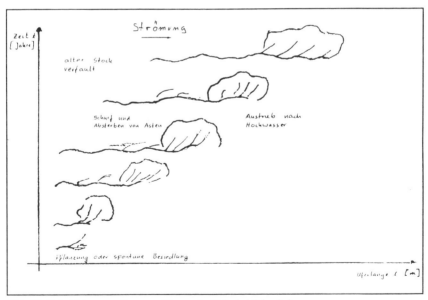

Abb. 20 Entwicklung von Purpurweiden an der Nahe bei Odernheim

5. Vergleich mit einem "verwilderten" Flußabschnitt 500 m oberhalb des Ausbauabschnittes

500 m oberhalb des 1954 gesicherten Uferabschnittes befindet sich ein Ufergelände, das sich wegen fehlender Nutzung seit längerer Zeit naturnah entwickeln konnte. In diesem Bereich wurden die vorgefundenen Biotopstrukturen erfaßt, um durch den direkten Vergleich eine Aussage über den derzeitigen Grad der Natürlichkeit der Ufersicherung aus dem Jahr 1954 treffen zu können.

Ein Vergleich der Profile A, B und C mit dem Profil D (Abb. 21) zeigt, daß für die Entwicklung naturnaher Verhältnisse in einer Flußlandschaft in erster Linie eine große Uferbreite erforderlich ist. Diese muß sicher ein mehrfaches des hydraulisch erforderlichen Flußbettes betragen.

Nach einem Zeitraum von 34 Jahren sind in der für die damaligen und heutigen Verhältnisse breiten Uferzonen des naturnah ausgebauten Flußabschnittes zahlreiche gewässertypische Strukturformen, Vegetationsbestände und Substrate deutlich vorhanden.

6. Schlußfolgerungen

6.1 Sicherungsaufgabe

Trotz fehlender Unterhaltung und trotz Beeinträchtigung durch Weidevieh (im Sommer 1989 diente das Gehölz als Einstand für Pferde) erfüllte der aus Lebendverbau hervorgegangene waldartige Bewuchs über drei Jahrzehnte seine Aufgabe als "Sicherungsbauwerk" (Abb. 22). Die Bruchweide, auch in Kombination mit dem Steindeckwerk, ist zur Festlegung der Uferlinie geeignet, sofern eine solche zum Schutz angrenzender Nutzungen notwendig ist. Der anschließende obere Uferbereich kann durch Ufergehölze wie Bruch- und Purpurweiden gesichert werden. Der breite Ufergehölzstreifen auf der flach ansteigenden Böschung hat sich auch unter sicherungstechnischen Gesichtspunkten bewährt (Abb. 23). Aufgrund der geringen Ausmaße der Anbrüche, der Breite des gesamten Ufergehölzes und der vielfältigen Möglichkeiten der Eigenstabilisierung besteht keine Gefahr für ein erneutes Aufreißen des Ufers mit Schäden für die angrenzenden Nutzungen.

6.2 Naturschutz

Aus einer ingenieurbiologischen Bauweise bildete sich ohne gezielte Eingriffe des Menschen, wird von der nachträglichen Einbringung der Steinpackungen,

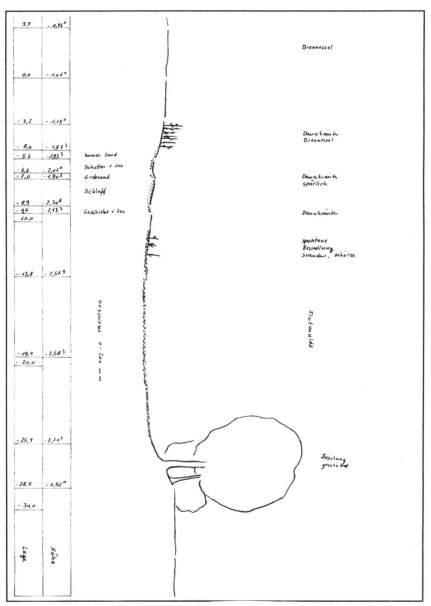

Abb. 21 Profil D an der Nahe bei Odernheim im Frühjahr 1988 mit Lageskizze der Uferlinie

Abb. 22 Blick naheaufwärts. Auf dem rechten Ufer (von Betrachter aus gesehen das linke Ufer) der aus ingenieurbiologischen Bauweisen hervorgegangene Uferschutzwald (1975)

Abb. 23 Blick durch den breiten Weidenwald auf die Nahe (1989)

dem Weidegang und der Ablagerung von Müll bei Hochwässern (u.a. Plastikfolien) abgesehen, ein funktionsfähiger Naturhaushalt mit einem vergleichsweise hohen Natürlichkeitsgrad aus. Die im Vergleich zu konventionell ausgebauten Ufern weit größere Naturnähe ist durch das Auftreten gewässer- und auentypischer Bodenformen, Oberflächenstrukturen, Substraten und Vegetationsbeständen gekennzeichnet. Der "Uferschutzwald" weist ein hohes Selbstregulierungsvermögen auf. Das Bild der Flußlandschaft macht sowohl vom Fluß her (Abb. 24) als auch aus größerer Entfernung (Abb. 25) einen natürlicheren Eindruck als bei einem Ausbau nach konventionellen Methoden zu erwarten war. Der naturschutzfachliche Wert dürfte vor allem unter Beachtung der Forderung der Grundeigentümer, die Naheaue bis an das Gewässer heran nach wie vor zu nutzen, ein vergleichsweise hoher sein.

6.3 Gefährdung

Sowohl im Blick auf die geforderte Ufersicherung als auch im Blick auf den naturschutzfachlichen Wert würde die Entwicklung des Ufergehölzes weit günstiger aussehen, wenn der nun schon jahrzehnte andauernde Weidegang ab sofort unterbunden wird. Schäden entstehen nicht nur durch das Zertreten der

Abb. 24 Blick naheabwärts. Im Mittelgrund rechts der aus ingenieurbiologischen Bauweisen hervorgegangene Uferschutzwald. Auf dem linken Ufer bildet sich hinter einer starken Steinschüttung ein Weidengebüsch aus (1988)

Ufer, sondern auch durch die Zerstörung der Vegetationsdecke, das Schälen der Rinde und den Verbiß des Jungwuchses von Weiden, Erlen und Eschen. Die Belastungen durch den Weidegang stellen für den dauerhaften Bestand des Ufergehölzes eine ernstzunehmende Gefahr dar.

7. Lebendbau an Fließgewässern in Rheinland-Pfalz

Nicht zuletzt die Anfangserfolge der naturnahen Sicherung des Uferabbruches an der Nahe bei Odernheim führten zur Herausgabe des Erlasses über Lebendausbau und Bepflanzung von Wasserläufen des Ministeriums für Landwirtschaft, Weinbau und Forsten des Landes Rheinland-Pfalz vom 13.7.1957 an die nachgeordneten Behörden (siehe Anlage). Der Erfolg blieb trotz einiger beachtlicher Beispiele, u.a. an Uferabschnitten der Sauer und der Nims (Dockendorfer Mühle), dem Mündungsbereich der Kyll bei Ehrang und einigen Bächen in flurbereinigten Gemarkungen gering.

Abb. 25
Blick vom Schillerstein auf die Nahe mit dem Uferschutzwald aus Weiden auf dem rechten Ufer. Auf dem linken Ufer bildet sich ein Weidengebüsch aus (vgl. Abb. 22 und 24). In der Bildmittte die Mündungsstrecke des Glan (1988)

8. Zusammenfassung

Im Jahr 1954 wurde ein starker Uferabbruch auf dem rechten Naheufer oberhalb der Einmündung des Glan mit Hilfe ingenieurbiologischer Bauweisen, vor allem Weidenkämmen nach KELLER, gesichert. Rund 35 Jahre nach dem Ausbau erfüllt das aus dem Lebendverbau entstandene breite Ufergehölz trotz Belastungen durch den Weidegang die seinerzeit geforderte Sicherungsaufgabe. Der naturschutzfachliche Wert ist durch das Vorkommen gewässer- und auentypischer Boden- und Substratformen, Oberflächenstrukturen und Vegetationsbestände als hoch einzustufen. Deutlich wird, daß für die Entwicklung naturnaher Verhältnisse in erster Linie eine große Uferbreite erforderlich ist. Gefordert wird das Unterbinden des Weideganges. Er stellt für den Bestand des Ufergehölzes die größte Gefahr dar.

9. Literatur

Geologisches Landesamt Rheinland-Pfalz (1979): Geologische Übersichtskarte von Rheinland-Pfalz. Mainz.

JOHANNSEN, R. und E. STÄHR (1988): Zur Entwicklung einer ingenieurbiologischen Ufersicherung an der Nahe bei Odernheim. Aachen. 11 S. 56 Abb.

KELLER, E. (1937): Die bautechnische Anwendung und Durchführung der lebenden Verbauung. Wasser und Technik. H. 1/2.

KELLER, E. (1938): Wildbachverbauung und Flußregulierung nach den Gesetzen der Natur. Deutsche Wasserwirtschaft. H. 6.

KELLER, R. (1978): Hydrologischer Atlas der Bundesrepublik Deutschland. Deutsche Forschungsgemeinschaft.

Lehrstuhl für Landschaftsökologie und Landschaftsgestaltung der Rheinisch-Westfälischen Technischen Hochschule Aachen (1977): Sicherung eines Uferanbruches an der Nahe bei Odernheim. Exkursion Ingenieurbiologie 1./2. Juni 1977. Aachen.

Ministerium für Landwirtschaft, Weinbau und Forsten des Landes Rheinland-Pfalz (1955): Jahresbericht der Wasserwirtschaft. Wasser und Boden H. 4/5. 158-159.

Abbildungsnachweise

Hacker: 13, 18, 24; Johannsen: 14, 15, 17, 25; Pflug: 8, 9, 22, 23; Wasserwirtschaftsamt Kaiserslautern: 3-7; Die Abbildungen 2, 10-12, 16 und 19-21 sind der Arbeit von Johannsen und Stähr entnommen.

Anschrift der Verfasser:
Univ-Prof. em. Wolfram Pflug
Wilsede 1 Hillmershof
D-29646 Bispingen

Dr. Eva Hacker
Büro für Vegetationskunde und Landschaftsökologie (BÜVL)
Eynattener Straße 24 A
D-52064 Aachen

Prof. Rolf Johannsen
Trichtergasse 4
D-99198 Udestedt

Dipl.-Ing. Eckart Stähr
Kirschenweg 4
D-24211 Preetz

Anlage

Erlaß des Ministeriums für Landwirtschaft, Weinbau und Forsten des Landes Rheinland-Pfalz vom 13.7.1957 (Abschrift)

RHEINLAND-PFALZ
Ministerium
für Landwirtschaft, Weinbau   Mainz, den 13.7. 1957
und Forsten
5 08 46 - Tgb.Nr. 3606/57

An die Bezirksregierung Koblenz, Montabaur, Trier
An die Bezirksregierung der Pfalz in Neustadt/W.
An die Bezirksregierung für Rheinhessen in Mainz
An alle Wasserwirtschaftsämter -dch. d. jew. zust. Bez.
Reg.-
An alle Kulturämter
An alle Landratsämter -dch. d. jew. zust. Bez. Reg.-

Betr.: Lebendausbau und Bepflanzung von Wasserläufen, Ein-
       bindung von wasserwirtschaftlichen Bauwerken
Bezug: Erlaß IV C 0/04/02 - Tgb.Nr. 2678/53 - vom 10.11.1953

Für den Wasserlauf und die umgebende Landschaft hat der
Lebendausbau und die geeignete Bepflanzung der Ufer eine
besondere wasserbautechnische und landschaftspflegerische
Aufgabe. Diese Aufgabe erstreckt sich in der Hauptsache auf
   den Uferschutz durch natürliche lebende Bauelemente,
   die Steuerung der Abflußvorgänge durch Pflanzendecken,
   die Erhöhung der Wasserspeicherfähigkeit und des Luft-
   und Wasseraustausches im Bereich des durchwurzelten
   Bodens,
   die weitgehende Unterbindung unerwünschter Geschiebe-
   führung und
   die vielfältige günstige biologische und kleinklimatische
   Auswirkung auf den umgebenden Landschaftsraum.

Um bei dem Ausbau von Wasserläufen die Vorteile des
Lebendausbaues und der Bepflanzung mehr als bisher zu ver-
wirklichen, ordne ich unter Aufhebung des o.a. Erlasses im
Einvernehmen mit der Abteilung IV an:

1. Beim Ausbau von Wasserläufen ist der vorhandene Uferbewuchs soweit wie möglich zu erhalten und in seiner
   Schutzwirkung durch ergänzende Pflanzungen und Pflege-
   eingriffe zu verbessern. An größeren Wasserläufen soll
   der Schutz der Ufer auch durch die Anlage einer Röhrichtzone angestrebt werden. Dem kombinierten Verfahren,

der Verbindung von starrer und biologischer Bauweise ist
besondere Aufmerksamkeit zuzuwenden.

2. Bei allen Entwürfen für den Ausbau von Wasserläufen sind
die Möglichkeiten für einen Lebendausbau und die Bepflanzung der Ufer zu untersuchen und entsprechend zu
planen. Die Sachbearbeiter für Landespflege bei den
Wasserwirtschaftsämtern stehen für die fachliche
Beratung zur Verfügung. Sämtliche landespflegerischen
Maßnahmen sind als Teil des Ausbaues in den Entwurf ein-
zutragen.

3. Für den Ausbau der Bachläufe in den Flurbereinigungs-
verfahren trifft das in Absatz 2 Gesagte gleichermaßen
zu. Die landespflegerischen Maßnahmen sind im Bodenver-
besserungsbericht und im Meliorationsentwurf mit vorzu-
sehen. Anläßlich der Aufstellung der Vorplanungen für
die Landschaftspflegemaßnahmen im gesamten Flur-
bereinigungsgebiet haben die Sachbearbeiter für Landespflege die erforderliche Zusammenarbeit mit den Bear-
beitern der Entwürfe auf den Kulturämtern herbeizu-
führen.

Auch zur Errichtung wasserwirtschaftlicher Bauwerke
(Kläranlagen, Pump- und Schöpfwerke, Hochbehälter, Wasser-
türme, Brücken, Wehre u.a.) gehören die Maßnahmen der Landschaftspflege und sind mit in den Entwurf aufzunehmen. Die
notwendigen Pflanzflächen sind bei den Planungen soweit wie
möglich zu berücksichtigen.

Im Auftrag gez.
Lillinger
Beglaubigt:
(L.S.) gez. Schneider
Amtsrat

Jahrbuch 6 der Gesellschaft für Ingenieurbiologie e.V. Aachen (1996)
Ingenieurbiologie im Spannungsfeld zwischen Naturschutz und Ingenieurbautechnik

137

Entwicklung einer ingenieurbiologischen Ufersicherung an der Prims bei Schmelz seit dem Frühjahr 1980

Rolf Johannsen

Einleitung

Im nachfolgenden Aufsatz wird über die Entwicklung einer ingenieurbiologischen Ufersicherung an der Prims bei Schmelz im Saarland seit dem Frühjahr 1980 berichtet. Hierbei handelt es sich um einen Ausschnitt aus einer Modellstrecke für den naturnahen Gewässerausbau im Saarland. Berichtet wurde über diesen Ausbau bisher vom Lehrstuhl für Landschaftsökologie und Landschaftsgestaltung an der Rheinisch-West-

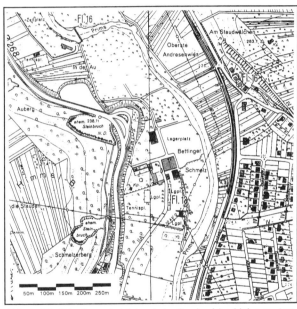

Abb. 1 Die Primskurve bei Schmelz im Saarland (verkleinerter Ausschnitt aus der Deutschen Grundkarte 1:5000 Blätter 6078 Außen und 6278 Bettingen)

fälischen Technischen Hochschule Aachen (1981), vom Deutschen Verband für Wasserwirtschaft und Kulturbau e.V. (1984) und von JOHANNSEN (1988). Der Autor dankt Frau Paulson für die Bestimmung einzelner Pflanzenarten.

Anlaß und Ziel der Sicherungsmaßnahme

Anlaß für die Sicherungsmaßnahme waren Abspülungen und Abbrüche am Primsufer, die zu Flächenverlusten an einer intensiv genutzten Mähwiese geführt hatten. Ziel der Baumaßnahme war die Sicherung der landwirtschaftlichen Nutzfläche vor weiteren Flächenverlusten.

Ein weiteres Ziel der Maßnahme war das Ausprobieren ingenieurbiologischer Bauweisen an saarländischen Fließgewässern, um Erfahrungen mit naturnäheren Sicherungsbauweisen zu sammeln. Gesucht wurde eine naturgemäße Alternative zu den damals weit verbreiteten Sicherungsbauweisen mit Hartbruchsteinen.

Natürliche Gegebenheiten

Abiotische Faktoren

Der Uferabschnitt befindet sich am linken Ufer der Prims 1 km nördlich von Schmelz im Kreis Saarlouis im nördlichen Saarland (Abb. 1). Das Tal liegt hier etwa 220 m ü NN.

Die Prims entspringt im Hochwald und hat im Untersuchungsabschnitt den Charakter eines Mittelgebirgsflusses.

Das Primstal ist etwa 150 m breit und wird von steilen Bergen und Hügeln aus Rhyolith eingefaßt. Der Talboden besteht aus lehmigem Sand und sandigem Lehm. Die Flußsohle wird im Untersuchungsabschnitt aus grobem Geschiebe von 10 bis 40 cm Kantenlänge gebildet.

Das Klima im Primstal ist atlantisch geprägt und mild.

Das Niederschlagsgebiet der Prims ist oberhalb Schmelz 467 km² groß und Nordwest-Südost exponiert. Die Wasserscheide liegt im Hochwald über 600 m ü NN. Nach MANIAK (1974) fließen in diesem Flußabschnitt bei einem zweijährlichen Hochwasser 46,7 m³/s, bei einem zehnjährlichen Hochwasser 102,7 m³/s und bei einem 50-jährlichen Hochwasser 168,1 m³/s ab (Tabelle 1). Das Landesamt für Umweltschutz, Naturschutz und Wasserwirtschaft - Saarbrücken unterhält oberhalb der Ausbaustrecke den Pegel Büschfeld (F_N = 288 km²) und unterhalb den Pegel Nalbach (F_N = 716 km²).

Der Untersuchungsabschnitt der Prims ist mit seiner näheren Umgebung in dem Ausschnitt aus der Deutschen Grundkarte 1:5 000 (Abb. 1) dargestellt. Der Flußlauf ist recht gestreckt. Der Untersuchungsabschnitt befindet sich an einem Prallufer einer ganz schwach gekrümmten Kurve. Das mittlere Sohlgefälle beträgt etwa 4 % .Der Wasserspiegel ist bei Sommermittelwasser etwa 15 m breit. Das Gewässerbett hat eine Breite von etwa 20 m und eine Tiefe von 1 bis 1,5 m (Abb. 2). Der Gewässerabschnitt wurde in der Gewässergütekarte (1980) und nach KOCH (1985) als stark verschmutzt eingestuft.

Biotische Faktoren

An der Prims bei Schmelz herrschen in der realen Vegetation Schwarzerle (Alnus glutinosa), Bruchweide (Salix fragilis) und Rötliche Bruchweide (Salix rubens) vor. Daneben wachsen auch Esche (Fraxinus excelsior), Bergahorn (Acer pseudoplatanus), Spitzahorn (Acer platanoides), Stieleiche (Quercus robur) und Schwarzpappelhybriden.

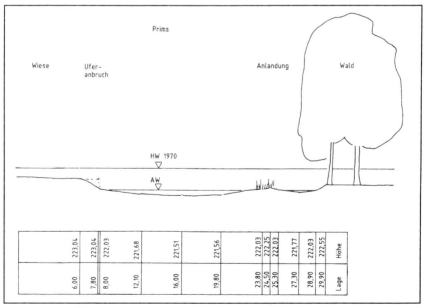

Abb. 2 Querprofil an der Prims bei Schmelz im Saarland, aufgenommen 1979 mit Eintragung des Steilufers vor dem Ausbau (gestrichelt) und der hergestellten Böschungsneigung und Ufersicherung.

Nach dem Atlas der Gefäßpflanzen des Saarlandes (HAFFNER, SAUER u. WOLFF 1979) gehören folgende Bäume zur einheimischen oder alteingebürgerten Vegetation im Raum Schmelz: Feldahorn (Acer campestre), Spitzahorn, Bergahorn, Schwarzerle, Hainbuche (Carpinus betulus), Esche, Espe (Populus tremula), Vogelkirsche (Prunus avium), Traubenkirsche (Prunus padus), Stieleiche, Silberweide (Salix alba), Salweide (Salix caprea), Bruchweide Sammelart, Rötliche Bruchweide, Eberesche (Sorbus aucuparia) und Bergulme (Ulmus glabra).

An den Ufern der Prims bei Schmelz wachsen folgende Sträucher: Waldrebe (Clematis vitalba), Hasel (Corylus avellana), Zweigriffliger Weißdorn (Crataegus laevigata), Schlehe (Prunus spinosa), Brombeere (Rubus fruticosus), Hundsrose (Rosa canina), Purpurweide (Salix purpurea), Hanfweide (Salix viminalis) und Schwarzer Holunder (Sambucus nigra).

Nach HAFFNER, SAUER und WOLFF (1979) gehören folgende Straucharten zur einheimischen oder alteingebürgerten Vegetation im Raum Schmelz: Waldrebe, Hasel, Zweigriffliger Weißdorn, Eingriffliger Weißdorn (Crataegus monogyna), Faulbaum (Frangula alnus), Schlehe, Hundsrose, Kratzbeere (Rubus caesius), Brombeere, Himbeere (Rubus idaeus), Aschweide (Salix cinerea), Purpurweide, Mandelweide (Salix triandra), Hanfweide, Schwarzer Holunder und Wasserschneeball (Viburnum opulus).

An der Prims wurden Rohrglanzgras (Phalaris arundinacea), Schilf (Phragmites communis) und die Gelbe Schwertlilie (Iris pseudacorus) festgestellt.

Der betrachtete Flußabschnitt gehört nach JENS (1980) zur Äschenregion. Zur Zeit des Ausbaues gab es in der Prims auf Grund der starken Gewässerverschmutzung keine gewässertypische Fischfauna.

Während der Planung und der Bauausführung wurde häufig Bisam (Ondatra zibethica) festgestellt.

Nutzungen, Schäden und Gefährdungen

Rechts der Prims wächst Auewald, am linken Ufer der Prims befindet sich eine intensiv genutzte Mähwiese.

Am linken Ufer war es bei Hochwasser zu leichter Erosion und Abbrüchen gekommen. Es bestand die Gefahr weiterer Erosionen und Verlagerungen der Uferlinie, die zu einer Reduzierung der landwirtschaftlichen Nutzfläche geführt hätten (Abb. 1 und 2).

Geplante und ausgeführte Baumaßnahmen

Die folgenden Maßnahmen wurden im Auftrage des Landesamtes für Umweltschutz, Naturschutz und Wasserwirtschaft - Saarbrücken, dem Träger der Unterhaltungslast an diesem Flußabschnitt, von BEGEMANN (1979) unter Mitwirkung des Verfassers geplant. Im Winter 1980 wurden die Sicherungen im Auftrage des Landesamtes für Umweltschutz von der Firma Sachtleben Bergbau GmbH ausgeführt. Der Verfasser wurde mit der örtlichen Bauleitung beauftragt. Der betrachtete Uferabschnitt wurde im März 1980 gesichert.

Das erodierte linke Ufer wurde mit einer Neigung von 1:2 abgeschrägt (Abb. 2). Das Ufer wurde mit einer Weidenspreitlage abgedeckt (Abb. 3).

Hierzu wurden Ruten von Hanfweidenbastarden aus dem Weidenhegerbetrieb KIPP bei Hanau verwendet. Sie wurden quer zur Fließrichtung auf die Böschung gelegt. Die basalen Schnittstellen wurden unter Wasser in den Boden am Böschungsfuß gesteckt. Die Weidenspreitlage wurde durch Holzpflöcke aus Dachlatten von 0,7 m Länge im Verband 1 x 1 m und durch eine Abspannung mit

Abb. 3 Ansicht des durch Rauhbäume, Weidenspreitlagen und Geschiebeschüttung gesicherten Primsufers bei Schmelz im Frühjahr 1980.

2 mm starkem Draht gesichert. Als Schutz gegen Austrocknung bei Hitzeperioden im Frühjahr wurde die Spreitlage leicht mit Boden aus den Abtragmassen überrieselt. Dabei wurden die Ruten nur eingebettet aber nicht vollständig übererdet.

Am Böschungsfuß wurde eine Reihe frischer, dicht beasteter Fichtenspitzen als Rauhbäume verlegt und mit Eisenpfählen von 20 mm Stärke und 1 m Länge befestigt. Zusätzlich wurde in der Flußmitte grobes Geschiebe entnommen und vor den Böschungsfuß geschüttet.

Entwicklung seit der Baumaßnahme

Dieser Primsabschnitt bei Schmelz wurde vom Verfasser in der Zeit von 1980 bis 1985 in unregelmäßigen Abständen ein- bis dreimal im Jahr besichtigt. In diesem Zeitraum scheint die Wasserqualität so schlecht geblieben zu sein wie vor dem Ausbau.

Im Frühjahr 1980 wuchsen aus der Spreitlage die Sträucher zu einem dichten, geschlossenen Weidensaum heran. (Die Abbildung 4 zeigt das Primsufer im

Abb. 4 Ansicht des durch Rauhbäume, Weidenspreitlagen und Geschiebeschüttung gesicherten Primsufers bei Schmelz im Frühsommer 1980. Die Hanfweiden zeigten einen gleichmäßigen, starken Aufwuchs.

Frühsommer 1980 etwa drei Monate nach der Baumaßnahme.) Die weitere Entwicklung des Lebendbaues erfolgte ohne Nachpflanzungen, Nachbesserungen oder Pflegearbeiten.

Seit dem Ausbau hatte die Prims mehrere zum Teil stärkere Hochwasser. Auf Grund der Pegelmessungen des Landesamtes für Umweltschutz, Naturschutz und Wasserwirtschaft - Saarbrücken (1986) können die Hochwasserabfluß-spenden des Beobachtungszeitraumes zwischen Februar 1980 und Juli 1985 (Tabellen 2 und 3) mit den aus Messungen ermittelten Hauptwerten und den von MANIAK (1974) theoretisch ermittelten Scheitelabflußspenden für bestimmte Wiederholungszeiträume verglichen werden. Eine Abschätzung ergibt, daß im Beobachtungszeitraum zwischen dem 1. Februar 1980 und dem 11. Juli 1985 die Abflüsse mindestens zehnmal den Wert für das zweijährliche Hochwasser mit 46,7 m³/s und mindestens zweimal den Wert des zehnjährlichen Hochwassers von 102,7 m³/s überschritten haben.

Im Sommer 1988 wurden die ersten spontan angesiedelten Schwarzerlen festgestellt.

Aus dem Weidenbestand wurden 1985 Äste für eine weitere Lebendbaumaßnahme geworben. Außerdem wurde festgestellt, daß aus dem Weidenbestand zur

Abb. 5 Ansicht des Primsufer bei Schmelz im Mai 1989 mit dem neun Jahre alten geschlossenen Hanfweidensaum.

Zeit der Kätzchenblüte größere Mengen von blühenden Weidenzweigen entnommen wurden.

Vorgefundener Zustand im Mai 1989

Zur Beurteilung der Entwicklung der Ufersicherungen wurde am 6. Mai 1989 der Uferabschnitt gründlich abgegangen. Die Gehölz- und Bodenvegetation wurde erfaßt. An einzelnen Stellen wurden kleine Handschürfen durchgeführt.

Die Uferlinie war erhalten geblieben. Hier wuchs ein geschlossener Gehölzsaum (Abb. 5).

Abb. 6 Aufgrabung im unteren terrestrischen und amphibischen Bereich am Primsufer bei Schmelz im Saarland.

Reste der vorübergehenden Ufersicherung aus Rauhbäumen waren noch erkennbar. Die damals verwendeten Eisenstangen haben ihren Zweck erfüllt. Da sie heute nur noch eine Verletzungsgefahr sind, sollten sie beseitigt werden.

Der Böschungsfuß wird durch eine Kombination der Wurzeln von Hanfweiden und Bodenvegetation mit dem groben Flußgeschiebe stabilisiert. Abb. 6 zeigt eine kleine Aufgrabung im unteren terrestrischen und amphibischen Bereich. Die Abb. 7 zeigt den 3 cm starken ausgewaschenen Wurzelfilz, der mattenförmig das Ufer abdeckt. Er besteht aus einem groben und mittleren Geflecht von Weidenwurzeln von 2 - 10 mm Stärke. Außerdem wachsen dort 0,5 bis 2 mm starke Wurzeln von Rohrglanzgras und Flechtstraußgras. Im terrestrischen und amphibischen Bereich wachsen Moose im Wurzelfilz der Weiden.

Im aquatischen Bereich wurden im Wurzelfilz zahlreiche Flohkrebse und einzelne Egel gefunden.

Im amphibischen und unteren terrestrischen Bereich hatten sich spontan Schwarzerle (Alnus glutinosa), Gelbe Schwertlilie, Geflügelte Braunwurz (Scrophularia umbrosa) und Knotige Braunwurz (Scrophularia nodosa) angesiedelt (Tab. 4). Vermutet wird, daß die Ansiedlung dieser Pflanzen durch die gewählte Sicherungsbauweise eher ermöglicht wurde als durch eine grobe Steinschüttung.

Im gesamten terrestrischen Bereich wird die Strauchschicht aus einem geschlossenem Bestand aus Hanfweidenbastarden gebildet (Abb. 8). Aus dem anfänglich sehr dichten gleichstarken

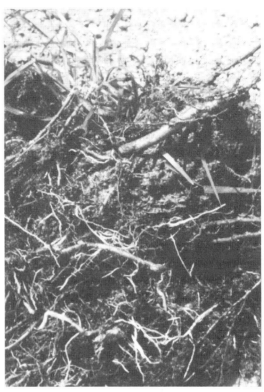

Abb. 7 Ausgewaschener Wurzelfilz bestehend aus Hanfweiden-, Rohrglanzgras- und Flechtstraußgraswurzeln aus der in Abb. 6 dargestellten Abgrabung am Primsufer bei Schmelz.

Rutenaufwuchs (Abb. 4) hat sich ein schon weniger dichter Strauchweidensaum gebildet. Der Bestand ist etwa 5 m hoch. Die Stärke der Stämme liegt zwischen 2 und 10 cm. Zahlreiche dünne Stämmchen und Äste sind bereits abgestorben oder werden durch stärkere Nachbarpflanzen und Schlingpflanzen unterdrückt. An stärkeren Weidenstämmen wurden Rindenpilze festgestellt (Abb. 9).

Unter dem Weidenbestand hat sich eine geschlossene Krautschicht entwickelt. Unterschieden werden kann die untere Böschungshälfte, in der Rohrglanzgras, Flechtstraußgras, Brennessel (Urtica dioica) und Scharbockskraut (Ranunculus ficaria) häufig vorkommen.

In der oberen Böschungshälfte ist die Gefleckte Taubnessel (Lamium maculatum) in der Krautschicht dominant. Häufig wachsen hier Rohrglanzgras, Knoblauchsrauke (Alliaria petiolata), Brennessel, Kleblabkraut (Galium mollugo) und Großer Ampfer (Rumex obtusifolium) (Abb. 8, Tab. 4).

Auswertung

Die Auswertung der langfristigen Beobachtungen einer traditionellen ingenieurbiologischen Ufersicherung an der Prims bei Schmelz zeigt, daß diese Bauweise auch bei hoher hydraulischer Belastung in der Anfangszeit in der Lage war, die Uferlinie zu sichern.

Aus der aufgelegten Weidenspreitlage hatte sich innerhalb kurzer Zeit ein Strauchweidensaum entwickelt. Die leichte Böschungsfußsicherung aus Rauhbäumen und grobem Flußgeschiebe aus der Flußmitte hat sich unter den gegebenen Verhältnissen als ausreichend erosionsstabil erwiesen. Vermutet wird, daß hier ähnlich wie FELKEL es 1960 beschreibt, die ufernahe Hochwasserströmung durch den Rutenmantel der Weiden stark abgebremst wird, und daß die Weidenwurzeln das Flußgeschiebe verklammert haben und auch als Filter dienen.

Diesen Vermutungen sollte durch weitere Naturbeobachtungen und Aufgrabungen weiter nachgegangen werden.

Die gewählte Ufersicherung wird naturnäher eingestuft als eine Schüttung von Hartbruchsteinen am Böschungsfuß und eine Gehölzpflanzung oberhalb, denn die entstandene Böschungsfußsicherung aus grobem Flußgeschiebe, Gehölz- und Röhrichtwurzeln entspricht eher naturnahen Verhältnissen als eine Bruchsteinschüttung. Die Beobachtungen im aquatischen, amphibischen und unteren terrestrischen Bereich zeigen, daß die entstandene Böschungsfußsicherung gut von gewässertypischen Tieren wie Flohkrebsen und Egeln und Pflanzen wie Schwarzerle, Rohrglanzgras, Flechtstraußgras, Schwertlilie und Braunwurz besiedelt wird.

Vermutet wird eine Begünstigung des spontanen Aufkommens der genannten Pflanzen durch die Reduzierung der Strömungsgeschwindigkeit im Weidenbestand und in seiner unmittelbaren Nähe.

Trotz dieser günstigen Entwicklung kann der im Jahr 1989 vorgefundene Zustand nicht als naturnah sondern nur als bedingt naturnah eingestuft werden, da die Ufergehölze nicht der natürlichen Ufervegetation an der Prims entsprechen. Die spontane Ansiedlung der Schwarzerle läßt aber langfristig eine Entwicklung zu naturnahen Verhältnissen hin vermuten.

Gegenüber Befürchtungen, daß der dichte Strauchweidenbestand kein Fußfassen bodenständiger Bäume zuläßt, zeigte sich an der Prims, daß es im Strauchweidensaum nach acht bis neun Jahren schon zu stärkerer Unterdrückung schwachwüchsigerer Strauchweiden durch stärkerwüchsige Strauchweiden und Schlingpflanzen kommt. Der Bestand wird etwas weniger homogen als am Anfang. Vielleicht ist hierdurch die Ansiedlung der Schwarzerlen erleichtert worden. Vielleicht ist sie aber auch erst durch die etwas bessere Wasserqualität der Prims möglich geworden.

Aus den Beobachtungen der Jahre 1988 und 1989 kann abgeleitet werden, daß der untere terrestrische Bereich mehr und mehr durch Schwarzerlen aus dem Primsgebiet besiedelt wird. Hierdurch kommt es zu einer spontanen Vermehrung bodenständiger Bäume des dortigen Naturraumes. Dieses Ziel könnte sonst nur mit hohem organisatorischem und gärtnerischem Aufwand, nämlich über die Auswahl geeigneter Mutterpflanzen an der Prims, Ernte des Saatgutes und Anzucht in einem Pflanzengarten oder einer Baumschule, verwirklicht werden.

Die weitere Vegetationsentwicklung an dieser Stelle sollte beobachtet werden.

Abb. 8 Blick in den geschlossenen, 9 Jahre alten Hanfweidenbestand an dem Ufer der Prims bei Schmelz mit der Bodenvegetation im Mai 1989.

Interessant erscheint dabei die Frage zu sein, wie lange sich die Hanfweiden-
bestände halten. Wann werden sie durch die konkurrenzstärkeren bodenständigen Bäume und Sträucher abgelöst?

Bei der prognostizierten Ansiedlung von Schwarzerlen am Primsufer kann die
Entwicklung dieses Gewässerabschnittes aus der Sicht der Ufersicherung, des
Naturschutzes und des Landschaftsbildes positiv bewertet werden. Nach Entfer-
nung der Eisenstäbe werden hier langfristig keine Spuren eines menschlichen
Eingriffes, wie sie z.B. Steinschüttungen darstellen, erhalten bleiben. Allerdings
wird bei Lebendbauweisen mit Strauchweiden eine lange Übergangszeit bis zur
Erzielung sehr naturnaher Zustände benötigt. Diese Entwicklung wurde durch
die Anwendung traditioneller Lebendbauweisen ermöglicht, wie sie schon von
KIRWALD (1964) und PRÜCKNER (1965) beschrieben wurden.

Unter dem Gesichtspunkt einer naturnäheren Behandlung unserer Fließgewässer
sollten deshalb die traditionellen Lebendbauweisen im Hinblick auf ihre biotechnischen Leistungen und auf ihre Bewertung im Naturhaushalt und Landschaftsbild näher untersucht werden.

Abb. 9 Rindenpilze und Winden an Stämmen der Hanfweiden am Primsufer bei Schmelz im Mai
1989.

Ereignis	Abflußspende ltr/s/km²	Abfluß m³/s
zweijährliches Hochwasser (Hq 2)	100	46,7
zehnjährliches Hochwasser (Hq 10)	220	102,7
zwanzigjährliches Hochwasser (Hq 20)	280	130,8
fünfundzwanzigjährliches Hochwasser (Hq 25)	330	154,1
fünfzigjährliches Hochwasser (Hq 50)	360	168,1
hundertjährliches Hochwasser (Hq 100)	520	242,8

Tab. 1 Abflußspenden und Abflüsse in Abhänigkeit von der Wiederholungszeitspanne der Prims bei Schmelz im Saarland; ermittelt nach MANIAK (1974) bei einer Fläche des Niederschlagsgebietes von 467 km².

Datum	gemessener Abfluß am Pegel Büschfeld m³/s	Abflußspende Fn=288 km² l/s/km²	Wiederholungs-häufigkeit nach MANIAK Jahre
04. Feb. 1980	52,50	182,3	> Hq 2
29. Jun. 1980	28,90	100,3	
15. Jul. 1980	37,60	130,6	> Hq 2
16. Aug. 1980	29,00	100,7	
15. Dez. 1980	53,60	186,1	> Hq 2
07. Feb. 1981	36,50	126,7	> Hq 2
15. Okt. 1981	36,50	126,7	> Hq 2
31. Dez. 1981	81,70	283,7	> Hq 10
06. Jan. 1982	62,00	215,3	> Hq 2
20. Dez. 1982	53,60	186,1	> Hq 2
01. Feb. 1983	35,40	122,9	> Hq 2
08. Apr. 1983	68,10	236,5	> Hq 2
27. Mai 1983	39,80	138,2	> Hq 2
17. Jan. 1984	82,90	287,8	> Hq 10
07. Feb. 1984	77,90	270,5	> Hq 2
30. Mai 1984	37,60	130,6	> Hq 2

Tab. 2 Gemessene Abflüsse und Abflußspenden an der Prims bei Büschfeld in der Zeit vom 1. Februar 1980 bis zum 11. Juli 1985. Landesamt für Umweltschutz Saarbrücken 1986. Einstufung nach MANIAK (1974).

Datum	gemessener Abfluß am Pegel Nalbach m³/s	Abflußspende Fn=716 km² l/s/km²	Wiederholungs- häufigkeit nach MANIAK Jahre
04. Feb. 1980	111,00	155.0	> Hq 2
16. Jul. 1980	107,00	149,0	> Hq 2
16. Aug. 1980	141,00	196,9	> Hq 10
15. Dez. 1980	95,20	133,0	> Hq 2
08. Feb. 1981	79,86	111,5	> Hq 2
15. Okz. 1981	127,80	178,5	> Hq 2
01. Dez. 1981	103,70	144,5	> Hq 2
31. Dez. 1981	192,10	268,3	> Hq 20
06. Jan. 1982	161,60	225,7	> Hq 10
30. Jan. 1982	78,03	109,0	> Hq 2
10. Dez. 1982	95,20	133,0	> Hq 2
21. Dez. 1982	123,80	172,9	> Hq 2
9. Apr. 1983	192,00	268,2	> Hq 20
26. Mai 1983	95,88	133,9	> Hq 2
17. Jan. 1884	159,70	223,0	> Hq 10
07. Feb. 1984	149,80	209,2	> Hq 10
30. Mai 1984	91,30	127,5	> Hq 2
23. Nov. 1984	152,60	213,1	> Hq 10

Tab. 3 Gemessene Abflüsse und Abflußspenden an der Prims bei Nalbach in der Zeit vom 1. Februar 1980 bis zum 11. Juli 1985. Landesamt für Umweltschutz Saarbrücken 1986. Einstufung der Ereignisse nach MANIAK (1974).

		untere Böschungs hälfte	obere Böschungs hälfte
STRAUCHSCHICHT			
Hanfweidenbastard	Salix viminalis agg.	d	d
Schwarzerle	Alnus glutinosa	e	-
KRAUTSCHICHT			
Rohrglanzgras	Phalaris arundinacea	h	h
Flechtstraußgras	Agrostis stolonifera	h	-
Riesenschwingel	Festuca gigantea	e	-
Knäuelgras	Dactylis glomerata	-	e
Gelbe Schwertlilie	Iris pseudacorus	e	-
Wiesenkerbel	Anthriscus sylvestris	e	e
Giersch	Aegopodium podagraria	e	e
Bärenklau	Heracleum sphondylium	e	e
Geflügelte Braunwurz	Scrophularia umbrosa	e	-
Knotige Braunwurz	Scrophularia nodosa	e	-
Knoblauchsrauke	Alliaria petiolata	e	h
Rote Lichtnelke	Melandrium rubrum	e	-
Brennessel	Urtica dioica	h	h
Gefleckte Taubnessel	Lamium maculatum	e	d
Hainsternmiere	Stellaria holostea	-	e
Breitblättriges Kreuzlabkraut	Cruciata glabra	-	e
Kleblabkraut	Galium mollugo	-	h
Scharbockskraut	Ranunculus ficaria	h	-
Kriechhahnenfuß	Ranunculus repens	e	-
Großer Ampfer	Rumex obtusifolius	-	h

Tab. 4 Pflanzenwuchs am Ufer der Prims bei Schmelz am 6. Mai 1989 mit d=dominant, h=häufig,
e=vereinzelt

Literatur

BEGEMANN, W. (1979): Ingenieurbiologisches Gutachten für den Ausbau gemäß §31 WHG der Prims zwischen Campingplatz und Straßenbrücke in Schmelz. Bauherr: Landesamt für Umweltschutz, Naturschutz und Wasserwirtschaft - Saarbrücken (unveröffentlicht).

Deutscher Verband für Wasserwirtschaft und Kulturbau e.v. (1984): Merkblatt 204, Ökologische Aspekte bei Ausbau und Unterhaltung von Fließgewässern. Paul Parey Verlag.

HAFFNER, P., SAUER, E. u. WOLFF, P. (1979): Atlas der Gefäßpflanzen des Saarlandes. Hrsg.: Der Minister für Umwelt, Raumordnung u. Bauwesen des Saarlandes. Wissenschaftliche Schriftenreihe der Obersten Naturschutzbehörde. Bd. 1. Selbstverlag.

JOHANNSEN, R. (1988): Naturgemäße Sicherung enger Kurven an Fließgewässern in ausgewählten Naturräumen des Saarlandes und des Westerwaldes. Der Fakultät für Architektur der RWTH Aachen vorgelegte Dissertation (noch nicht veröffentlicht).

KIRWALD, E. (1964): Gewässerpflege. BLV Verlagsgesellschaft.

KOCH, E. R. (1985): Die Lage der Nation 85/86. Umweltatlas der Bundesrepublik. Daten, Analysen, Konsequenzen, Trends. GEO im Verlag Gruner und Jahr Hamburg.

Landesamt für Umweltschutz, Naturschutz und Wasserwirtschaft-Saarbrücken (1986): Auszug aus den Hydrologischen Jahrbüchern des Saarlandes 1980 - 1985 (unveröffentlicht).

Landesvermessungsamt des Saarlandes: Deutsche Grundkarte 1:5.000 Blätter 6078 Außem und 6278 Bettingen.

Lehrstuhl für Landschaftsökologie und Landschaftsgestaltung an der RWTH Aachen (1981): Exkursionsbeispiel 5, Ausbau der Prims bei Schmelz im kombinierten Lebendverbau nach § 31 WHG im Führer zur Exkursion vom 9.-12.6.1981.

MANIAK, U. (1974): Ermittlung von Hochwasserabflußspenden im Saarland - Primsgebiet. Gutachten der Abteilung für Hydrologie und Wasserwirtschaft, Leichtweiß-Institut der Technischen Universität Braunschweig im Auftrage des Landesamtes für Wasserwirtschaft und Abfallbeseitigung Saarbrücken (unveröffentlicht).

PRÜCKNER, R. (1965): Die Technik der Lebendverbauung. Österreichischer Agrarverlag Wien.

Anschrift des Verfassers:
Prof. Rolf Johannsen
Trichtergasse 4
D-99198 Udestedt

Jahrbuch 6 der Gesellschaft für Ingenieurbiologie e.V. Aachen (1996)
Ingenieurbiologie im Spannungsfeld zwischen Naturschutz und Ingenieurbautechnik

155

Ingenieurbiologische Maßnahmen zur Rekultivierung der Zentraldeponie Hannover

Hubertus Hebbelmann und Uwe Schlüter

1. Vorbemerkung

Die Endergebnisse der in diesem Beitrag angesprochenen Untersuchungen liegen inzwischen vor (SEYFRIED et. al. 1990) und sind bereits 1991 veröffentlicht worden (HEBBELMANN et. al. 1991). Daher ist die Frage berechtigt, ob hier ein Eingehen auf vorläufige Untersuchungsergebnisse noch sinnvoll ist. Tagungsberichte haben zwar wohl in erster Linie die Aufgabe, neue Erkenntnisse und Untersuchungsergebnisse aus Forschung und Praxis zu vermitteln. Sie dokumentieren aber auch die Tagungsinhalte selbst und den jeweiligen Wissens- und Diskussionsstand und die behandelten Thematiken. Vor allem aus diesem zuletzt genannten Grund habe ich mich entschlossen, meinen damaligen Beitrag hier jetzt noch zu veröffentlichen. Mitautor dieses Beitrags ist Herr Dipl.-Ing. H. HEBBELMANN, der an der Vorbereitung und Durchführung der Untersuchungen maßgeblich mitgewirkt hat.

2. Rekultivierungsversuch

Der in der Stadt und in Teilen des Landkreises Hannover anfallende Haus- und Sperrmüll wird auf der Zentraldeponie Hannover im Altwarmbüchener Moor abgelagert. Die Deponie wird eine Ausdehnung von rd. 140 ha und Höhen bis zu 120 m über Geländeoberfläche erreichen. Es handelt sich um eine verdichtete Deponie. Die beim anaeroben Abbau vorwiegend entstehenden Gase Methan und Kohlendioxid werden durch Entgasungsanlagen teilweise abgesaugt. Abgedeckt ist die Deponie mit einer etwa 50 cm bis 80 cm starken Schicht aus verschiedenen Bodenarten. Im Bereich der Versuchsflächen (siehe Abb. 1) besteht der Abdeckboden aus einem Gemisch von Moorboden und Klärschlammfilterkuchen. Hier wurden in begrenzten Bereichen außerdem Lehm und Sand festgestellt (DOEDENS et al. 1988).

Langfristig ist geplant, das gesamte Deponiegelände in das für Hannover wichtige Naherholungsgebiet „Altwarmbüchener Moor" einzubeziehen. Damit die Deponie dieser Folgenutzung optimal dienen kann, sind dort ausgedehnte Wald- und Wiesenflächen vorgesehen. An den Böschungen sollen die geplanten Gehölzbestände außerdem der Böschungssicherung dienen.

Die Bepflanzung der neu fertiggestellten Deponiebereiche mit Gehölzen schlug jedoch weitgehend fehl. Untersuchungen des Institutes für Siedlungswasserwirtschaft und Abfalltechnik ergaben eine hohe Belastung der durchwurzelbaren Abdeckschicht mit Methan, Kohlendioxid und hohen Temperaturen (SCHLÜTER et al. 1986). Diese drei Faktoren sind aller Wahrscheinlichkeit nach die Hauptursachen der Rekultivierungsmißerfolge. Denn zum einen waren die folgenden Grenzwerte, bei deren Erreichung bzw. Überschreitung Wachstumsbeeinträchtigungen auftreten (NEUMANN 1981, RUGE 1978, SCHEFFER et al. 1976), überschritten: CO_2 = 5 bis 6 %, Bodentemperatur = 25° C. Zum anderen war der Grenzwert des Sauerstoffgehaltes, nämlich O_2 = 10 bis 15 % (RUGE 1978, SCHEFFER et al. 1976), bei deren Erreichung bzw. Unterschreitung ebenfalls Wachstumsstörungen oder ein Absterben der Gehölze zu erwarten sind, unterschritten.

Eine Rekultivierung ist daher nur in Verbindung mit Maßnahmen möglich, die in der Abdeckschicht den Gehalt an Methan und Kohlendioxid herabsetzen, also dort den Sauerstoffgehalt erhöhen und außerdem die Bodentemperatur senken.

Erste Erkenntnisse über die Art der Maßnahmen soll das Forschungsvorhaben „Rekultivierung der Zentraldeponie Hannover" bringen, das in Zusammenarbeit mit dem Institut für Siedlungswasserwirtschaft und Abfalltechnik durchgeführt wird (DOEDENS et al. 1988). Bei dem Vorhaben werden drei Möglichkeiten geprüft, den Gasgehalt und die Bodentemperatur herabzusetzen (siehe Abb. 1):

a) Unterbrechung des Deponiegaszuflusses in den Wurzelraum der Gehölzarten durch Sperrschichten:
   • Durch eine u-förmig eingebaute Sperrschicht aus Folie. Zur Vermeidung von Staunässe auf der Sperrschicht wurde hier ein Dränrohr gelegt (Versuchsfeld I).
   • Durch eine waagerecht angeordnete Sperrschicht aus Folie. Diese wurde zur Vermeidung der Staunässe mit leichtem Gefälle verlegt (Versuchsfeld II).
b) Erhöhung der oberflächigen Belüftung und Wärmeabstrahlung durch beidseitig der Pflanzstreifen ausgehobene Gräben (Versuchsfeld III).

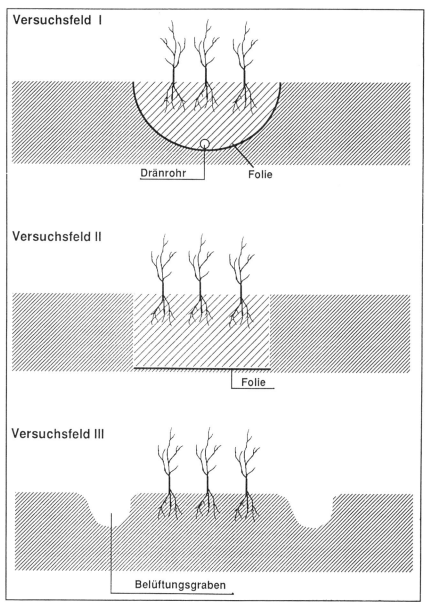

Abb. 1 Versuchsfelder I bis III. Pflanzhilfen zur Herabsetzung des Bodengasgehaltes und der Bodentemperaturen.

Zum Vergleich wurde außerdem eine unbehandelte Versuchsparzelle (Nullparzelle) eingerichtet.

Für den Versuch wurden folgende Gehölzarten ausgewählt:

Bäume:

Alnus glutinosa	Schwarzerle
Alnus incana	Grauerle
Betula pendula	Sandbirke
Populus tremula	Zitterpappel
Robinia pseudacacia	Robinie

Sträucher:

Hippophae rhamnoides	Sanddorn
Prunus spinosa	Schlehe
Salix caprea	Salweide
Salix cinerea	Grauweide
Salix purpurea	Purpurweide

Diese Arten wurden in drei Blöcken (= drei Versuchsparallelen) zu je zehn Pflanzen einer Art gepflanzt. Die Pflanzung erfolgte dreireihig.

Bisher zeichnen sich folgende Versuchsergebnisse ab:
Auf allen Versuchsfeldern waren die Anwachsraten verhältnismäßig gering. Das dürfte zum Teil auf das außergewöhnlich trockene Frühjahr zurückzuführen sein. So fielen im April nur 20,4 mm und im Mai sogar nur 7,1 mm Niederschlag. Die geringsten Ausfälle wurden auf Parzelle II (horizontal eingelegte Folie) festgestellt, die höchsten auf Parzelle III (Belüftungsgräben) und auf der Nullparzelle. Auch hinsichtlich des mittleren Zuwachses erbrachte Parzelle II die besten Ergebnisse. Am schlechtesten schnitten auch hier Parzelle III und die Nullparzelle ab. Von den 10 Gehölzarten bewährten sich bisher besonders Schwarzerle, Aspe, Schlehe, Grauweide und Purpurweide.

Diese ersten Ergebnisse sind selbstverständlich noch nicht repräsentativ. Gesichertere Aussagen über die Wirksamkeit der ingenieurbiologischen Standortverbesserungen (Folien, Belüftungsgräben) sind erst nach einer längeren Beobachtungszeit möglich.

Das Forschungsvorhaben mit seinen ersten Versuchsergebnissen wird hier aber trotzdem aus folgenden Gründen behandelt:

Einmal dürfte es, auch wenn die Versuchsergebnisse noch nicht repräsentativ sind, dennoch für Fachleute, die auf dem Gebiet der Rekultivierung von Mülldeponien arbeiten, nicht uninteressant sein.

Zum anderen bietet es aber vor allem Gelegenheit, zwei Punkte zur Diskussion zu stellen, die für die Definition der Ingenieurbiologie und die Bedeutung der Ingenieurbiologie für den Naturschutz, also für die Tagungsthematik, von Wichtigkeit sind.

3. Diskussion

Wie oben ausgeführt, wurden bei dem hier vorgestellten Forschungsvorhaben weder sogenannte „echte" ingenieurbiologische Bauweisen, wie z.B. Buschlagenbau oder Flechtwerkbau, eingesetzt, noch konnte die Entwicklung ingenieurbiologischer Bauobjekte zu ausgewachsenen Beständen aufgezeigt und deren Bedeutung für den Naturschutz eingeschätzt werden.

Dieses Forschungsvorhaben scheint also nicht in die Tagungsthematik hineinzupassen. Trotzdem bin ich der Meinung, daß es geeignet ist, auf dieser Tagung vorgetragen zu werden; und zwar einmal, weil auch die Pflanzung eine einfache ingenieurbiologische Bauweise sein kann (These 1) und zum anderen, weil ingenieurbiologische Bauobjekte nicht nur in ausgewachsenem Zustand, sondern auch in früheren Entwicklungsstadien wichtige Beiträge zum Naturschutz leisten können (These 2).

Zur ersten These

Auch Ansiedlungen von Gehölzen durch verschiedene Pflanzweisen sind - sofern sie ingenieurbiologischen Zielsetzungen dienen - einfache ingenieurbiologische Bauweisen (SCHLÜTER 1986). Als Beispiel sei die Sicherung von Gewässerböschungen durch Pflanzung von Schwarzerlen angeführt. Da dies unzweifelhaft eine ingenieurbiologische Maßnahme ist, wäre es unlogisch, die Ansiedlung von Gehölzen durch Pflanzung zur Hangsicherung oder ähnlicher ingenieurbiologischer Aufgaben nicht als ingenieurbiologische Maßnahmen anzusehen.

Zur zweiten These

Mit ingenieurbiologischer Zielsetzung begründete und zu Altbeständen herangewachsene Pflanzungen haben u.a. für den Naturschutz Bedeutung als Biotope und Vernetzungselemente. Dies ist unbestritten. Beide Funktionen können aber

auch durch ingenieurbiologische Bauobjekte in einem frühen Entwicklungs-
stadium, in dem sich auch die Pflanzung auf der Mülldeponie befindet, erfüllt
werden.

Zur Erläuterung dieser Behauptung wird im folgenden kurz auf die wohl wich-
tigsten Funktionen neu angelegter Pflanzungen als Biotope und als Vernetzungselemente eingegangen.

Biotopfunktionen

Sofern sich ein Unterwuchs aus Gräsern und Kräutern eingestellt hat, dürften
neu angelegte Pflanzungen, wie die Versuchspflanzung, in den ersten Jahren
wohl am besten mit Brachflächen vergleichbar sein.

Diese sind zum einen Biotope für zahlreiche, zum Teil vom Aussterben be-
drohte Pflanzenarten.

Außerdem werden nach BLAB (1984) durch die Brachflächen vor allem Tierarten gefördert, die auf Strukturreichtum in der Vegetation, auf ein hohes Angebot an Kräutern, auf Blüten, Samen oder abgestorbene Teile von grasigen und
krautigen Pflanzen angewiesen sind. Im einzelnen sind Brachen vor allem:

- Gesamtlebensräume, insbesondere für wirbellose Tierarten;
- Winterquartiere für Wirbellose;
- Nahrungsbiotope
  ⇒ für blütenbesuchende Insektenarten und die von ihnen lebenden Räuber
    und Parasiten,
  ⇒ für kräuterfressende Insektenlarven und von ihnen lebende Räuber, wie
    Vogelarten,
  ⇒ für Vögel, denen die vertrockneten Blütenstände und das Samenangebot
    als Herbst- und Winternahrung dienen und
  ⇒ für Webspinnenarten, die hier Gelegenheit zur Netzanlage finden;
- Verstecke für Wildarten und für die nichtflüggen Küken bodenbrütender
  Vogelarten;
- Fortpflanzungsstätten. Altgras z.B. bietet günstige Plätze für verschiedene
  Vogelarten und Niederwild zur Nestanlage und Jungenaufzucht. Außerdem
  werden bodenbrütenden Hautflüglerarten Möglichkeiten zur Nestanlage angeboten.

Funktionen als Vernetzungselemente

Vernetzungselemente sind Biotope bzw. Vegetationsstrukturen, die nicht miteinander verbundene, also weiter auseinanderliegende Lebensstätten miteinander verbinden. Sie verhindern die „Verinselung" dieser auseinanderliegenden Lebensstätten. Es lassen sich „Korridore" und „Trittsteine" unterscheiden.

„Korridore" sind langgestreckte Vernetzungselemente, die auseinanderliegende Biotope ohne Unterbrechung miteinander verbinden. „Trittsteine" sind punktförmige Vernetzungselemente. Sie liegen in einem für die jeweilige Art überbrückbaren Abstand und dienen bei der Ausbreitung von Arten mehr oder weniger kurzfristig als Zwischenstation (SUKOPP 1985).

Neuangelegte Pflanzungen mit den oben angedeuteten Brachflächen-Strukturen und -Eigenschaften können sowohl als Korridore als auch als Trittsteine zur Vernetzung von Brachflächen dienen.

4. Abschlußbemerkung

Im Zusammenhang mit den obigen Ausführungen möchte ich zum Abschluß meines Referates im Hinblick auf die Tagungsthematik noch folgendes bemerken:

Den Funktionen heranwachsender, aber auch neu angelegter ingenieurbiologischer Bauobjekte für den Artenschutz wird meines Erachtens von manchen Fachleuten der Ingenieurbiologie bisher noch nicht genügend Beachtung geschenkt. Wenn diese Funktionen den Kollegen des Naturschutzes gegenüber stärker in die Argumentation für ingenieurbiologische Maßnahmen einbezogen würden, ist es nicht unwahrscheinlich, daß auch die Vertreter des Naturschutzes ingenieurbiologischen Maßnahmen gegenüber aufgeschlossener sein werden.

5. Zusammenfassung

Der in der Stadt Hannover und in Teilen das Landkreises Hannover anfallende Haus- und Sperrmüll wird auf der Zentraldeponie Hannover abgelagert. Langfristig ist vorgesehen, das gesamte Deponiegelände in das Naherholungsgebiet „Altwarmbrüchener Moor" einzubeziehen. Aus diesem Grund sind auf der Deponie ausgedehnte Wald- und Wiesenflächen vorgesehen. Pflanzungen von Gehölzen schlugen jedoch weitgehend fehl. Untersuchungen ergaben, daß die Mißerfolge wie bei anderen Deponien auf Deponiegas, hohe Bodentemperaturen und Wassermangel zurückzuführen sind. Es ist nicht ausgeschlossen, daß diese für die Rekultivierung ungünstige Situation über Jahrzehnte bestehen bleibt. Um trotzdem in kürzerer Zeit eine befriedigende Rekultivierung zu erreichen, wurden Versuchsflächen zur Prüfung von Pflanzhilfen eingerichtet, die in der Abdeckschicht den Gehalt an Deponiegas herabsetzten, also dort den Sauerstoffgehalt erhöhen sollen und außerdem die Bodentemperatur senken. Diese Versuche und erste Versuchsergebnisse werden in dem Referat zum einen behandelt. Außerdem werden am Beispiel dieser Versuche Thesen diskutiert, die ingenieurbiologische Baumaßnahmen und ökologische Funktionen ingenieurbiologischer Bauobjekte betreffen.

6. Literatur

BLAB, J. (1984): Grundlagen des Biotopschutzes für Tiere. Schriftenreihe für Landschaftspflege und Naturschutz, H. 24.

DOEDENS, H., HEBBELMANN, H., SCHLÜTER, U., SEYFRIED, C.F., THEILEN, U. (1988): Zwischenbericht über die Untersuchungen zum Gashaushalt abgeschlossener Deponieabschnitte, zur möglichen Schädigung von Rekultivierungspflanzungen durch Deponiegas und zur Schadensabwehr durch Pflanzhilfen. Universität Hannover, Institut für Siedlungswasserwirtschaft und Abfalltechnik, Institut für Landschaftspflege und Naturschutz (unveröffentlicht).

HEBBELMANN, H., SCHLÜTER, U. (1991): Rekultivierung von Hausmülldeponien. Probleme der Vegetationsansiedlung am Beispiel der Zentraldeponie Hannover. In: Naturschutz und Landschaftsplanung, H. 4.

NEUMANN, U. (1981): Anleitung zur Rekultivierung von Deponien, Teil II. Umweltbundesamt (Hrsg:): Texte 13/81. Berlin.

RUGE, U. (1978): Physiologische Schäden durch Umweltfaktoren. In: MEYER, F.H. (Hrsg): Bäume in der Stadt. Ulmer Verlag, Stuttgart.

SCHEFFER, F., SCHACHTSCHABEL, P., BLUME, H.-P., HARTGE, K.H., SCHWERTMANN, U. (1976): Lehrbuch der Bodenkunde. Enke Verlag, Stuttgart.

SCHLÜTER, U. (1986): Pflanze als Baustoff. Ingenieurbiologie in Praxis und Umwelt. Patzer Verlag, Berlin, Hannover.

SCHLÜTER, U., DOEDENS, H., WEBER, B., HARTGE, K.-H., BOHNE, H., JANISCH, M., HEBBELMANN, H., WILMERS, F. (1986): Einfluß der zwangsweisen Deponieentgasung auf den Deponiegas-Haushalt des Wurzelhorizontes der Pflanzen und Untersuchungen der übrigen Rekultivierungsvoraussetzungen an der östlichen Erweiterung der Zentraldeponie Hannover. Universität Hannover, Institut für Landschaftspflege und Naturschutz Institut für Siedlungswasserwirtschaft und Abfalltechnik, Institut für Meteorologie und Klimatologie (unveröffentlicht).

SEIFRIED, C.F., DOEDENS, H., HEBBELMANN, H., SCHÄFSMEIER, G., SCHLÜTER, U., THEILEN, U. (1990): Untersuchung zum Gashaushalt abgeschlossener Deponieabschnitte, zur möglichen Schädigung von Rekultivierungspflanzungen durch Deponiegas und zur Schadensabwehr durch Pflanzhilfen. Universität Hannover, Institut für Siedlungswasserwirtschaft und Abfalltechnik, Institut für Landschaftspflege und Naturschutz. Unveröffentlicht.

SUKOPP, H. (1985): Vernetzte Biotopsysteme. Aufgabe, Zielsetzung, Problematik. Ministerium für Soziales, Gesundheit und Umwelt, Rheinland-Pfalz (Hrsg.): Arten- und Biotopschutz, Aufbau eines vernetzten Biotopsystems. Fachtagung 1984 - Ergebnis. Mainz.

Anschrift der Verfasser:
Prof. Uwe Schlüter
Universität Hannover
Institut für Landschaftspflege und Naturschutz
Herrenhäuser Straße 2
D-30419 Hannover 21

Hubertus Hebbelmann
Niedersächsisches Umweltministerium
Archivstr. 2
D-30169 Hannover

Naturschutz und Ingenieurbiologie, Fallbeispiel Bergwald

Ulrich Ammer und Jürgen Zander

1. Einführung

Wenn man unter Naturschutz und den darin eingebundenen Aufgaben der Ingenieurbiologie auch den Erhalt oder die Regeneration von Kulturlandschaften oder Naturlandschaften versteht, so ist der Bergwald der Bayerischen Alpen, ja des ganzen Alpenraums, ein Beispiel für eine nie endende Aufgabe der Umweltvorsorge.

Unter Bergwald werden hier die Waldbestände im Bayerischen Hochgebirge verstanden. Für ihren Fortbestand ist entscheidend, ob es gelingt, manifest gewordene Auflösungsprozesse zu beenden, bevor die Entwicklung durch sich gegenseitig verstärkende Faktoren wie

- Verlichtung
- Waldsterben
- Wildverbiß
- Schneebewegungen
- Humusschwund
- Erosion und
- steigender Oberflächenabfluß

eine Eigendynamik erreicht, die kaum mehr zu beherrschen ist und zumindest Teile des Lebensraums Alpen bedroht und im Extrem menschlicher Nutzung entzieht. Auch wenn die Ursachen woanders liegen, liefern die Bilder der Katastrophenhochwässer vom Sommer 1987 einen Eindruck davon, was auf uns zukommen kann.

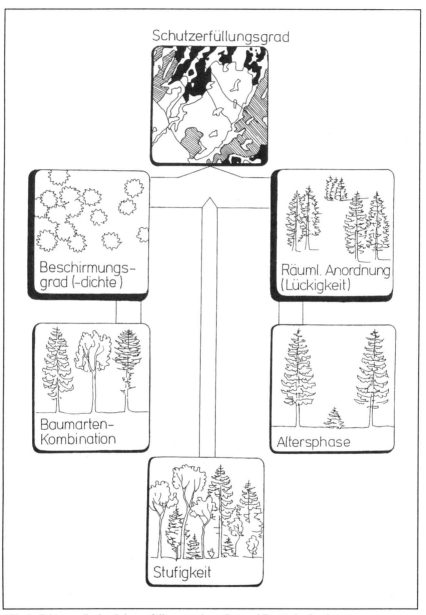

Abb. 1 Faktoren, die den Schutzerfüllungsgrad von Bergwaldbeständen bestimmen.

Wie unverzichtbar der Bergwald ist, wird u.a. auch daran deutlich, daß nach der Waldfunktionsplanung

- 40 % = 180.000 ha als Bodenschutzwald
- 22 % = 96.000 ha als Lawinenschutzwald
- 11 % = 46.000 ha als Wasserschutzwald

ausgewiesen sind.

Müßte man zusammengebrochene oder total funktionsgestörte Lawinenschutz-wälder durch „technischen Wald" (Schneebrücken u.a.) ersetzen, so belaufen sich die je ha aufzuwendenden Kosten auf mindestens 500.000 DM, vermutlich gar 1 Mio DM. Unterstellt man, daß z.B. von den mindestens 15.000 ha Lawinenschutzwald im Allgäu nur ein Zehntel verloren gehen und durch technische Sicherungsbauwerke ersetzt werden müßten, so erfordert dies ein Finanz-volumen von etwa 1 Mrd. DM. Aber auch für eine „sanfte" Lösung, d.h. Pflanzung gegebenenfalls in Verbindung mit temporären Schutzbauten, belaufen sich die Kosten pro ha noch auf 50.000 DM ohne Zaun, je nach Art notwendiger zusätzlicher Sicherung gegen Gleitschnee ein vielfaches davon. Für ganz Bayern geht das Bayerische Staatsministerium für Ernährung, Landwirtschaft und For-sten von einem Umfang „sanierungsnotwendiger Flächen" von 10.000 bis 16.000 ha aus. Bei einem Mindest-ha-Preis von 100.000 DM wären demnach in den nächsten Jahren zwischen 1 und 2 Mrd. DM aufzuwenden.

2. Strategien

Hier soll nur auf die Gefährdung durch Schnee und die darauf abzielenden forstlichen Maßnahmen eingegangen werden. Für die Planung forstlicher Maß-nahmen, die eine Be- bzw. Verhinderung von Schneebewegungen zum Ziele haben, ist zunächst eine Zustandserhebung notwendig (Abb. 1), aus der in einem zweiten Schritt die notwendigen Maßnahmen abgeleitet werden.

2.1 Kartierung

Die Kartierung sanierungsnotweniger Flächen geschieht nach den folgeden Kriterien und Indikatoren:

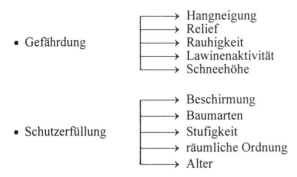

- Gefährdung
  - → Hangneigung
  - → Relief
  - → Rauhigkeit
  - → Lawinenaktivität
  - → Schneehöhe

- Schutzerfüllung
  - → Beschirmung
  - → Baumarten
  - → Stufigkeit
  - → räumliche Ordnung
  - → Alter

2.2 Planung

Aus der Gegenüberstellung von Gefährdung und Schutzerfüllunsgrad der einzelnen Bergwaldbestände lassen sich Bereiche unterschiedlicher Intensität von Maßnahmen ableiten, die sich von der Förderung der Verjüngung bis hin zum temporären Verbau gegen Schneebewegung, als Voraussetzung für eine erfolgreiche Sanierung, erstrecken (Abb. 2).

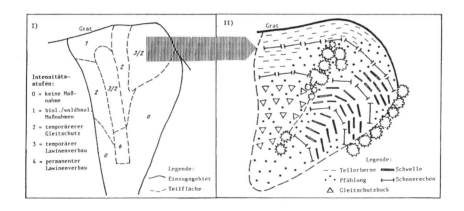

I. Generelles Planungskonzept mit den Arbeitsschritten: 1. Abgrenzung des Einzugsgebietes; 2. Ausweisung von Teilflächen nach Intensitätsstufen; 3. Bestimmung der Rangfolge der Maßnahmen.

II. Detailplanung mit den Arbeitsschritten: 1. Entscheidung über Maßnahmen nach Bautyp, Lage und Abstand der Bauwerke und deren Dimensionierung; 2. Entscheidung über biologische Maßnahmen bezüglich Baumarten und Pflanzenanordnung (Beispiel für das Einzugsgebiet eines Lawinenstriches)

Abb. 2 Planung technischer Sanierungsmaßnahmen im Schutzwald (Quelle: Moessmer 1989)

3. Probleme bei der Bergwaldsanierung

Außer der zum Teil extremen klimatischen Ungunst sind Verjüngungen im Bergwald zwei besonders wirksamen Belastungen ausgesetzt.

3.1 Schneegleiten

Darunter versteht man die hangparallele Abwärtsbewegung der Schneedecke. Dies äußert sich durch Abschürfen der Vegetationsdecke und des Bodens, durch die Entwurzelung von jungen Pflanzen, durch Rindenschäden und extreme Wuchsdeformationen (siehe Abb. 3). Untersuchungen des Lehrstuhls für Landschaftstechnik belegen, daß unterhalb eines kritischen Beschirmungsgrades auch die dem Wilddruck nicht so ausgesetzten jungen Fichten nur geringe Überlebenschancen haben; mit dem Verholzen der Stammachse können die Jungfichten nicht mehr elastisch reagieren und werden nun - in der Schneedecke eingebacken - mechanisch überfordert (Abb. 3). Nur im Schutz topographischer Strukturen oder eines Altbestandes werden Standorte neu besiedelt.

3.2 Wildverbiß

Wildverbiß führt sehr häufig zur völligen Entmischung von Verjüngungen, d.h. Fichte bleibt nahezu als Reinbestand übrig, weil insbesondere Bergahorn, Buche

Abb. 3 Durch Schneegleitvorgänge herausgehebelte Fichte

und Vogelbeere durch selektiven Verbiß vernichtet werden. Diese Entmischung ist deshalb so problematisch, weil die Fichte mit dem Erreichen bestimmter Durchmesserstärken, mit dem Verlust der Elastizität der Sproßachse und durch Schneeschurf gebrochen oder herausgehebelt wird, während die Laubbaumarten zwar Wuchs- und Stammdeformationen erleiden, Schneegleitbewegungen aber besser überstehen können.

4. Konzept

4.1 Maßnahmen

Die Bayerische Staatsforstverwaltung unterscheidet in ihrer Rahmenplanung zur Schutzwaldsanierung im wesentlichen drei Fälle:

1. Bereiche wie entwaldete Lawinenstriche, Murgänge, Blaiken oder Rinnen ohne Bedeutung für den Objektschutz und ohne große Gefahr für angrenzende Schutzwälder bleiben bei Sanierungsvorhaben zunächst ausgeklammert. Sie binden unverhältnismäßig viel Geld bei zweifelhaftem Erfolg.

2. Bereiche, die im Schutze vorhandenen Altholzes (Abb. 4e), bei relativ hoher Geländerauhigkeit (Abb. 4d) oder bei sehr geringem Schneegleiten (Abb. 4a-c) mit biologischen Maßnahmen saniert werden können und

3. Bereiche, bei denen Schneegleitbewegungen zusätzlich einen zumindest vorübergehenden technischen Schutz erfordern (Abb. 4f). Diese technischen Maßnahmen können

   a) auf die Erhöhung der Oberflächenrauhigkeit ausgerichtet sein.
      Hierzu gehören:
      • Bermentritte
      • Tellerbermen
      • Terrassierung
      • Querleger

   b) oder die Verankerung der Schneedecke zum Ziele haben.
      Hierzu zählen:
      • Pfähle
      • Böcke
      • Stützmauern
      • Schneerechen, -brücken
      • Schneenetze, -zäune.

Im Schutz solcher technischer Verbauung sind auch hier gezielte Aufforstung und Förderung der Naturverjüngung das Ziel der Schutzwaldsanierung. Die Aufforstungsbaumarten sind je nach Standort und Höhenstufe Fichte, Tanne, Buche und Bergahorn und in besonderen Fällen auch Lärche und Zirbe. Die Rolle der Pionierbaumarten wird derzeit noch untersucht. Bislang ist ihre Bedeutung gering gewesen, weil sie - wie die Latschen - eine verdämmende Wirkung haben, oder weil sie wie die Vogelbeere extrem verbißgefährdet sind.

5. Ausblick

Wie MOSANDL und el KATEB (1988) nachweisen, sind der Bergwald insgesamt und in diesem auch die Altbestände verjüngungsbereit, d.h. sie liefern unabhängig von der Vitalitätseinbuße durch neuartige Waldschäden reichlich keimfähige Samen. Wenn man unterstellt, daß die Notwendigkeit einer Sanierung des Bergwaldes als gesellschaftspolitische Aufgabe ersten Ranges erkannt und durch langdauernde, großzügige finanzielle Förderung umgesetzt wird, und wenn es gelingt, noch immer vorhandene überhöhte Wildbestände massiv zu reduzieren, dann bestehen Chancen, den Zerfallsprozeß aufzuhalten. Kenntnisse hierzu und geschultes Forstpersonal sind vorhanden.

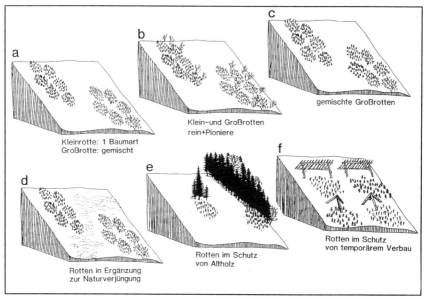

Abb. 4 Rottenstrukturen bei der Schutzwaldsanierung (AMMER 1989)

6. Zusammenfassung

Gründe und Strategien zur ingenieurbiologischen Sanierung des für den Schutz alpiner Ökosysteme und der im Alpenraum gelegenen Siedlungen unverzichtbaren wichtigen Bergwaldes werden diskutiert. Trotz z.T. bedrohlicher Auflichtungen des Schutzwaldes durch neuartige Waldschäden und einem seit Jahrzehnten unvertretbar hohen Wildbestand bestehen Chancen die durch Schneegleitvorgänge gefährdeten Bestände zu verjüngen, wenn es endlich gelingt, die Verbißschäden durch eine anhaltende Reduktion des Schalenwildes auf ein erträgliches Maß zurückzuführen.

7. Literatur

AMMER, U. (1989): Der Wald im Bayerischen Alpenraum - Situation, Tendenzen, Prognosen. Informationsbericht Bayerisches Landesamt für Wasserwirtschaft, 4/89.

MÖSSMER, E. (1989): Zur Planung von Sanierungsmaßnahmen für gefährdete Schutzwaldflächen. In: Allgem. Forstztschr (AFZ), 1-3/89.

MOSANDL, R. und el KATEB, H. (1988): Die Verjüngung gemischter Bergwälder. Forstw. Cbl. 107.

Anschrift der Verfasser:
Prof. Ulrich Ammer
Lehrstuhl für Landnutzungsplanung und Naturschutz
Forstwissenschaftliche Fakultät
Hohenbacherstraße 22
D-85354 Freising-Weihenstephan

Dr. Jürgen Zander
Lehrstuhl für Landnutzungsplanung und Naturschutz
Forstwissenschaftliche Fakultät
Hohenbacherstraße 22
D-85354 Freising-Weihenstephan

Jahrbuch 6 der Gesellschaft für Ingenieurbiologie e.V. Aachen (1996)
Ingenieurbiologie im Spannungsfeld zwischen Naturschutz und Ingenieurbautechnik

173

Naturschutz und Ingenieurbiologie in Beispielen - Küstendünen

Hans Lux

„Dünenbildung im Bereich der europäischen Küsten ist ein organogener Vorgang; folglich müssen Dünenbauverfahren, wenn sie dauerhaften Erfolg bringen sollen, angewandte Biologie der Strand- und Dünenpflanzen werden".

Der niederländische Dünenforscher van DIEREN (1934) hat vor 55 Jahren diese Forderung formuliert. Sie hat ihre Richtigkeit uneingeschränkt behalten. Spätere Untersuchungen - die jüngste des Niederländers van der PUTTEN (1989) bestätigen den Ansatz und die hierauf aufbauende Folgerung für die Anwendung ingenieurbiologischer Handlungsweisen zur Sicherung von Küstendünen.

Kurz zur Definition „Küstendüne": Im Gegensatz zur „Binnendüne" oder gar zu den Dünen der Wüstenzonen verdankt die Küstendüne ihre Entstehung charakteristischen Vorgängen an oder vor sandigen Küsten. Zum Verständnis ingenieurbiologischer Bauweisen, insbesondere zur Vorsorge oder zur Verhinderung von Sandwanderungen gegen Ortschaften, Verkehrsverbindungen sowie Kulturland, ist es notwendig, den Vorgang der organogenen Dünenbildung an unseren Küsten kurz darzustellen: Die Voraussetzung für diese Art der Dünenbildung ist dann gegeben, wenn

1. Sände im Küstenvorfeld oder unmittelbar an die Küste angelagert sich über die Höhe des mittleren Tidehochwassers erheben,

2. spezifische ein- und mehrjährige Pflanzenarten, die sich mit den extremen Standortbedingungen, insbesondere der zeitweiligen Überflutung mit Salzwasser auseinandersetzen können, auf den Sänden ansiedeln,

3. genügend Wind vorhanden ist, der den Sand an diese Erstbesiedler heranträgt und ihn dort im Windschatten ablagert und anhäuft.

In diesem Augenblick beginnt die organogene Dünenbildung. Im progressiven Bereich großer Sände läuft sie über die Embryonaldüne zu den Zungenhügeln und findet mit zunehmender Aussüßung des Sandes ihr Maximum in der geschlossenen Vordünenkette (siehe Abb. 1). Die physikalische Dünenbildung, die insbesondere für die Wüstengebiete der Erde charakteristisch ist, kann auf den Sandplaten unserer Küsten zwar als Kleinform beobachtet werden, für die Primärdünen-Bildung an den europäischen Küsten hat sie keine entscheidende Bedeutung.

Anders jedoch verhält es sich mit den Vorgängen der Dünenauflösung, also jenem Ablauf, der in der Regel vom Windriß über die Windmulde, die Halden-düne, die Parabeldüne bis zum Endstadium der Wanderdüne zu verfolgen ist (siehe Abb. 1). Hier laufen häufig physikalische mit organogenen Vorgängen parallel.

Und weil es von hier ab für Kulturlandschaft, Siedlungen und Verkehrsver-bindungen gefährlich werden kann, ist die Ingenieurbiologie gefordert, soweit nicht in Abwägung mit unabweisbaren Forderungen der Allgemeinheit getrof-fene Überlegungen des Naturschutzes den Eingriff in die natürlichen Abläufe einer Dünenlandschaft versagen. Um dann jedoch die Dünenauflösung mit ihren für Kulturlandschaften problematischen Sandwanderungen steuern zu können, muß die Ingenieurbiologie die Abläufe der organogenen Dünenbildung, insbe-sondere die Wirkungsweisen der Erdgeschichte, des Wasserhaushalts, des Klimas und der Pflanzengesellschaften kennen, um hieraus die anzuwendenden Verfahrensweisen für die örtliche und zeitliche Lösung des Problems finden zu können.

Häufige Mißerfolge bei der Festlegung der großen Zerstörungsformen, insbe-sondere der Parabeldünen oder der Wanderdünen (siehe Abb. 1), sind im wesentlichen darauf zurückzuführen, daß die Regeln für die Dünensicherung aus dem Bau der sogenannten „künstlichen Vordüne" abgeleitet wurden. Die künst-liche Vordüne ist eine Küstenschutzmaßnahme. Wichtigstes Baumaterial ist auch hier der Strandhafer (Ammophila arenaria - siehe auch Abb. 1 „Progressiver Küstenbereich"). Hier werden mit Hilfe von Reihenpflanzungen vor dem seewärtigen Fuß hochwassergefährdeter Randdünen oder Dünenkliffs die vom Strand herangeführten Sande gefangen und zu einer künstlichen Düne aufgebaut. Die Sande der künstlichen Vordüne werden dann anstelle der Alt-düne den Sturmfluten „zum Fraß" angeboten.

Wird jedoch die für den Bau einer Küstenschutzanlage (künstliche Vordüne) verfolgte Regel, nämlich mit Hilfe des Strandhafers in relativ kurzer Zeit viel Sand im Vorfeld einer gefährdeten Randdüne zu fangen, ungeprüft für die Sicherung weiter binnenwärts gelegener Zerstörungsformen (z.B. Parabel- oder

Wanderdünen) übernommen, dann ist das Ausbleiben eines nachhaltigen Erfolges meist vorprogrammiert. Anders als in der künstlichen Vordüne mit einer den Strandhaferwuchs fördernden Sandzufuhr, müssen binnenwärts Bauweisen angewendet werden, die dem Strandhafer eine relativ lange Lebenszeit auch dann garantieren, wenn nach Abschluß der Arbeiten die Sandzufuhr abnimmt oder ganz ausbleibt. Mit anderen Worten: die Regeln des Dünenbaus an der künstlichen Vordüne können nur mit erheblichen Vorbehalten für den binnenwärts gelegenen Dünenbereich Anwendung finden. Weil aber der gepflanzte Strandhafer auch im Binnenbereich zunächst anwächst, führt dies zu Fehleinschätzungen seiner Fähigkeiten.

Ebenso fehlerhaft ist es, ingenieurbiologische Bauweisen aus anderen Küstenlandschaften kritiklos an der eigenen Küste einzuführen. Auf Sylt hat beispielsweise nach der Übernahme des Wasserwesens durch die Preußische Wasserbauverwaltung ab 1876 die aus dem ostpreußischen Dünenbau eingeführte Aufforstung von Wanderdünen zu so schweren und kostspieligen Rückschlägen geführt, daß sich schließlich vor 100 Jahren der Preußische Rechnungshof für den Fall interessierte. Maßstäbe, die im kontinentalgeprägten Ostpreußen und an der hier fast ausgesüßten Ostsee galten, waren auf Nordfriesland nicht übertragbar. Mit anderen Worten: weil den auf Sylt gepflanzten Kiefern nicht die dem Strandhafer eigene Fähigkeit zum Xerophytismus gegeben ist, waren sie schutzlos den salztragenden Stürmen der Nordsee ausgesetzt. Plasmolysen vernichteten die Bestände und ließen nur einen in Lee stockenden Krüppelwuchs überleben.

Der Grund für häufig fehlerhafte Baumethoden in den Küstendünen ist im wesentlichen darin zu suchen, daß der Mensch geneigt ist, ein erkanntes Übel möglichst schnell und dadurch abzustellen, daß er zunächst die Ursache angeht. Da bei Halden-, Parabel- und Wanderdünen der vegetationslose Sand von Luv nach Lee läuft, wurde früher und wird vielfach heute noch mit der Strandhafersicherung an der Luv-Seite der Düne begonnen. Diese Pflanzmethode unterbindet vom ersten Augenblick an weitere Sandtransporte nach Lee. Weil in Luv kein Sand mehr vorhanden ist und weil dann kein Sand mehr nach Lee läuft, scheint der Auftrag erfüllt. Das Gegenteil ist der Fall: Die von Luv nach Lee gepflanzten Halmbüschel sind nach wenigen Jahren verschwunden oder sie kümmern inmitten eines sich einstellenden Silbergrasbestandes, der auch noch an den geringen Wasserreserven der oberen Sande konkurrierend partizipiert, dahin. Der Grund für diesen planvollen Mißerfolg ist in der sofortigen, flächenhaften Bepflanzung einer großen Erosionsfläche zu suchen. Diese Methode unterbindet - weil es der Auftrag scheinbar so will - von vornherein den Sandtransport aus luvseitigen Sandreserven und dessen Ablagerung inmitten des gepflanzten Strandhafers. Was nicht bekannt war und häufig noch nicht bekannt ist: Die Sandzufuhr bedeutet für den gepflanzten Strandhafer - ohne hier auf die Einzelheiten der komplizierten Wechselwirkung der Sandablagerung eingehen zu können - die unerläßliche Steuerung der Nährstoffversorgung, des Wasserhaushaltes und der pH-Werte.

Zugegeben: es ist nicht jedermann Sache, den Teufel zu bestellen, um Beelzebub auszutreiben. Das heißt auf den Fall der Dünensicherung angewendet, daß der Sandflug in Luv einer Bepflanzungsfläche erhalten bleiben muß, obwohl der Auftrag lautet, den Sandflug und die Sandwanderung wirksam und nachhaltig zugleich zu unterbinden. Erfolg ist darum nur dann beschieden, wenn mit der Bepflanzung beispielsweise einer Wanderdüne an deren Lee-Fuß begonnen wird. Die sich dann über mehrere Jahre nach Luv vorantastende Pflanzung kommt so in den Genuß einer mehrjährigen Übersandung. Wenn sich dann allmählich mit abnehmender Sandzufuhr weitere Gräser und Kräuter der potentiellen Vegetation einstellen, kann von einem Konkurrenzdruck deswegen keine Rede mehr sein, weil der gepflanzte Strandhafer inzwischen auf die mehrjährige Sandzufuhr mit entsprechender Wurzelbildung reagieren konnte. Gleichzeitig mit der hohen Aufsandung, die er zügig durchwächst, ist sein Wasser- und Nährstoffbedarf nachhaltig gesichert.

Wer jedoch diese Regel nicht befolgt und es unternimmt, eine großflächige, in Bewegung geratende Düne unverzüglich und total - weil vom Auftraggeber so gefordert - mit einer Strandhaferdecke zu überziehen, wird nach anfänglicher Ruhe bald darüber nachzudenken haben, wie die aufwendigen Reparaturen im Rahmen von Garantieleistungen zu finanzieren sind.

Wie sagt doch van DIEREN?: „Dünenbildung ist ein organogener Vorgang, folglich müssen Dünenbaumaßnahmen angewandte Biologie der Strand- und Dünenpflanzen sein".

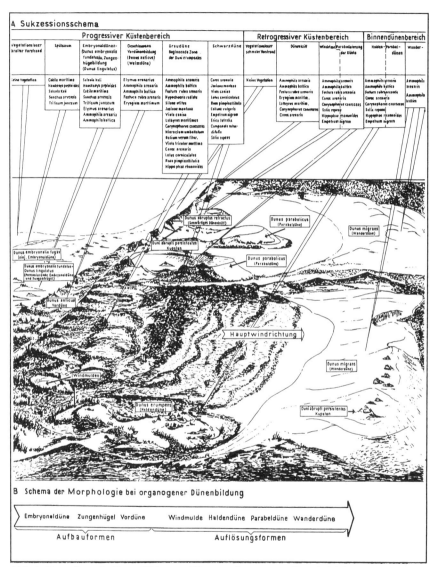

Abb. 1 Darstellung der Dünenbildung und Dünenauflösung unter Berücksichtigung einer in den nordwesteuropäischen Küstendünen häufigen Sukzession der Dünenvegetation [Quelle: K. BUCHWALD u. W. ENGELHARDT (1973) unter Zuhilfenahme von J.W. van DIEREN (1934) sowie H. STRAKA (1963)].

Zusammenfassung

1. Die Dünenbildung im nordwesteuropäischen Küstenraum ist im wesentlichen das Ergebnis des Zusammenspiels von Sandtransport infolge Windeinflusses und der Fähigkeit spezifischer Pflanzen, den Sand zu fangen und mit ihm zu einer Düne emporzuwachsen.

2. Unter der großen Anzahl der dünenbildenden Pflanzen kommt dem Strandhafer (Ammophila arenaria) deswegen eine vorrangige Bedeutung zu, weil sein Dünenbildungsvermögen besonders spontan ist.

3. Diese Eigenschaft nützen die Techniker der Wasserwirtschaft und des Dünenschutzes. Sie ziehen den Strandhafer dort zur Deckung vegetationsloser Sandfelder und Schadensformen in den Dünen heran, wo eine Gefährdung von Wohn-, Verkehrs und Wirtschaftseinrichtungen in mittel- und unmittelbarer Nachbarschaft akuter oder erkennbarer Schadensentwicklungen in den Dünen sich abzeichnet.

4. Die kulturtechnische Anwendung des Strandhafers im Dünenschutz verlangt jedoch, daß den Pflanzungen möglichst langfristig frische Sande zugeführt werden. Deswegen müssen Bepflanzungsvorhaben stets von Lee nach Luv geführt werden.

5. Die Sandzufuhr ist für den Strandhafer in mehrfacher Hinsicht lebenswichtig:
   • Sie fördert die Bildung neuer Wurzeln aus den übersandeten Halmknoten,
   • sie verhindert die Zunahme der H-Ionenkonzentration (Absinken der pH-Werte),
   • sie reguliert den Wasserhaushalt des Pflanzenhalmes und garantiert schließlich die Nährstoffversorgung, vor allem mit den Kernnährstoffen P_2O_5 und K_2O.

Bei allmählich abklingender Sandzufuhr ist die geringer werdende Nährstoffnachlieferung durch Handelsdüngergaben - vor allem Stickstoff - solange zu kompensieren, bis die Intensität der Halm- und Blattausbildung Bodenschluß gewährt und weitere Pflanzen im Schutze der Ammophila-Primärpflanzung sich angesiedelt haben.

Literatur

BUCHWALD, K. u. ENGELHARDT, W. (1973): Landschaftspflege und Naturschutz in der Praxis, Hannover und München.

DIEREN, J.W. van (1934): Organogene Dünenbildung. Eine geomorphologische Analyse der Dünenlandschaft der Westfriesischen Insel Terschelling mit pflanzensoziologischen Methoden. Dissertation Amsterdam.

PUTTEN, W.H. van der (1989): Establishment, Growth and Degeneration of Ammophila arenaria in coastal Sand Dunes. Diss. Wageningen.

STRAKÁ, H. (1963): Über die Veränderung der Vegetation im nördlichen Teil der Insel Sylt in den letzten Jahrzehnten. Schriften Naturw. Ver. Schleswig-Holstein 34, 19, Kiel.

Anschrift des Verfassers:
Dr. Hans Lux
Am Wiesengrund 5
D-24251 Osdorf ü. Kiel

Jahrbuch 6 der Gesellschaft für Ingenieurbiologie e.V. Aachen (1996)
Ingenieurbiologie im Spannungsfeld zwischen Naturschutz und Ingenieurbautechnik

181

Inwieweit entsprechen Sicherungsmaßnahmen mit ingenieurbiologischen Bauweisen den Zielvorstellungen des Naturschutzes?

Hanns-Jörg Dahl

Drei persönliche Anmerkungen vorweg:

- Ich habe große Schwierigkeiten gehabt, mich dem Thema zu nähern. Herr Pflug hat mich überredet, es trotzdem zu versuchen.

- Im Laufe der Vorträge und Diskussionsbeiträge ist bereits einiges zu diesem Thema gesagt worden, was hier nicht wiederholt werden soll.

- Ich werde daher keinen ausgefeilten Vortrag halten, sondern lediglich einige Gedanken äußern, die zu weiteren Diskussionen anregen mögen.

Das Thema „Inwieweit entsprechen Sicherungsmaßnahmen mit ingenieur-biologischen Bauweisen den Zielvorstellungen des Naturschutzes" stellt folgendes Klischee in Frage: Der Ingenieurbiologe, wettergegerbt wie der deutsche Jäger und Angler, der mit lebenden Pflanzen und mit Bauweisen arbeitet, die er der Natur abgeschaut hat, er ist geradezu die Verkörperung des aktiven Natur-schützers (und - um gleich ein weiteres Klischee zu nennen - im Gegensatz zum Schreibtischtäter, dem Beamten in der Naturschutzverwaltung)! Der Zweifel an der Zielkongruenz von Naturschutz und Ingenieurbiologie ist Häresie (oder schlicht akademisch)!

Um die gestellte Frage zu vertiefen, möchte ich den Begriff „Sicherung" in den Mittelpunkt meiner Betrachtungen stellen. Das Wort Sichern oder Sicherung hat grundsätzlich eine positive Bedeutung. Frieden sichern, Arbeitsplätze sichern, wer will das nicht! Ein ganzer Berufszweig, die Versicherungswirtschaft, lebt davon, uns Sicherheit zu verkaufen.

Auch dem Naturschutz hat die Gesellschaft Sicherungsaufgaben übertragen:
„Natur und Landschaft sind ... so zu schützen, zu pflegen und zu entwickeln, daß
1. die Leistungsfähigkeit des Naturhaushaltes,

2. die Nutzbarkeit der Naturgüter,
3. die Pflanzen- und Tierwelt sowie
4. die Vielfalt, Eigenart und Schönheit von Natur und Landschaft
.... nachhaltig gesichert sind" (§ 1 BNatSchG).

Aber die „Sicherung" ist anscheinend nicht das oberste Ziel unserer Wertordnung. Wie sonst ist die Forderung im nächsten Abschnitt des BNatSchG zu verstehen, daß die Anforderungen, die sich aus den Sicherungsverpflichtungen des § 1 ergeben, mit sonstigen Anforderungen der Allgemeinheit abzuwägen sind, und in einem 3. Abschnitt, daß sich diese Anforderungen nicht gegen die Land- und Forstwirtschaft richten dürfen, weil diese Land- und Forstwirtschaft eh in der Regel den Zielen des Naturschutzes diene (Landwirtschaftsklausel)?

Wenn auch die Sicherung an sich nicht das höchste Ziel unserer Wertordnung darstellt, so haben doch grundsätzlich

• der Naturschutz Natur und Landschaft als Lebensgrundlage des Menschen zu sichern und
• die Ingenieurbiologie mit ingenieurbiologischen Maßnahmen Sicherungsaufgaben zu übernehmen.

Damit ist jedoch nicht automatisch eine Zielkongruenz gegeben. Der Naturschutz basiert, wie Herr Erz heute ausgeführt hat, auf Wertvorstellungen (ERZ: Werte und Normen) wie beispielsweise:

• Naturnähe,
• Werte und Funktionen des Naturhaushalts,
• Artenvielfalt,
• Eigenart des Landschaftsbildes,
auf Werten, die es zu erhalten bzw. wiederherzustellen gilt.

Die Ingenieurbiologie ist dagegen ein auf wissenschaftlichen Grundlagen und praktischen Erfahrungen basierendes Handwerk, das für verschiedene Zwecke bzw. Interessen eingesetzt werden kann:

• für Interessen, die im **Einklang** mit denen des Naturschutzes stehen und
• für Interessen, die im **Gegensatz** zu denen des Naturschutzes stehen.

In beiden Fällen kann das wertneutrale Handwerk „Ingenieurbiologie" fachgerecht ausgeübt werden.

Der Begriff „Sicherung" wird häufig in Verbindung mit dem Begriff „Stabilität" gebraucht (in der Bedeutung von „Kontinuität").

Der Naturschutz hat die Aufgabe, die heimische Artenvielfalt auf Dauer zu sichern. Weil die Arten wesentliche Bestandteile des Naturhaushaltes sind und darüber hinaus die Vielfalt, Eigenart und Schönheit von Natur und Landschaft bedingen, sind die Arten nicht in Botanischen Gärten, Zoos oder Genbanken zu schützen, sondern in ihren Lebensgemeinschaften und ihren Lebensräumen.

Diese Lebensräume und Lebensgemeinschaften sind jedoch nicht stabil: So die Küsten, die von Gezeiten und Sturmfluten geprägt werden, die Flußbetten und Überschwemmungsgebiete, die den verschiedenen Abflußgeschehen unterliegen und die Hänge, deren Böden verwittern und von Wasser und Wind abgetragen werden.

Selbst so „stabile" Dauergesellschaften oder Formationen wie der Buchenwald oder die Sandheiden unterliegen Entwicklungszyklen. So wechseln z.B. im Buchenwald, der in Mitteleuropa erst fünf Baumgenerationen alt ist, aufgrund des Schattendrucks der Buchen wahrscheinlich auch natürlich reife Buchenstadien mit kürzeren Pionierstadien, in denen andere Gehölze dominieren. Zyklen aus zwergstrauch- und gräserdominierten Phasen, die durch Ansammlung von Rohhumus und seine Aufzehrung gekennzeichnet sind, sind in den Sandheiden zu beobachten.

Ein Fixieren (Sichern) von Lebensräumen sichert zwar bestimmten Arten die Lebensvoraussetzungen, zerstört aber gleichzeitig den Lebensraum anderer Arten. Das trifft insbesondere auf von Natur aus dynamische Lebensräume wie die Küste, die Fließgewässer, Hänge und Böschungen zu.

Das erklärt die grundsätzliche Forderung des Naturschutzes:
1. Stabilität (Kontinuität) auf großer Fläche im Sinne von: Diese Lebensgemeinschaften sollten auf Dauer in diesem Naturraum vorkommen.
2. Dynamik auf kleiner Fläche, denn Dynamik ist - wie oben ausgeführt - ein Kennzeichen ökologischer Systeme.

Dieser Grundsatz des Naturschutzes führt häufig zu Konflikten mit der Ingenieurbiologie, denn gerade die kleine Fläche ist das Arbeitsfeld der Ingenieurbiologie.

Herr Pflug hat in seinem Einführungsreferat schon darauf hingewiesen, daß durch ingenieurbiologische Maßnahmen nicht alles und überall festgelegt werden muß. Wir sollten uns viel häufiger fragen, warum Sicherungsmaßnahmen überhaupt nötig sind.

Der Naturschutz will landschaftsraumtypische Geländeformen (einschließlich Böschungsneigungen) und Standorte, auf denen sich die landschaftsraumtypischen Lebensgemeinschaften entwickeln können. Werden diese Voraussetzungen bei Baumaßnahmen erfüllt, sind in der Regel keine ingenieurbiologischen Maßnahmen mehr nötig.

Sicherungsmaßnahmen werden häufig nötig, weil für die Gesamtmaßnahme zu wenig Platz zur Verfügung steht, so daß Hänge übersteilt angeschnitten oder Gewässerufer zu steil ausgebildet werden müssen.

Ich mache den Wasserbauern zum Vorwurf, daß sie früher die Gewässer zu wenig als Bestandteile der Landschaften gesehen haben. Waren bei einem Ausbau drei Varianten hydraulisch möglich, so wählte man die Variante, die den geringsten Flächenverbrauch verursachte, das heißt steile Ufer, geringe Rauhigkeit - für Fließgewässerlebewesen ungeeignete Lebensräume. Während der Straßenbauer breite Schneisen durch unsere Ortschaften schlagen durfte (eine Straße hat eben diesen oder jenen Regelquerschnitt), werden die Gewässer in den Ortschaften häufig sogar verrohrt (die hydraulische Leistungsfähigkeit eines Rohres und damit der geregelte Abfluß ließen sich gut nachweisen). Diese Gewässer sind heute auch aus wasserwirtschaftlicher Sicht (§ 1 WHG) nicht fachgerecht ausgebaut, weil ihre Funktion als Lebensraum nicht beachtet ist.

Auch der Ingenieurbiologe sollte bestimmte Dinge nicht tun, die zwar ingenieurbiologisch machbar aber nicht landschaftsgerecht sind. Er sollte nicht den Ehrgeiz haben, es den Hydraulikern und Statikern gleichzutun, gerade noch machbare Bauweisen auch auszuführen, nach dem Motto. „Da habe ich schon ganz andere Böschungen gesichert!"

Sicherungsmaßnahmen werden häufig auch ausgeführt, damit bei der Abnahme der Baumaßnahme alles schön fertig und sauber ist. Hier wird die Baumaßnahme als Wunde in der Landschaft gesehen, die geheilt werden muß, als Landschaftsschaden, der so schnell wie möglich beseitigt werden muß. Diese Vorstellungen sind landschaftsästhetisch gut zu verstehen. Aus Naturschutzsicht sind aber viele Maßnahmen in einer Landschaft, in der alles irgendeinem gehört, dessen Eigentum gesichert werden muß, in der damit alles erstarrt ist, damit niemand geschädigt werden kann, eine Chance, auf begrenzten Flächen wieder eine Dynamik in Gang zu setzen, Sukzessionen ablaufen und die Natur „nachbauen" zu lassen.

Die Frage, ob Sicherungsmaßnahmen mit ingenieurbiologischen Bauweisen den Zielvorstellungen des Naturschutzes entsprechen, müßte eigentlich hypothetisch sein, denn § 3 (2) BNatSchG bestimmt:
„Andere Behörden und öffentliche Stellen haben im Rahmen ihrer Zuständigkeit die Verwirklichung der Ziele des Naturschutzes und der Landschaftspflege zu unterstützen."

Würde diesem Gesetzestext gefolgt, dürfte zumindest bei allen Baumaßnahmen der öffentlichen Hand kein Zielkonflikt zwischen dem Naturschutz und der Ausführung ingenieurbiologischer Bauweisen bestehen.

Weil der Gesetzgeber aber die Behörden kennt, hat er mit der Eingriffsregelung nach § 8 NatSchG Standards eingeführt, die sicherstellen sollen, daß durch eine Maßnahme Natur und Landschaft nicht erheblich oder nachhaltig geschädigt werden.

Das Prüfverfahren der Eingriffsregelung soll gewährleisten, daß bei der Planung einer Maßnahme dafür Sorge getragen wird, daß Beeinträchtigungen von Natur und Landschaft vermieden werden, und daß nicht vermeidbare Beeinträchtigungen von einem erheblichen auf ein unerhebliches Maß gebracht werden (durch sogenannte Ausgleichsmaßnahmen). Hier können ingenieurbiologische Maßnahmen dazu beitragen, Beeinträchtigungen zu vermeiden (z.B. Bodenverwehungen auf meliorierten Böden durch streifenförmige Bepflanzungen), Beeinträchtigungen auszugleichen (z.B. Beeinträchtigungen von Gewässerbiozönosen, indem Ufer ausgebauter Gewässer vorläufig gesichert werden, bis über die natürliche Sukzession natürliche Strukturen wieder aufgebaut sind).

Ist ein Ausgleich nicht möglich, so ist die Maßnahme zu untersagen, wenn bei der Abwägung die Belange des Naturschutzes allen anderen Anforderungen an Natur und Landschaft vorgehen (§ 8 (3) BNatSchG).

Es ist zu beobachten, daß naturschädigende Vorhaben (also Vorhaben mit nicht ausgleichbaren erheblichen Beeinträchtigungen von Natur und Landschaft) gerade über „grüne" Ausgleichs- und Ersatzmaßnahmen und das Versprechen,

selbstverständlich nur naturnah zu bauen und weitestgehend ingenieurbiologische Bauweisen zu verwenden (alles in farbigen Hochglanzbroschüren
dargestellt), verkauft werden (Beispiele: Saarausbau, Rhein-Main-Donau-Kanal,
Dollarthafen). Noch verständlich ist, wenn Industrieverbände werbewirksam
(wenn auch fachlich falsch) z.b. verkünden: „Bodenabbau ist Naturschutz" oder
„Torfabbau ist Voraussetzung für Naturschutz". Höchst bedenklich wird es aber,
wenn Behörden es an der nötigen Abwägung fehlen lassen oder sie bewußt fehlerhaft vollziehen. Die ingenieurbiologische Teilmaßnahme mag dabei hand-
werklich einwandfrei geplant sein, wenn jedoch die Gesamtmaßnahme offen-
sichtlich stark naturschädigend ist, aber als umweltfreundlich dargestellt wird,
mag sich manch ein Kollege fragen lassen, warum er sich als Feigenblatt für
bestimmte Interessen mißbrauchen läßt!

Ist die Abwägung sauber durchgeführt worden, und sind dabei die Belange des
Naturschutzes als nachrangig erklärt worden, so kann der Ingenieurbiologe bei
den dann zu konzipierenden Ersatzmaßnahmen wieder wertvolle Arbeit leisten,
um den Schaden an Natur und Landschaft minimieren zu helfen.

In diesem Zusammenhang möchte ich eine Gemeinsamkeit von Naturschutz und
Ingenieurbiologie erwähnen. Die Bilder von Herrn Florineth waren beein-
druckend (für mich als Tiefländer besonders): Kaputte Hänge, die Herr
Florineth mit viel Mühe wieder begrünt. Es stellt sich meines Erachtens sofort
die Frage, ob zugleich auch die Ursachen dieser Hangzerstörung beseitigt
werden (überhöhter Wildbestand, zu starker bzw. ungeordneter Erholungs-
verkehr, siehe Vortrag von Herrn Zander)? Diese Arbeit von Herrn Florineth
erinnert mich fatal an meine eigene Arbeit bei der Naturschutzverwaltung: Für
ein Gebiet, das geschützt und zielgerichtet entwickelt wird, gehen drei wertvolle
Gebiete verloren. Die Frage an die Naturschützer und Ingenieurbiologen: Dieser
Reparaturbetrieb, der schleichend doch zu einer Zerstörung unserer natürlichen
Umwelt führt, der diese fatale Entwicklung verdeckt, macht dieser Reparaturbetrieb (nach dem Motto: man bekommt es doch wieder hin) diese Entwicklung
vor den Augen der falsch informierten Öffentlichkeit erst möglich?!

Im Laufe der Veranstaltung wurde folgende Antwort auf die im Thema gestellte
Frage gefunden: Das Naturschutzgesetz gilt für die gesamte Fläche (für den
bebauten und unbebauten Raum, ganzheitliche Betrachtung nach Erz). Der
Naturschutz möchte daher auf der gesamten Fläche landschaftsraumtypische
Standorte und Lebensgemeinschaften sichern bzw. entwickeln. Wenn für
ingenieurbiologische Bauweisen landschaftsraumtypische, standortgerechte

Baustoffe verwendet werden, können sich auch landschaftstypische Lebensgemeinschaften entwickeln (siehe Vortrag von Herrn Krause). Dies entspricht grundsätzlich den Zielen des Naturschutzes. Technische Bauweisen mit künstlichen Baustoffen (Beton, Ziegel, Stahl) sind nicht landschaftsraumtypisch, sondern entsprechen landschaftsüberspannend einem Zeitgeist. Zwar können mit diesen Stoffen zum Teil landschaftstypische Formen nachgebaut werden, aber als Standort sind derartig gesicherte Flächen heute leider ubiquitär.

Aus meiner Sicht möchte ich diese Antwort aber wie folgt ergänzen: Die Ingenieurbiologie ist die Lehre, mit lebenden Pflanzen und Pflanzenteilen zu bauen. Die Bewertung einer Sicherungsmaßnahme mit ingenieurbiologischen Bauweisen aus Naturschutzsicht richtet sich primär danach, in welche Gesamtbaumaßnahme diese Sicherungsmaßnahme eingebunden ist und erst sekundär danach, inwieweit landschaftsraumtypische Randbedingungen und Baustoffe verwendet werden.

Der Ingenieurbiologe kann also durch sein Wirken sowohl Naturschutzziele mitverfolgen als auch Naturschutzzielen zuwider handeln. Es liegt daher im Verantwortungsbewußtsein des in der Ingenieurbiologie Tätigen (Berufsethos), das eine zu tun und das andere zu lassen. (Frau Zeh heute analog zu den Pflanzen: An ihren Wirkungen sollt ihr sie erkennen!)

Zusammenfassung

Im Gegensatz zum Naturschutz, dessen Ziel auf ethisch-moralischen Wertvorstellungen beruhen, ist die Ingenieurbiologie ein auf naturwissenschaftlichen Erkenntnissen und praktischen Erfahrungen basierendes, wertneutrales Handwerk. Es kann im Einklang oder im Gegensatz zu Naturschutzzielen ausgeübt werden. Der Ausübende dieses Handwerkes trägt nicht nur die technische sondern auch die moralische Verantwortung für sein Tun.

Anschrift des Verfassers:
Dr. Hanns-Jörg Dahl
Böttcherstraße 8
D-30419 Hannover 21

Themenkreis V

Historische ingenieurbiologische Arbeiten im Küstenbereich

Jahrbuch 6 der Gesellschaft für Ingenieurbiologie e.V. Aachen (1996)
Ingenieurbiologie im Spannungsfeld zwischen Naturschutz und Ingenieurbautechnik

191

Dr. J.W. van Dieren, ein Pionier in der niederländischen Dünenforschung

Jan J. Pilon

Am 12. Juli 1934 promovierte Jacobus Wouterus („Wouter") van Dieren (Abb. 1) an der Universität in Amsterdam mit dem Thema „Organogene Dünenbildung, eine geomorphologische Analyse der Dünenlandschaft der Westfriesischen Insel Terschelling mit pflanzensoziologischen Methoden". Die Kenntnisse über die niederländischen Küstendünen haben seitdem erheblich zugenommen. Die Deltawerke, kurz nach der Flutkatastrophe 1953 begonnen, gaben dafür den Anstoß. Dennoch behielt die Arbeit van Dierens ihre Bedeutung. Das Buch bietet nach wie vor eine ausgezeichnete allgemeine Einführung in die Bildung der Küstendünen.

1. Die Dünen als natürliche Gegebenheiten

Die Dünen stellen eine charakteristische Landschaft mit vielen Erscheinungsformen dar. Sie werden geologisch unterschieden in Strandwälle-"Alte Dünen" und „Junge Dünen". Diese „Jungen Dünen" entstanden in der Periode zwischen 1100-1200 n.Chr. Über die Ursachen und Hintergründe ihrer Entstehung tappt man noch immer im Dunkeln. Strandwälle-"Alte Dünen" sind damals unter den „Jungen Dünen" verschüttet worden, wie kürzlich auch durch archäologische Forschung nachgewiesen wurde.

Die Dissertation von van Dieren bezieht sich auf die „Jungen Dünen" von Terschelling. In den Niederlanden umfassen die „Jungen Dünen" eine Oberfläche von 40.000 ha. Diese reliefreichen „Jungen Dünen", in diesem Beitrag weiter Dünen genannt, bestehen aus Dünen in verschiedenen Formen, zwischen denen öfters Dünenebenen liegen. Von einer Stelle zur anderen zeigen die Dünen große Unterschiede in Höhe und Breite.

Die Küstendünen werden südlich bzw. nördlich des Dorfes Bergen in der Provinz Nord-Holland in kalkreiche und kalkarme Dünen unterteilt. Erst vor 20 Jahren ist deutlich geworden, daß dieser Unterschied, der im Kalkgehalt des Dünensandes besteht, sich in den Niederlanden auf die Ausdehnung des

Abb. 1 Wouter van Dieren mit junger Rohrweihe (Foto: J.J.H.C. BEEK-van DIEREN)

Landeises während der Riß-Eiszeit (Saale-Eiszeit) bezieht (EISMA 1968). An der heutigen Küste lag die südliche Landeisgrenze etwa bei Vogelenzang/Haarlem.

Die niederländischen Küstendünen besitzen noch immer eine artenreiche Flora. Etwa 60 % der höheren Pflanzen in den Niederlanden kommen in den Dünen vor. Der unterschiedliche Kalkgehalt verursacht übrigens eine erhebliche Abwechslung in der Dünenvegetation.

Die kalkreichen Dünen gehören pflanzengeographisch zum „Dünendistrict" (Dünenrevier), und die kalkarmen Dünen werden dem „Waddendistrict" (Wattenrevier) zugeordnet. Die Küstendünen werden wegen ihrer zunehmenden Dynamik und räumlichen Verschiedenartigkeit darüberhinaus noch folgendermaßen unterteilt: Dünen entlang der

• geschlossenen Küste (Hoek van Holland-Den Helder),
• ästuarierenden Küste (Cadzand-Hoek van Holland),
• Wattenküste (Westfriesische Inseln/Watteninsel).

Die Dünen auf Terschelling sind also kalkarm, gehören pflanzengeographisch zum „Waddendistrict" und besitzen viel Dynamik und räumliche Abwandlungen.

2. Der menschliche Einfluß auf die Dünen

Die Erscheinungsform der Dünen ist nicht ohne menschlichen Einfluß geblieben. Anfänglich blieb der Einfluß gering. Wegen ihres Flugsandes waren sie bis zum 17. Jahrhundert unberechenbar. Sie bildeten ein fast feindliches Element. Wo möglich wurde in den Dünen Vieh geweidet, Holz gelesen oder gefällt und das Waidwerk ausgeübt. Der menschliche Einfluß blieb auf lokale Maßnahmen beschränkt. An der Seeseite mußte für die Erhaltung eines festen Seedeiches gesorgt werden. An der Landseite mußten die Ackerflächen vor Sandflug geschützt bleiben. Bereits im 17. Jahrhundert sind die Dünentäler für den Ackerbau urbar gemacht worden. Erst ab 1850 wird die schützende Funktion der Dünen nach und nach erkannt.

Bis zum Ende des 19. Jahrhunderts zeigten die Dünen eine große Beweglichkeit, oftmals auch ausgedehnte vegetationslose Flächen und vor allen Dingen einen viel höheren Grundwasserstand als heutzutage. In den Dünen gab es außerdem nasse Dünentäler.

In den westlichen Niederlanden, entlang der Dünen einer geschlossenen Küste, gab es früher, und heute noch manchmal, Dünenbäche („duinrellen"), die das Niederschlagswasser ins hintergelegene Polderland abführen bzw. abführten. Dieses Dünenwasser wurde von örtlichen Bierbrauereien und Bleichereien genutzt.

Im 19. Jahrhundert bereitete die Trinkwasserversorgung in den Großstädten, vor allem wegen ihrer steigenden Einwohnerzahl, den Stadtmagistraten viele Sorgen. Oft entsprach das verfügbare Trinkwasser (Brunnenwasser) nicht einmal den elementarsten hygienischen Anforderungen. Die Folge war, daß viele Menschen dem Typhus und der Cholera zum Opfer fielen. Der Tiefpunkt trat im Jahre 1866 auf. In diesem Jahr starben in den Niederlanden 20.000 Menschen an diesen Krankheiten. Diese Tatsache führte dazu, daß besonders die Großstädte in den westlichen Niederlanden anfingen, ihren Trinkwasserbedarf durch Wassergewinnung aus den Dünen zu decken. Etwa 100 Jahre später zeigte sich, daß dieses Wasserreservoir nicht unerschöpflich ist, so daß die „Wasserleitungsdünen" schon viele Jahre an verschiedenen Stellen mit Flußwasser infiltriert werden, um später erneut als „Dünenwasser" aufgepumpt zu werden.

Nach der Gründung der Staatsforstverwaltung (Staatsbosbeheer) im Jahre 1899, wurde auf der Insel Terschelling die Beweidung der Dünen verboten. Zum Ausgleich entwässerte man einige nasse Dünentäler und verwandelte sie in Grasland. Außerdem wurden die Dünen in Dorfnähe mit einem mehr oder weniger großen Waldkomplex (Nadelbäume!) ausgestattet.

Die gleiche Entwicklung in den Dünen gab es auch an anderen Teilen der Küste. Etwa seit 1920 gehört die Beweidung der Dünen praktisch der Vergangenheit an. An vielen Orten sind größere oder kleinere Wälder angelegt worden. Dafür wurde oft die Österreichische oder die Korsikanische Kiefer (Pinus nigra var. austriaca oder Pinus nigra var. laricio) verwendet. Hingegen wachsen Birken und Eichen auf natürliche Weise in den Dünen. Erst in späterer Zeit ist auch Laubholz in den Dünen angepflanzt worden.

In den dreißiger Jahren, den Krisenjahren, wurden in den Dünen entlang der geschlossenen Küste viele Arbeiten als Notstandsarbeiten verrichtet. Dazu gehörten u.a. Urbarmachung für die Landwirtschaft, Aufforstung, Anlage von Parks sowie der Bau von Fuß-, Reit- und Radwegen. An der Landseite wurden die Dünen für die Einrichtung von Blumenzwiebelfeldern und den Bau neuer städtischer Wohnviertel und Industrieanlagen teilweise abgegraben.

Die Dünen sind auf diese Weise unter dem Druck des Bevölkerungszuwachses in der Randstadt Holland, wie sie heute genannt wird, weniger frei zugänglich geworden. Persönlich erinnere ich mich noch gut daran, als ich 1937 als Volksschüler auf der Insel Walcheren (ästuarierende Küste) meine Schulferien verbrachte, daß ich mich darüber wunderte, frei, also nicht gebunden an Fußwege, durch die Dünen streifen konnte. Auf der Insel Terschelling war es damals genauso. Das wird Wouter van Dieren, aus Amsterdam stammend, auch stark empfunden haben. Jedenfalls erzählte er später seinen Töchtern, er wäre ins Paradies gegangen, wenn er in seinen Kinderjahren (sein Geburtsjahr ist 1902) in die Ferien nach Terschelling fuhr, um dort bei seinen Großeltern zu wohnen (BEEK-van DIEREN, SCHEYGROND, WESTHOFF, KLIJN und VISSER 1985).

3. Wer war Wouter van Dieren?

Seine Freunde und Zeitgenossen schildern ihn als einen Idealisten, einen vielseitigen Menschen, der viele Initiativen entwickelte. Sie fanden in ihm eine imponierende Persönlichkeit, einen Mann mit klarem Verstand und Führungsqualitäten sowie einen guten Redner und Schriftsteller. Sein großes Interesse für alles, was um ihn herum geschah, insbesondere Natur und Kultur, machten ihn für seine Mitmenschen interessant.

Im Amsterdammer Hortus Botanicus war Wouter van Dieren der erste Student, der sich im Rahmen seines Studiums mit botanischer Forschung in der Natur beschäftigte. Das war damals nicht üblich. In jener Zeit wurde das Biologiestudium in den Niederlanden ausschließlich in den Universitätslaboren und den dazu gehörenden Instituten ausgeübt. Ihn begeisterte die Pflanzensoziologie (Vegetationskunde), ein junger Wissenschaftszweig, der an der Universität noch nicht gelehrt wurde. Die Pflanzensoziologie übte er nach den damaligen Ansichten der skandinavischen (nordischen) Schule aus. Seine Beschäftigung mit der Pflanzensoziologie brachte ihn auch auf neue Gedanken, die in den damaligen Naturschutzkreisen nicht selbstverständlich waren. Er forderte, beim Ankauf eines Gebietes für den Naturschutz dürfe es sich nicht um den Schutz einer einzelnen schönen Pflanze handeln, sondern um die Erhaltung eines Vegetationstyps.

Wouter van Dieren war ein begabter Mann. Das äußerte sich in seiner Fähigkeit, aus den vielen Theorien, die damals oft heftige Diskussionen hervorriefen, das Wesentliche zu erkennen und dies mit eigenen Daten in einen logischen kausalen Zusammenhang zu bringen.

Er war in mehreren Fachgebieten bewandert. Zu diesen gehörten Geologie, Küstenentwicklung, Historische Geographie und Pflanzensoziologie. Mit Hilfe dieser Fachgebiete setzt er sich in seiner Dissertation mit der Dünenlandschaft von Terschelling auseinander. Mit seiner damaligen Arbeitsweise würde man ihn heutzutage zweifellos als führenden Landschaftsökologen bezeichnen.

4. Sein Werk

Welche Bedeutung hat das Werk von Wouter van Dieren für die Dünenforschung? In seiner Zeit, um 1930, fehlt ein schlüssiges, ganzheitliches Bild über die Dünenbildung, sowohl im Mikro-, als auch im Makrobereich. Viele Fragen, die mit der Entwicklung der Dünenlandschaft verbunden sind, sind noch ungeklärt. Eine dieser Fragen betrifft den Ursprung des Bodens, auf dem die Dünenheide wächst. Wie auch anderswo befinden sich an der Landseite der kalkarmen Dünen entlang Terschelling Heidefelder. Diese Tatsache wurde mit dem Heidewuchs auf diluvialen Sandboden in den östlichen Niederlanden in Zusammenhang gebracht. Daher wurde angenommen, die Heide auf Terschelling wächst auch auf diluvialem Boden. Anhand der Ergebnisse, unter anderem aufgrund von Bohrungen, bewies Wouter van Dieren, daß die Dünenheide auf holozänem Sandboden wächst und daß die Dünen der Insel Terschelling holozänen Ursprungs sind.

Der Kern seiner Dissertation zeigt die Dünenbildung nicht als einen rein physikalischen, abiotischen Prozeß, bei dem der Strandsand vom Wind verweht wird und Dünen entstehen läßt, die erst danach bewachsen. Auf Grund seiner Feldbeobachtungen stellte er fest, daß die Dünenbildung durch Pflanzen bewirkt wird. Die Pflanzen fangen den Sand, wodurch die Dünen nach und nach aufgebaut werden.

In seiner Dissertation beschreibt er die geomorphologisch-biologischen Prozesse, die sich auf

- die Entwicklung vom flachen Strand bis zur Helmdüne
- die Entwicklung der verschiedenen Dünenformen
- die Entstehungsweise der Dünentäler

beziehen. Die Entwicklung vom flachen Strand bis zur Helmdüne weist er u.a. anhand bodenchemischer Untersuchungen nach.

Für diese Art Forschung war Terschelling ideal. Um 1930 lagen an der Ost- und an der Westseite dieser Insel ausgedehnte Strände. Für flache Strände lieferte van Dieren den Beweis, daß wegen des Mikroklimas und der extremen Schwankungen des Salz- und Wassergehaltes im Boden jegliche Form an Pflanzenwachstum fehlt. Besitzt der Strand, oft nur lokal, eine Flutmarke mit organischem Material (Abfälle der Küstenfauna und -flora), dann sind durch gleichmäßige Feuchtversorgung, Salzgehalt und Temperatur die Voraussetzungen für die Samenkeimung günstig. Anfänglich wächst oft Meersenf (Cakila maritima) und später Strandquecke (Elytrigia junceiformis/Triticum junceum) oder Breiter Helm (Strandroggen, Elymus arenarius). Nachdem die Vordünen höher geworden sind, entsteht darin ein Süßwasserreservoir. Es bietet Perspektiven für den Helm (Strandhafer, Ammophila arenaria), der salzmeidend ist. Der Helm fängt viel mehr Sand als Strandquecke oder Breiter Helm und ist so imstande, allmählich höhere Dünen und damit eine Helmdüne (Weißdüne) aufzubauen.

Übrigens wissen wir erst seit kurzem, daß der Helm diesen frischen Staubsand benötigt, um optimal lebensfähig bleiben zu können (van der PUTTEN 1989).

Die Pflanze paßt sich der Erhöhung der Dünen an, wenn diese durch Flugsand höher werden. Sie wächst im angewehten frischen Strandsand empor, bildet Seitentriebe, um aufs neue zu wurzeln. Somit kann der Helm auch seinen Schädlingen im Wurzelbereich (Mikro-Organismen, Schimmel und Nematoden) entgehen. Es sieht nämlich danach aus, daß diese schädlichen Mikro-Organismen sich schon in der existierenden Helmdüne befinden und nachher auch nach oben wandern, um daraufhin den angewehten frischen Strandsand zu bevölkern, worin der Helm schon zuvor neue Wurzeln gebildet hat (Abb. 2).

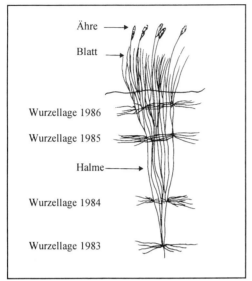

Ähre →
Blatt →
Wurzellage 1986
Wurzellage 1985
Halme →
Wurzellage 1984
Wurzellage 1983

Abb. 2 Querschnitt durch eine Helmdüne. Jährlich wird in der Winterzeit Sand eingefangen. Die Pflanze wächst im angewehten frischen Strandsand empor. (Quelle: van der PUTTEN und van GULIK 1988)

Als logische Fortsetzung der Forschung zur Entstehung der Helmdünen lenkte van Dieren sein Interesse auch auf die Entwicklung der verschiedenen Dünenformen, die er oft mit treffenden Skizzen typisierte (Abb. 3 u. 4). Auf Grund seiner Feldforschung entwickelte er ein genetisches System der Dünenformen. Merkwürdig dabei ist, daß er die verschiedenen Dünenformen mit lateinischen Namen versah. Vielleicht wurde er dazu von den lateinischen Namen der Pflanzen und Pflanzengesellschaften inspiriert (Abb. 5). Später zeigte sich, daß sein System der Dünenformen u.a. durch seine Regiongebundenheit zu beschränkt war. Trotzdem war das System brauchbar, so daß es später weiterentwickelt werden konnte.

Um 1930 sind die Meinungen zur Entstehung der Dünentäler sehr geteilt. In seiner Dissertation unterscheidet van Dieren die Dünentäler in zwei Gruppen,

• die primären Dünentäler und
• die sekundären Dünentäler,

jede mit einer deutlich unterschiedlichen Entstehungsweise. Diese Einteilung und Bezeichnung setzte sich später allgemein durch.

Das primäre Dünental besteht aus einer abgeschnürten Strandebene. Die Abschnürung findet statt, indem sich eine ausbreitende Helmdüne mit beiden Enden an schon existierende Weißdünen heftet. KLIJN (1981) beweist später, daß die Mehrzahl der primären Dünentäler, die nach 1550 entstanden sind, gänzlich oder teilweise durch Menschenhand gebildet sind. Die sekundären Dünentäler verdanken ihre Entstehung der äolischen Verjüngung, wie van

DIEREN es nennt. Der Wind bildet eine Windkuhle, das Loch vergrößert sich und stäubt bis auf das Grundwasserniveau aus. Der Ausstäubungsprozeß führt zur Paraboldüne. Dadurch sind viele nasse sekundäre Dünentäler auf Terschelling entstanden.

In seinem Prozeßstudium von der Windkuhle bis zum sekundären Dünental, macht van Dieren noch auf ein markantes Phänomen aufmerksam. Im ausstäubenden Gebiet fehlt jeder Pflanzenwuchs. Dagegen kommt er sehr üppig in dem Gebiet vor, das vom ausstäubenden Sand überstäubt wird (Abb. 6).

Im Ausstäubungsgebiet wachsen später die ersten Pflanzen auf einer kleinen Sandanhäufung, der „Zentraldüne", im Zentrum des neuen sekundären Dünentales. Wenn dieses Tal bis auf den nassen Sand im Bereich des Grundwasserpegels ausgestäubt ist, fängt von dieser „Zentraldüne" die Vegetationsbesiedlung des sekundären Dünentales an.

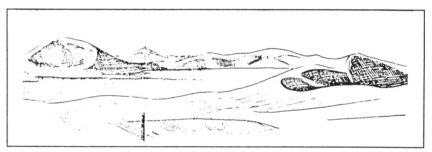

Abb. 3 Dunus parabolicus. Parabelachse 500 m. W. - O. Formerum. Terschelling. (Quelle: Orginalskizze van Dieren 1934)

Abb. 4 Dunus parabolicus.Formerum. Terschelling. (Quelle: Orginalskizze van Dieren 1934)

Diese Art Prozeßstudien sind es, die in den letzten Jahren durch praktische Anwendung im Naturbau erneut im öffentlichen Interesse stehen (JUNGERIUS, VERHEGGEN und WIGGERS 1981).

Bezüglich der Entstehung sekundärer Dünentäler hat Wouter van Dieren in seiner Dissertation in vorzüglicher Weise dargestellt, wie die Terschellinger Bevölkerung im Laufe der Jahrhunderte mit ihrem Dünengebiet umging. Perioden mit relativem Wohlstand oder Armut wechselten einander ab. Eng damit verbunden erholte sich der Pflanzenwuchs der Dünen, oder sie verloren ihre schützende Pflanzendecke. Nur der Dünensaum wurde durch die Jahrhunderte hin gepflegt, andernfalls drohte die Verschüttung der landwirtschaftlich genutzten Ländereien. Die Pflege des Dünensaumes führte durch Sukzession zur oben genannten Dünenheide.

Aus dem bisher Gesagten könnte erwartet werden, daß van Dieren durch die Verwobenheit von Dünenbildung und Pflanzenwachstum auch die Pflanzengesellschaften der trockenen Dünen beschrieb. Dies tat er auch, mehr summarisch, für die Pflanzengesellschaften der nassen Dünentäler. Diese Arbeit ist danach ab 1937 bis etwa 1950 von Professor Dr. V. WESTHOFF (1947) und anderen Wissenschaftlern weitergeführt worden.

So fasziniert, wie Wouter van Dieren von der Dünenbildung als biologischem Prozeß mit dem wunderbaren Zusammenspiel von Wellen, Sand, Wind, Regen und Pflanzenwachstum auch war, schlich sich dennoch ein Fehler in seine Dissertation ein. Darin betrachtete er nämlich den Bau von Staubdeichen (stuifdijken), das sind niedrige Sanddeiche mit Buschzäunen aus Schilf und Reisig, als nahezu aussichtslos. Möglicherweise hatte er damals seine Aufmerksamkeit auf den 10 km langen Staubdeich gerichtet, der in der Zeit von 1931 - 1937 vom Rijkswaterstaat über die

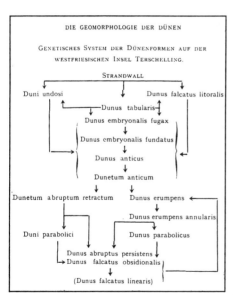

Abb. 5 Genetisches System der Dünenformen auf der Westfriesischen Insel Terschelling (Quelle: van Dieren 1934).

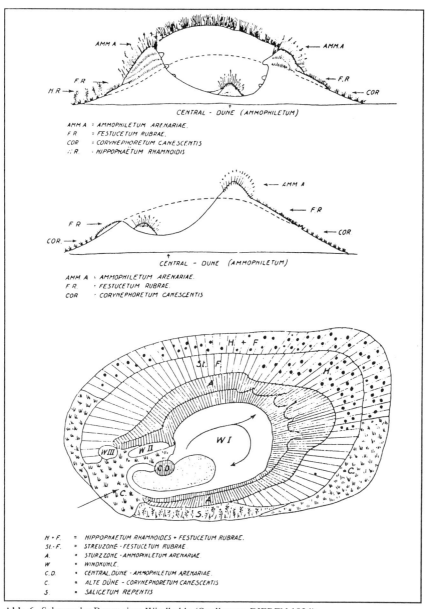

Abb. 6 Schema des Baues einer Windkuhle (Quelle: van DIEREN 1934).

Boschplaat gebaut wurde und als Verbindung diente zwischen den Dünen bei Oosterend und der Amelander Düne, am äußersten Ostende der Boschplaat auf Terschelling. Seitdem hat sich dieser Staubdeich aber zu einer mehr als 10 m hohen Düne entwickelt. Dahinter liegt die vielgepriesene Boschplaat, ein Naturschutzgebiet von europäischer Bedeutung mit einer Größe von 4.000 ha. Diese Entwicklung durfte van Dieren nicht mehr erleben. Seine Meinung über Staubdeiche hätte er dann gewiß berichtigt.

Zweifellos hätte er dann auch, wie die Bemerkung in seiner Dissertation auf Seite 74 beweist, weitere Bausteine für die Ingenieurbiologie im Küstenbereich zusammengetragen. Damals stellte er fest: „Dünenbildung ist nicht bloß eine Frage von Wind, Sand und Reibung, sondern ein biologischer Vorgang; Dünenbauverwaltung wird sich folglich zu angewandter Biologie entwickeln müssen."

Es hat nicht sein sollen. Ein gutes Jahr nach seiner Promotion starb er am 14. November 1935 an einem Nierenleiden in Overveen/Haarlem, wo er kurz zuvor am Kennemer Lyzeum Biologielehrer wurde. Am 18. November 1935 ist er in Midsland auf seinem geliebten Terschelling zu Grabe getragen worden.

5. Literatur

BEEK-van DIEREN, J.J.H.C., SCHEYGROND, A., WESTHOFF, V., KLIJN, J.A. und VISSER, G. (1985): Terschelling tussen Boschplaat en Behouden Huijs. Een eerbetoon aan Wouter van Dieren (1902-1935). Rinkelbollen. Geluiden uit de K.N.N.V. afdeling Terschelling. Speciaal nummer 1 en 2.

DIEREN, J.W. van (1934): Organogene Dünenbildung. Eine geomorphologische Analyse der Dünenlandschaft der West-Friesischen Insel Terschelling mit pflanzensoziologischen Methoden. Dissertation Amsterdam.

EISMA, D. (1968): Composition, Origin and Distribution of Dutch Coastal Sands between Hoek van Holland and the Island of Vlieland. Dissertation, Groningen.

JUNGERIUS, P.D., VERHEGGEN, A.J.T. und WIGGERS, A.J. (1981): The development of blowouts in „De Blink" a coastal dune area near Noordwijkerhout, The Netherlands. In: Earth Surface Processes and Land Forms.

KLIJN, J.A. (1981): Nederlandse kustduinen, geomorfologie en bodem. Dissertation. Wageningen.

PUTTEN, W.H. van der (1989): Establishment, Growth and Degeneration of Ammophila Arenaria in Coastal Sanddunes. Dissertation. Wageningen.

PUTTEN, W.H. van der, GULIK, W.J.M. van (1988): De aanleg van helmbegroeing op zeewerende duinen. Rijkswaterstaat, I.O.O. en Waterschap De Brielse Dijkring. Rapport. Oostvoorne.

WESTHOFF, V. (1947): The vegetation of dunes and salt marshes on the dutch islands of Terschelling, Vlieland and Texel. Dissertation. Den Haag.

6. Verzeichnis der Veröffentlichungen von J.W. van Dieren

1919   't Onbekende eiland (Terschelling), De Levende Natuur, 24e Jaargang: 389-390.

1920   met HUYERT: Amsterdamse vogelwaarnemingen dec. 1918-dec.1919, De Levende Natuur, 25e jaargang: 55-57.

1925   Bijdrage tot de Terschellinger molluskenfauna. De Levende Natuur, 30e jaargang: 106-114.

1927   Verslag omtrent de botanische waarde der Staatsmonumenten op Terschelling in verband met het vaststellen von natuurmonumenten op Vlieland, Manuscript, 3 pag., archief van de Vereniging tot Behoud von Natuurmonumenten in Nederland.

1928   Herkomst, uitbreiding en Cultuur van Vaccinium macrocarpon Ait. in Nederland. Ned. Kruidk. Arch., 38e jaargang: 82-129.

1929   De Beteekenis van het natuurmonument voor den bioloog. Voor den Botanicus. Vakblad voor Biologen, 10e jaargang: 165-174.

1929   Cleistogamie, De Levende Natuur, 33e jaargang: 348-356 en 386-393.

1930   Koeien en brandnetels, De Levende Natuur, 35e jaargang: 84-86.

1931   De Zwaardvisch van Terschelling, De Levende Natuur, 35e jaargang: 225-238.

1931   Vorm en functie bij de cactus, Natuur en techniek 1: 162-166

1932   Wapen en vlag van Terschelling, Maandblad Genealogische-Heraldisch Genootschap, 50: 194-201.

1932   De ontwikkeling van het duinlandschap van Terschelling. T.K.N.A.G., 38e jaargang: 553-574 en 679-702.

1932   De bessen van de cranberry en de vogels, Nieuwe Harlinger Courant, 15-4-1932.

1933   Nieuwe gegevens over de herkomst van Vaccinium macrocarpon Ait. in Nederland. De Levende Natuur, 38e jaargang: 141-144.

1933   Een merkwaardige bevestiging van het volksverhaal over de herkomst van Vaccinium macrocarpon Ait. in Nederland, De Levende Natuur, 38e jaargang: 213-214.

1933   De ontwikkelingsmogelijkheden van de cultuur van Vaccinium macrocarpon Ait. in Nederland, Landbouwk. Tijdschrift, 45e jaargang: 3-15.

1933   Duinvorming als functie van homogene plantenmassa's. Handelingen van het XXXVste Nederl. Nat. en Geneesk. Congres Wageningen: 164-167.

1933   De wegen van het plantensociologisch onderzoek in Nederland. Vakblad voor Biologen, 15e jaargang nr. 3: 48-62.

1934   De lof van Schellingland, Uitgave V.V.V. Terschlelling, 24 pag.

1934   Organogene Dünenbildung. Eine geomorphologische Analyse der Dünenlandschaft der Westfriesischen Insel Terschelling mit Pflanzensoziologischen Methoden. Dissertatie, Amsterdam.

1934   Het microklimaat van duinhellingen, phaenologisch beschouwd. Verslag van de vergadering van de Ned. Phaenol. Ver. 17-12-1933.

1935   met SCHEYGROND, A. - Veertig jaar natuurstudie, De Levende Natuur, 40e jaargang: 7-14, Gedenkboek Dr. Jac. P. Thysse.

1935   met SCHEYGROND, A. - Bibliographia phytosociologica Neerlandica 5, 1922-1934, Ned. Kruidk. Arch., 45e jaargang: 55-57.

Anschrift des Verfassers:
Dipl. Ing. Jan J. Pilon
Ministerie van Verkeer en waterstaat
Rijkswaterstaat
Dienst Getijdewateren
Postbus 20907
NL-2500 EX 's-Gravenhage

Der Einfluß J.W. van Dierens auf die Praxis des Dünenbaus in Schleswig-Holstein ab 1957 - Das Beispiel der Nordfriesischen Insel Sylt -

Hans Lux

1. Vorwort

Bei der Fertigung seiner Dissertation zum Thema „Die biologischen Grundlagen der Strandhaferbepflanzung und Silbergrassaat im Dünenbau" stieß der Verfasser 1951 auf die Doktorarbeit von J.W. van DIEREN „Organogene Dünenbildung - Eine geomorphologische Analyse der Dünenlandschaft der Westfriesischen Insel Terschelling mit pflanzensoziologischen Methoden".

Die Arbeit fasziniert, weil sie von der Feststellung ausgeht, daß Dünenbildung im Bereich der europäischen Küsten ein organogener Vorgang ist und weil sie - gestützt auf diese Erkenntnis - die Forderung ableitet, daß die Maßnahmen zum Schutze und für den Aufbau von Dünen „angewandte Biologie der Strand- und Dünenpflanzen werden müssen".

Nach Abschluß der Dissertation war der Verfasser von 1956 bis 1986 im Rahmen seiner beruflichen Tätigkeit u.a. für die Planung, Durchführung, Sicherung und Finanzierung des Dünenschutzes auf den Nordfriesischen Inseln Sylt und Amrum zuständig. Zurückblickend kann er heute feststellen, daß eine erfolgversprechende und zugleich nachhaltige Sicherung von Dünen nur dann gewährleistet ist, wenn der Forderung von VAN DIEREN gefolgt wird.

Diese Feststellung kann durch die Gegenüberstellung früherer und aktueller - d.h. auf die Erkenntnisse von van DIEREN aufbauender - Dünenbaumethoden belegt werden. Dabei erscheint die Darlegung am Beispiel der größten nordfriesischen, dünentragenden Insel, nämlich der Insel Sylt, besonders geeignet.

2. Die Praxis des Dünenbaus auf Sylt bis in die Mitte des 20. Jahrhunderts

Ein Drittel der rund 10.000 ha großen Insel Sylt sind Dünen. Sie lagern auf den beiden Nehrungshaken auf, die vom zentralen Geestkern (Westerland-Kampener Geest) in nördlicher und südlicher Richtung durch sturmflutbedingte Abrasion am Geestkern und strömungsbedingte Verlagerung aufgewachsen sind. Das in diese beiden Richtungen verfrachtete Sandmaterial wuchs dann über die Mittel-tidehochwasserlinie heran und bildete weitläufige Sandplaten, die vor allem im Bereich des nördlichen Hakens nach Osten abknickten und eigene Nehrungs-haken bildeten. Die großen Strandtäler des Listlandes im Norden der Insel weisen heute noch auf diese frühen aber auch auf die durch Dünenbildung und Dünenwanderung bedingten erdgeschichtlichen Abläufe hin. Der sogenannte Ellenbogen im äußersten Norden der 40 km langen, Nord-Süd-gestreckten Insel ist die jüngste dieser Erscheinungen. Auf den „Sandplaten", den Basen der dann folgenden Nehrungshaken-Bildung, haben sich noch unter Salzwassereinfluß die ersten dünenbildenden Pflanzen - hier sei vor allem Triticum junceum, der Strandweizen genannt - angesiedelt. Eingehend beschreibt van DIEREN die Aufbauphase einer Dünenlandschaft von der Embryonaldüne bis zur geschlos-senen Vordünenkette und die „Dünenauflösung" vom Kesselloch über den Windriß, die Haldendüne, die Parabeldüne bis zur Endform der Wanderdüne.

Dünenbildung und Dünenauflösung, diese Naturerscheinungen waren auch in früheren Jahrhunderten bekannt. Doch kaum jemand befaßte sich in jener Zeit mit diesen Abläufen, deutete die Zusammenhänge. Das war auch nicht nötig, denn Dünen waren keine Siedlungsstandorte. Die Dörfer der Insel Sylt - aber auch, um ein weiteres Beispiel zu nennen, auf der Kurischen Nehrung in Ost-preußen - haben sich niemals bei ihrer Gründung vor die Wanderbahn einer mit 6 - 10 m/Jahr vordringenden Wanderdüne gesetzt. Das war ebenso selbstver-ständlich, wie man sich nicht im Erosionsbereich der ständig abbrechenden Westrandzone von Sylt ansiedelte.

Die Dörfer auf der Insel Sylt - so auch auf der Kurischen Nehrung - sind zum Zeitpunkt ihrer Gründung weitab von den Standorten und den vorausberechen-baren Wanderwegen der großen vegetationslosen Dünen oder den Zonen des akuten Küstenabbruchs entstanden. Wenn Dörfer oder ihre Nutzländer eines Tages dennoch von einer Wanderdüne begraben wurden - wie z.B. die alte Dorf-lage List/Sylt - dann war dieses Ereignis schicksalhaft, denn Wanderdünen kön-nen einseitig unberechenbar „ausbrechen". Niemals aber war es die Fahrlässigkeit der Gründer, die den Verlust von Dörfern auf Sylt oder auf der Kurischen Nehrung in Ostpreußen heraufbeschwor.

Der Aufbau eines gewaltigen Eisenbahnnetzes ab 1836, der endgültige Fortfall der Zollgrenzen nach der Reichsgründung von 1871, der Wohlstand der Gründerjahre, war ein entscheidender Anlaß dafür, daß sich in dieser Zeit an den Küsten von Nord- und Ostsee das „Badewesen" entwickelte. Auf Sylt begannen diese Abläufe im Zeitraum der letzten 30 Jahre des vorigen Jahrhunderts. Von den ersten Badekarren am Westerländer Weststrand bis zum Appartement-Tourismus war es zwar ein 100 Jahre währender Weg; doch dieser Weg führte zielstrebig und geradezu traumtänzerisch in einen kostspieligen touristischen Aktivismus. Gemeint ist die bedenkenlose, weil in ihren Folgen nicht bedachte, von den Dorfkernen ausstrahlende Bebauung der Insel und die damit verbundene Verkehrserschließung.

Dieser Drang machte auch vor den großartigen Dünenlandschaften im Norden und Süden der Insel nicht halt. Und weil man in dieser Zeit nichts oder nur wenig über die Nachbarschaft „Mensch - Düne" wußte - die Bewohner haben sich ja jahrhundertelang auf Distanz zur Düne gehalten - und weil das vorhandene Wissen zum Umgang mit der Düne sich einzig auf den Bau der sogenannten „künstlichen Vordüne" als Maßnahme des Küstenschutzes konzentrierte, war mit der spontan einsetzenden baulichen Erschließung der Insel zum Ende des 19. Jahrhunderts die Panne einschließlich des Kostenaufwandes für fehlerhafte Reparaturversuche vorprogrammiert.

Daß grandiose Fehlplanungen dieser Art - wie z.B. die sog. „Kerssig-Siedlung" in der Dünenlandschaft an der Westküste der Gemeinde Hörnum/Sylt - vor knapp 30 Jahren noch entstehen konnten, lag nicht etwa daran, daß die Dünenbauer und die Fachkräfte des Küstenschutzes von den Gefahren noch nicht wußten oder die Warnungen van DIERENS nicht verstanden hatten. Schuld an dem Produkt dieser zerstörerischen Bauwut und ihrer ungeheuren Folgen ist die Tatsache, daß hier die „Bauwarnung", die seinerzeit das Marschenbauamt Husum für das Objekt „Kerssig-Siedlung" aussprach, die Planungshoheit der Gemeinde nach dem Bundesbaugesetz nicht aus der Ruhe bringen konnte.

Dies deswegen so ausführlich, weil der Fall beispielhaft darstellen soll, welche irreparablen Fehler und welche Kosten für die öffentlichen Haushalte dann den verantwortlichen Planern und Erschließern ins Haus stehen, wenn eine Dünenlandschaft nicht „als organogene Bildung" im Sinne der Definition von van DIEREN verstanden wird. Die Warnung sei zugleich in die Richtung gesprochen, wo noch intakte Küstendünenlandschaften zwischen der Lübecker Bucht und der Odermündung in den Griff von Immobilienmaklern und Erschließern im gegenwärtigen Zeitpunkt zu gelangen drohen.

Woran liegt es, daß sich fehlerhaftes Handeln im Umgang mit der Naturlandschaft der Dünen bis in unsere Tage, d.h. 56 Jahre nach dem Erscheinungsdatum der „organogenen Dünenbildung" fortsetzen konnte?

Im Falle der Nordfriesischen Insel Sylt liegt es im wesentlichen daran, daß nach dem letzten Deutsch-Dänischen Krieg sich der Staat nach Übernahme des Küstenschutzes durch die Preußische Wasserbauverwaltung (1865) lediglich um die Sicherung der Küstendünen kümmerte. Binnenwärts der sog. 50-m-Linie (gemessen von der Mitteltidehochwasserlinie) oblag das Dünenwesen den Gemeinden. Die jedoch wußten in der Regel nicht mehr als die Fachbeamten und Küstenschutz-Ingenieure der zuständigen Wasserbauverwaltung. Und was wußten diese? Die Regeln des Dünenschutzes brachten nach 1865 erfahrene ostpreußische Dünenbaumeister auf die Insel.

Ihre Tätigkeit konzentrierte sich dabei

1. auf den Aufbau der sog. künstlichen Vordüne. Mit Strandhafer-Pflanzungen und mit Sandfangzäunen wird dabei vor dem Fuß der von den Sturmfluten angenagten „Kliffdüne" eine flachgeböschte künstliche Düne errichtet. Die hier vom Strand her an das Kliff heran durch den Wind transportierten Sande sichern den Fuß der Kliffdüne. D.h., daß dann im Falle eines sturmflutbedingten Hochwassers die künstliche Vordüne geopfert und der Bestand der als Dünenkliff zum Strand steil abfallenden Altdüne gesichert wird;

2. auf die Beseitigung von Schäden als Folge tiefer Wassereinbrüche in das System der Vor- und der Kliffdünen sowie auf die Einbindung von Dünenresten in die Linie der Vordüne. Dabei ist die Einheit Vordüne - Kliffdüne etwa der schützenden Wirkung von Landesschutzdeichen vor den Marschen gleichzusetzen.

Die Baumethoden der Dünenbaumeister hatten und haben deswegen relativ gute Erfolgsaussichten, weil ein breiter Vorstrand ein luvseitiges, ständig lieferndes Sandreservoir bildet.

Die an den Dünenküsten durchaus zweckmäßigen und erfolgreichen Baumethoden brachten Probleme und Mißerfolge in dem Augenblick, als die hier geübte Technik kritiklos für die Behebung schwerer Schäden in den Binnendünen übernommen wurde. Diese Feststellung ist zu begründen und die Hinwendung zu neuen, die Biologie der Strand- und Dünenpflanzen - soweit diese im Rahmen ingenieurbiologischer Maßnahmen Verwendung finden - berücksichtigenden Baumethoden darzustellen.

3. Die Entwicklung ingenieurbiologischer Dünenbauweisen ab 1957

Das Problem der Binnendüne besteht darin, daß der erosionsbedingte Sandtransport von der Küste ins Binnenland den Weg von den zunächst kleineren Ausblasungsformen (Kessellöcher, Windrisse) über die immer mächtiger werdenden Schadensformen wie z.B. die Haldendünen, die Parabeldünen bis zur Endform der Wanderdünen nimmt. In früheren Jahrhunderten wichen - wie schon gesagt - die Inselbewohner der Gefahr der Sandwanderung von vornherein aus. Dieser Instinkt ist den Managern des Tourismus·versagt geblieben. Die Wohnsiedlungen und die Einrichtungen des Fremdenverkehrs haben sich - dem Geschäft mit dem Kurgast zuliebe - Schritt für Schritt an die Küste herangedrängt und sich dabei in die Nähe der Dünen begeben. Als dann die Dünen neue Nachbarn erhielten, die sich - in jener Zeit von Turnvater Jahn inspiriert - der Leibesertüchtigung zu Lande und zu Wasser mit deutscher Gründlichkeit widmeten, die dabei die Dünen erklommen, über die Kliffhänge sprangen und am Strand „Burgen" bauten, blieb es nicht aus, daß die schützende Vegetationsdecke zunächst an wenigen Stellen, dann aber mit Hilfe des Windes auf breiter Fläche verloren ging. Es dauerte nicht lange, da wurde der Ruf nach Reparatur des Schadens laut. Da aber der Staat - zunächst das Land Preußen, später das Deutsche Reich und heute die Bundesrepublik Deutschland - ausschließlich für die Küstendünen zuständig war und es heute noch ist, mußten die Gemeinden das Problem lösen und dabei die entstehenden Kosten finanzieren.

Für den Schutz der Binnendünen standen - wie schon erwähnt - nur die Erfahrungen der im Bereich der künstlichen Vordüne hinhaltend operierenden Küstenschutzverwaltung zur Verfügung. Nachhaltige Erfolge in der Binnendüne blieben daher aus. Der Schutz der Binnendünen drohte in der Nachbarschaft einer ständig zunehmenden touristischen Erschließung der Insel zum Faß ohne Boden zu werden. Das fehlerhafte Handeln auf der Grundlage mangelhafter

Kenntnisse der Biologie der Strand- und Dünenpflanzen sei am Beispiel einer 1937 mit Strandhafer gesicherten Wanderdüne dargestellt:

Weil man es von der künstlichen Vordüne nicht anders kannte, wurde auch hier mit der Bepflanzung am Luv-Fuß der Wanderdüne begonnen. Zug um Zug erhielt dann diese ca. 5 ha bemessende Sandfläche bis an ihren Lee-Fuß eine Strandhaferdecke. 20 Jahre später waren der Luvhang und der Kamm der Düne erneut mit tief ausgeblasenen Windrissen und Kessellöchern durchsetzt, die Düne drohte erneut aufzubrechen und die Straße an ihrer Ostseite, um deretwillen sie festgelegt worden war, zu verschütten.

Was war geschehen? Die Ursache für den Mißerfolg lag schlicht darin, daß mit der Strandhafer-Reihenpflanzung an der Westseite in unmittelbarem Anschluß an die vorhandene Dünenvegetation begonnen wurde. Der Luvhang (in diesem Falle der Westhang) brachte ja nach Meinung der Planer jener Zeit den Sand und damit die Gefahr. Scheinbar folgerichtig wurde daher die Gefahr dadurch gebannt, daß mit der pflanzlichen Deckung der Düne an deren Luvseite begonnen wurde. Offenbar ahnte niemand, daß mit dem Beginn der Bepflanzung zur Beruhigung des von West (Luv) nach Ost (Lee) laufenden Sandtransports dem Strandhafer im gleichen Augenblick die entscheidenden Voraussetzungen für seine Existenz entzogen wurden:
Der Strandhafer und ganz besonders der um den überwiegenden Teil seiner Wurzeln beraubte, durch Ausstechen in der Binnendüne gewonnene „Pflanzhalm" braucht die Sandzufuhr, denn die Bedeckung mit Sand bewirkt zunächst einmal die unerläßliche Bildung neuer Wurzeln aus den übersandeten Halmknoten.

Eine Aufsandung von 40 cm/Jahr kommt der Versorgung mit pflanzenverfügbarem P_2O_5 in Höhe von 64 kg/Hektar gleich. Der K_2O-Anteil dieser Übersandungshöhe liegt bei rund 145 kg/ha. Nährstofflieferant ist der ca. 18%ige Silicatanteil der Dünensande. Mit der Einsandung rückt der Pflanzhalm mit seinen neuen Wurzeln in Bodenhorizonte höheren Wassergehalts, während zugleich die oberen trockenen Sande die Verdunstung des Bodenwassergehalts erheblich herabmindern. Schließlich gewährleistet die offene Sandzuführung die Konstanz der pH-Werte in der für das Strandhaferwachstum optimalen Höhe. Die Stickstoffzufuhr, die am Strand noch durch Reserven aus den Flutmarken gespeist wurde, muß in der pflanzlich gesicherten Binnendüne durch Handelsdüngergaben kompensiert werden. Dabei ist das N-P-K-Verhältnis wie 1:1,5:2 zu setzen.

Die Aufforstung von Dünen, wie in Ostpreußen seinerzeit von der dortigen staatlichen Forstverwaltung mit Erfolg praktiziert und auf Sylt Ende des 19. Jahrhunderts eingeführt, scheiterte auf dieser Nordseeinsel. Der Mißerfolg in Nordfriesland gab den Experten des damaligen Dünenschutzes manches Rätsel auf, zumal auf Sylt die gleichen Nadelhölzer wie auf der Kurischen Nehrung Verwendung gefunden hatten. Für den Preußischen Rechnungshof war diese wenig überzeugend wirkende Festlegung einer Wanderdüne bei Klappholtthal/Sylt Anlaß zu kritischen Prüfungsbemerkungen. Van DIEREN hätte den Fehler und seine Ursachen erklären können. In seiner Dissertation (van DIEREN 1934) setzt er sich auch mit seewindbedingtem Salztransport und den so bewirkten Plasmolysen in Nadelholzkulturen auf den friesischen Nordseeinseln auseinander.

Ab 1957 werden mit einem Aufwand von über 4 Millionen DM, die der Bund, das Land Schleswig-Holstein und die Inselgemeinden aufbringen, die Dünen auf den Nordfriesischen Inseln Sylt und Amrum in einen Stand versetzt, der Gefahren für menschliche Siedlungen, Kulturland und die Infrastruktur der Inseln ausschließt. Die großen Wander-, Parabel und Haldendünen, einmalige Naturdenkmale, können wieder sich selbst überlassen werden. Die von diesem Zeitpunkt ab auf die Erkenntnisse und die Empfehlungen von J.W. van DIEREN aufbauenden ingenieurbiologischen Dünenschutzmaßnahmen in Schleswig-Holstein haben auf den Inseln Sicherheit und Gelassenheit im Umgang mit einer Naturgewalt bewirkt, von der die Chroniken der Dünenlandschaften zwischen der Kurischen Nehrung und den friesischen Inseln Schauerliches zu berichten wissen.

Die Gesamtheit der Dünen auf Sylt und auf Amrum sind heute durch Landesverordnungen zu Naturschutzgebieten erklärt worden und unterliegen damit zugleich der schärfsten Schutzkategorie nach deutschem Naturschutzrecht. Es ist hier ein Naturschutz geschaffen worden, der sich bei seinem Handeln nicht allein auf Verbote stützt. Er hat den Tourismus und seine Folgen für die Dünen zur Kenntnis genommen und in den vom Fremdenverkehr ausgehenden Druck auf die Landschaft Ventile, d.h. Parkplätze und Dünenwege dort eingebaut, wo die Landschaft erneut Schaden zu nehmen drohte.

Mit der Übernahme der Betreuung der Sylter und Amrumer Naturschutzgebiete auf der Grundlage der Bestimmungen des Schleswig-Holsteinischen Landschaftspflegegesetz (1973) durch auf den Inseln ansässige Naturschutzverbände sind die Bewohner in die unmittelbare Verantwortung, Mitwirkung und Mitbe-

stimmung zum Schutz der heimatlichen Natur eingebunden worden. Sie wissen
heute sehr wohl, daß der Schutz der Dünenlandschaft zugleich maßgeblicher
Bestandteil ihrer bürgerlichen Existenz ist.

Es ist heute nicht mehr vorstellbar, wie ohne die Denkanstöße, die J.W. van
DIEREN uns vermittelt hat, der komplexe Ausgleich eines fast 100 Jahre
währenden, schweren, unmittelbaren Eingriffs des Menschen in den Naturhaushalt der Inseln zu erreichen gewesen wäre.

4. Zusammenfassung

Im letzten Drittel des 19. Jahrhunderts entdeckte und erschloß der Bade-
tourismus auch die sandigen Meeresküsten Mitteleuropas. Dabei begleiten Uner-
fahrenheit, Leichtsinn und Gewinnstreben die Platzwahl für Hotels, Fremden-
pensionen und Kureinrichtungen an den Küsten. Bis in die jüngste Vergangenheit hinein wurde - sogar gegen die Bauwarnung der Wasserbauämter - der
Zugriffsbereich der Sturmfluten als Bauplatz nicht gescheut. Seit genau 80
Jahren (1912, Bau der Westerländer Strandmauer) muß die von vornherein
fehlerhafte und heute nicht mehr korrigierbare Platzwahl für Fremdenverkehrs-
und Kureinrichtungen am Weststrand von Westerland / Sylt mit Hilfe von
Strandmauern, schweren Uferdeckwerken, vielfältigen Seebuhnen, Beton-Tetra-
poden und Sandvorspülungen gegen den Brandungszugriff verteidigt werden.
Die millionenschweren Aufwendungen waren seither zunächst vom Reich,
später der Bundesrepublik Deutschland und dem Land Schleswig-Holstein zu
tragen.

In der Regel werden sandige Küsten von küstenparallelen, mehr oder minder tief
gegliederten Dünengürteln von unterschiedlicher Mächtigkeit begleitet. Die
Küstenbewohner haben die Dünen als Siedlungsplatz gemieden. Dem Tourismus und der von ihm ausgelösten Ortsentwicklung blieb es vorbehalten, mit
dem Bau von Häusern und von Verkehrseinrichtungen in die Dünenlandschaft
vorzudringen.

Die Möglichkeit, daß aus mehreren kleinen Windrissen in der Küstendüne eine
eskalierende Schadensentwicklung über das Kesselloch, die Haldendünen, die
Parabeldünen sehr schnell zur Wanderdüne führen konnte, hatten die neuen
Bauherren in der Düne wegen fehlender Erfahrung im Umgang mit dieser Landschaft nicht im Kalkül. Die Praxis des sogenannten „Vordünenbaues" als Maßnahme des Küstenschutzes oder die in Eigenleistung betriebenen örtlichen

Dünensicherungen der Inselgemeinden boten keine hinreichende Grundlage, um die in breiter Front vordringenden Wanderdünen wirksam und nachhaltig zugleich zum Stehen zu bringen. Die Verwendung des Strandhafers zur Deckung vegetationsloser Sandflächen war im Ansatz richtig; die dabei angewandte Technik war in der Ausführung falsch, die Nachhaltigkeit der Erfolges in Frage gestellt, weil die orthodoxen Regeln des Pflanzenwachstums in vielfacher Hinsicht widersprechende Biologie des Strandhafers fehlerhaft gedeutet oder weitgehend unbekannt war.

In seiner Dissertation „Organogene Dünenbildung" (1934) konstatierte der Niederländer J.W. van DIEREN, daß „Dünenbildung an den europäischen Küsten ein organogener Vorgang ist". Er folgert daraus, daß „die Maßnahmen des Dünenschutzes angewandte Biologie der Strand- und Dünenpflanzen werden müssen".

Das Land Schleswig-Holstein ist im Rahmen eines ab 1957 laufenden Dünenschutzprogrammes den Empfehlungen van DIERENS gefolgt. Die in den letzten 30 Jahren auf den Nordfriesischen Inseln Sylt und Amrum gemachten Erfahrungen haben die Richtigkeit der Forderung des Niederländers bestätigt.

Um ein weiteres zu tun, hat das Schleswig-Holsteinische Landschaftspflegegesetz jeden Eingriff in die Dünenlandschaft verboten (§ 11, Abs. 1 dieses Gesetzes). Alle naturbelassenen Dünen auf den Nordfriesischen Inseln Sylt und Amrum sind heute Naturschutzgebiete im Sinne der Bestimmungen in § 13 in Verbindung mit § 12, Abs. 3 des Bundesnaturschutzgesetzes (§ 16 Schleswig-Holsteinisches Landschaftspflegegesetz). Damit unterliegen diese Dünenlandschaften den nach deutschem Naturschutzrecht strengsten Schutzbestimmungen.

5. Literatur

BENNECKE, W. (1930): Zur Biologie der Strand- und Dünenflora I. Ber. dtsch. bot. Ges. 48, Jena.

BENNECKE, W. und ARNOLD, A. (1931): Zur Biologie der Strand- und Dünenflora II. Ber.dtsch.bot.Ges. 49. Jena.

DIEREN, J.W. van (1934): Organogene Dünenbildung. Eine geomorphologische Analyse der Dünenlandschaft der Westfriesischen Insel Terschelling mit pflanzensoziologischen Methoden. Dissertation Amsterdam.

GERHARDT, P., ABROMEIT, J., BOCK, P. und JENTZSCH, A. (1900): Handbuch des deutschen Dünenbaues. Berlin.

HARTNACK, W. (1925): Die Wanderdünen Pommerns. Greifswald.

LEVSEN (1953): Denkschrift über den Dünenschutz auf den Inseln Sylt und Amrum. (Liegt aus beim Amt für Land- und Wasserwirtschaft Husum, Baubezirk Sylt in Westerland/Sylt).

LUX, H. (1954): Die biologischen Grundlagen der Strandhaferpflanzung und Silbergrassaat im Dünenbau. Diss. Kiel.

LUX, H. (1955): Die Farbphotographie als Hilfsmittel zur Auswertung von Düngungsversuchen. Photogr. u. Wiss. 4, H. 2, 20.

LUX, H. (1958): Der 10-Jahresplan des Landes Schleswig-Holstein über Dünenschutz und Waldbildung auf den nordfriesischen Inseln Sylt und Amrum. Inform. Inst.Raumforsch. Bad Godesberg 8, H. 11, 281.

LUX, H. (1969): Planmäßige Festlegung der schadhaften Binnendünen auf den nordfriesischen Inseln Sylt und Amrum. Natur und Landschaft, 44, H. 6. Mainz.

LUX, H. (1969): Zur Biologie des Strandhafers (Ammophila arenaria) und seiner technischen Anwendung im Dünenbau. Erschienen in: Experimentelle Pflanzensoziologie, Hrsg. R. Tüxen. Den Haag.

LUX, H. (1980): Landschaftsbaumaßnahmen zur Festlegung von Dünen. Erschienen in: Handbuch für Planung, Gestaltung und Schutz der Umwelt, Hrsg. Buchwald/Engelhardt. München, Wien, Zürich.

PUTTEN, W.H. van der (1989): Establishment, Growth and Degeneration of Ammophila arenaria in coastal Sand Dunes. Diss. Wageningen.

PUTTEN, W.H. van der und GULIK, W.J.M. van (1988): De aanleg van helmbegroeiing op zeewerende duinen, Hrsg. Instituut voor Oecologisch Onderzoek afdeling Duinonderzoek „Weevers'Duin".

STRAKA, H. (1963): Über die Veränderungen der Vegetation im nördlichen Teil der Insel Sylt in den letzten Jahrzehnten. Schriften Naturw. Ver. Schleswig-Holstein 34, 19, Kiel.

TÜXEN, R. (1937): Die Pflanzengesellschaften Nordwestdeutschlands. Mitt.flor.-soz.ArbGemeinsch. Niedersachsen 3. Hannover.

TÜXEN, R. und BÖCKELMANN, W. (1957): Scharhörn. Die Vegetation einer jungen ostfriesischen Vogelinsel. Mitt.flor.-soz.ArbGemeinsch.N.F. 6/7. Stolzenau/Weser.

WESTHOFF, V. (1961): Die Dünenbepflanzung in den Niederlanden. Angew.Pflanzensoz. 17,14. Stolzenau/Weser.

Anschrift des Verfassers:
Dr. Hans Lux
Am Wiesengrund 5
D-24251 Osdorf ü. Kiel

Themenkreis V

Exkursionen der Gesellschaft für
Ingenieurbiologie e.V.

Exkursionsführer zur Jahrestagung der
Gesellschaft für Ingenieurbiologie 1989 in
Schneverdingen

Vorbemerkungen zur Auswahl der Exkursions-beispiele

Aussagekräftige Exkursionsbeispiele zu dem Thema "Ingenieurbiologie im Spannungsfeld zwischen Naturschutz und Sicherungsbautechnik" zusammen-zustellen, erwies sich im Vorfeld der Tagungsvorbereitung schwieriger als er-wartet. Da diese Tagung im norddeutschen Raum stattfinden sollte und sich ge-rade zu diesem Thema die Zusammenarbeit mit der Norddeutschen Natur-schutzakademie anbot, mußten auch hier die geeigneten Beispiele gefunden werden.

Die Exkursionsziele sollten zum einen Schutzmöglichkeiten vor wirklichen Ge-fahrenquellen wie Hochwasser, Erosion usw. aufzeigen, d.h. es mußten richtige Lebendbauweisen sein und keine Begrünungen, die mehr der Landespflege die-nen, wie z.b. Renaturierungs- und Rekultivierungsmaßnahmen. Zum anderen sollte an den zu besichtigenden ingenieurbiologischen Arbeiten bereits eine gewisse Entwicklung in Gang gekommen sein, um deren Bedeutung in der Landschaft zu beurteilen. Solche alten, eingewachsenen Stellen im nord-deutschen Raum zu finden - der Küstenbereich mußte aus Gründen der Entfer-nung ausgeschlossen bleiben - war nicht unproblematisch.

Ein erster Gesichtspunkt bei der Wahl der Exkursionspunkte ist die Frage, wo im norddeutschen Flachland Lebendbau aufhört und reine Landschaftspflege-maßnahmen u.ä. anfangen und welche Kriterien man zu einer Grenzziehung ansetzt. Daß man im Lebendbau die Kombination von sicherungstechnischen Gesichtspunkten und natürlicher Einbindung in die Landschaft von vornherein berücksichtigen sollte, werden uns sicher die Exkursionsbeispiele und die Ta-gungsberichte zeigen.

Das zweite Problem war, daß Arbeiten, die heute einige Jahrzehnte alt sind, zum Teil schwer aufzufinden waren. Dokumentationen von ingenieurbiologischen Arbeiten fehlen fast völlig und man ist auf den Zufall angewiesen. Aus einer vor Jahren von Herrn Dipl.-Ing. Rolf Johannsen zusammengestellten Dokumen-tation ging hervor, daß Professor Kirwald vor seiner süddeutschen Schaffens-periode auch im Harz gewirkt hat. Dies gab uns die Möglichkeit, die Unterlagen der damaligen Wildbachverbauungen zu nutzen und heute im Gelände wiederzufinden. Erfreulicherweise gab es einen engagierten Forstamtsleiter, Dr. Barth (Forstamt Oderhaus) dem die Kirwald'schen Arbeiten vertraut waren.

Auch fanden wir jemanden, der aus seiner Verwaltungszeit Lebendbaumaßnahmen der 50-er und 60-er Jahre kannte oder solche selbst vorgeschlagen hatte. Wir waren in der glücklichen Lage, durch Herrn Thomas, der damals in der niedersächsischen Straßenverwaltung tätig war, über die Arbeiten am Drögenberg informiert zu werden. Die ausführende Firma Kluge aus Alfeld hatte sogar noch alte Unterlagen (Fotos) und konnte anschaulich über die damaligen Arbeiten berichten.

Wenig Glück hatten wir auf der Suche nach Beispielen an Fließgewässern im norddeutschen Flachland, die älter als 15 bis 20 Jahre sind. Es mag natürlich einerseits sehr zufällig sein, daß hier keine so gute Quelle aufzutun war. Andererseits erscheint es aber eher symptomatisch, da alle die Arbeiten, die auch bekannt sind, wie z. B. alte Arbeiten aus den 50-er Jahren von Professor Kirwald an der Leine, andere Arbeiten, die dem Leineverband, dem Wasser- und Schiffahrtsamt Braunschweig und anderen bekannt waren und zum Teil in deren Auftrag ausgeführt worden sind, nicht mehr existieren. Entweder haben sie als Sicherungsmaßnahme nicht gehalten - uns wurde oft berichtet, daß die Weiden hinterspült und weggeschwemmt wurden - oder sie sind größeren, massiveren technischen Ausbauformen der 70-er und 80-er Jahre zum Opfer gefallen.

Aus dem letzten Grund erklärt sich wohl auch die Tatsache, daß Beispiele aus der Zeit zwischen 1960 und 1980, an denen man ja bereits eine Entwicklung erkennen könnte, so gut wie nicht zu finden sind. Eigentlich sind hier "nur" die Versuchsstellen des Institutes für Landespflege Hannover oder Versuchsstrecken des Niedersächsischen Landesverwaltungsamtes wie z.b. die Maßnahmen an der Aller als ingenieurbiologische Arbeiten aus dieser Zeit bekannt.

Außerdem fanden sich Sondersituationen oder Spezialfälle für den Lebendbau z.B. Rekultivierung von Heideflächen, wo uns Professor Preising behilflich war, oder Sicherung von Tidegewässern, die mit rein technischen Maßnahmen schwierig zu lösen sind, so daß man auf die von der Natur vorgegebenen Mittel angewiesen ist. Diese Beispiele kamen mithilfe der Herren Mang und Trautmann aus Hamburg zustande.

223

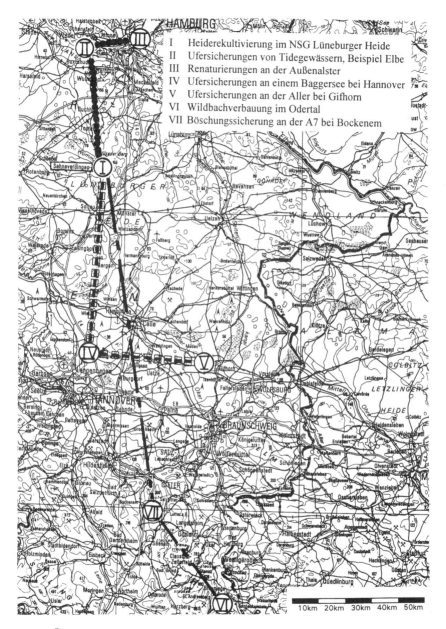

I   Heiderekultivierung im NSG Lüneburger Heide
II   Ufersicherungen von Tidegewässern, Beispiel Elbe
III Renaturierungen an der Außenalster
IV   Ufersicherungen an einem Baggersee bei Hannover
V   Ufersicherungen an der Aller bei Gifhorn
VI   Wildbachverbauung im Odertal
VII Böschungssicherung an der A7 bei Bockenem

10km 20km 30km 40km 50km

Abb. 1 Übersicht über die Exkursionsbeispiele I bis VII

Als Ergebnis können in sieben Exkursionsbeispielen (siehe Abb. 1) ingenieur-biologische Maßnahmen in ihrer Entwicklung dargestellt werden:

- an drei verschiedenen Fließgewässertypen (Tidegewässer sowie Fließgewässer des Tief- und Berglandes),
- an zwei verschiedenen Arten künstlich entstandener Stillgewässer (ein ungenutzter Baggersee und ein genutztes Gewässer im urbanen Raum),
- an einer Straßenböschung im Harzvorland (im norddeutschen Tiefland entstehen beim Straßenbau kaum höhere Böschungen. Dennoch sind ingenieurbiologische Bauweisen oftmals zur Sicherung von sandigen oder lehmigen Böschungen in den Moränenlandschaften Norddeutschlands unumgänglich. Derartige Beispiele lagen jedoch vom Tagungsort zu weit entfernt.)
- in Heideflächen als charakteristischem Landschaftstyp des norddeutschen Tieflandes

Wir meinen, daß das Spektrum der hier zusammengestellten ingenieurbiologischen Arbeiten, trotz der nur punktuellen Vorkommen, einen Überblick über Lebendbauweisen und deren Auswirkungen auf die Natur in Norddeutschland gibt.

Wolfram Pflug, Eva Hacker, Christina Paulson

Jahrbuch 6 der Gesellschaft für Ingenieurbiologie e.V. Aachen (1996)
Ingenieurbiologie im Spannungsfeld zwischen Naturschutz und Ingenieurbautechnik

225

Exkursionsbeispiel I: Heiderekultivierung in der Lüneburger Heide

Eva Hacker und Christina Paulson

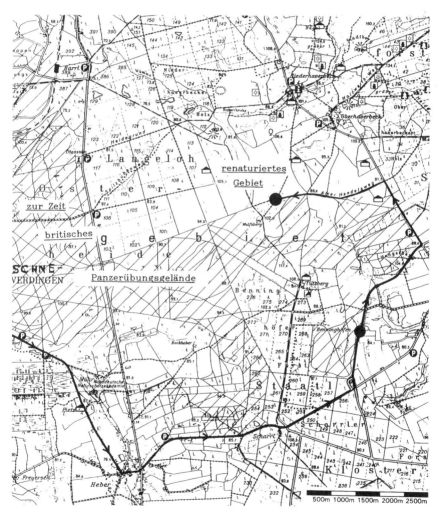

Abb. 1 Lage des Exkursionsbeispiels I: Heiderekultivierung im Naturschutzgebiet Lüneburger Heide

Naturräumliche Situation

Die Oberflächengestalt der Lüneburger Heide wird in ihren Grundzügen von zahlreichen Endmoränenwällen bestimmt. Die Nord-Süd-verlaufenden Endmoränenzüge der Lüneburger Heide verdanken ihre Entstehung vermutlich dem Zusammentreffen von drei Eisströmen: einem Nordsee- und einem Ostseegletscher sowie einem aus dem Kattegat vorstoßenden Eisstrom.

Der Haupthöhenzug mit durchschnittlich 120 m Höhe über NN beginnt bei Harburg (südlich Hamburg) und setzt sich nach südöstlicher Richtung über Lohberge, den Wilseder Berg (169 m über NN) bis zum Isetal fort. Dieser Endmoränenzug stellt die Wasserscheide zwischen Elbe und Weser dar. An ihm liegen die Quellen der größeren Gewässer der Lüneburger Heide. Östlich bzw. südlich der Endmoränen schufen die Schmelzwasser durch Aufschüttung, Verebnung und Erosion große Sanderflächen aus Sanden und Kiesen, die oft bis zu 20 m mächtig sind.

Die in der Lüneburger Heide vorherrschenden und meist tiefgründigen Sand- und Kiesböden lassen das Niederschlagswasser schnell versickern, so daß ausgiebige Grundwasservorkommen erst in einer Tiefe von 40 - 70 m anzutreffen sind. Größere Moore treten nur in breiten eiszeitlichen Schmelzwasserrinnen am Südrand der Lüneburger Heide auf.

Die potentielle natürliche Vegetation auf diesen nährstoffarmen Standorten sind vorwiegend Eichen-Birken-Wälder. Die Moore sind weitgehend waldlos.

Das Klima der Lüneburger Heide ist mit kühlen Sommern und milden Wintern sowie einer Jahresschwankung der Temperatur von 16,5 - 17,5° C im wesentlichen atlantisch bestimmt. Der Westteil erhält mit 700 - 780 mm mehr Niederschlag als der östlich der Wasserscheide gelegene Teil mit 600 - 650 mm.

Entwicklung unter dem Einfluß des Menschen

Schon seit alter Zeit, wahrscheinlich seit der Bronzezeit (1700 - 750 v. Chr.) wurden die wenig widerstandsfähigen Eichen-Birken-Wälder durch Abholzung und Verbiß durch Weidetiere immer mehr gelichtet und durch Plaggenhieb offen gehalten. Mit zunehmender Bodenverarmung wurden sie weitflächig durch Zwergstrauchheiden (Genisto-Callunetum) bzw. auf grundwassernahen Böden durch Glockenheidegesellschaften (Ericetum tetralicis) ersetzt.

In den Zwergstrauchheiden ist besonders in der stärker beregneten West- und Südheide das Vorkommen von Wacholdergebüschen charakteristisch, da dieser als einziger Strauch nicht von den Schafen verbissen wird und zu waldartigen Beständen heranwachsen kann.

Unter dem Einfluß der Heidevegetation wurde der Waldboden in einen Heideboden mit einem Ortstein- oder Orterdehorizont umgewandelt. Der Auswaschungshorizont des Heidebodens ist ganz besonders arm an Nährstoffen, so daß auch heute auf diesen Standorten nur sehr anspruchslose Pflanzenarten gedeihen könne, z.B. Birke, Eiche, Eberesche oder Kiefer.

Frühere ingenieurbiologische Arbeiten in der Heide

Aus einer Karte der Kurhannoverschen Landesaufnahme von 1775/76 geht die vermutlich maximale Ausdehnung der Heiden (78 %) und das Landnutzungsmuster der traditionellen Heidebauernwirtschaft in ihrer Endphase mit bereits starken Degradationserscheinungen durch Übernutzung hervor.

Vielfach waren die Heiden durch Plaggenhieb, Überweidung und folgende Deflation zu Flugsandfeldern und Dünen degradiert (Moor 3,4 %, Flugsand bis 4 %). Nach den Rezeßbeschreibungen muß es sich bei den wenigen Laubwaldresten (rd. 1,4 %) um durch Weidebetrieb stark degradierten Niederwald (Stühbusch) gehandelt haben. Gehalten hatte sich der Wald vor allem auf den leistungs- und widerstandsfähigeren Böden der Endmoränenzüge (Eiche, Buche als Mastbäume) und in den nassen Niederungen (Erlen- und Birkenbruch) (DEUTSCHER RAT FÜR LANDESPFLEGE 1985).

Die Lüneburger Heide ist daher schon damals ein Versuchsfeld für ingenieurbiologische Bauweisen gewesen. Um den Flugsand festzulegen, wurde schon Anfang des vergangenen Jahrhunderts eine "Bedeckung der Dünen" mittels Strauch- und Fangzäunen, Bestecken bzw. Flecht- oder Kopierzäunen vorgenommen. Um die letzte Jahrhundertwende unterschied man zwischen stehenden und liegenden toten und lebenden "Deckungen". "...Künstlich hergestellt werden in der Regel nur die ersteren, da die liegenden sich, wenn der Sand erst einmal festgelegt ist, in Gestalt von Moosen, Flechten, Gräsern und Kräutern von selbst einfinden..." (SCHULZE 1910).

Heutiger Zustand

Seit der Mitte des 19. Jahrhunderts wurden die riesigen Heideflächen durch Kultivierung vor allem in Form von Kiefernaufforstungen verdrängt, so daß heute nur noch etwa 25% des Gebietes mit Heide bedeckt sind. Der Anteil der Waldflächen in der Lüneburger Heide beträgt etwa 40%; der der landwirtschaftlich genutzten Fläche auf Grund der geringen Eignung der stark podsolierten Sandböden 30 - 50%.

Im etwa 200 km² großen Naturschutzpark Lüneburger Heide bei Wilsede, der im Jahr 1910 gegründet wurde, wird durch Beweidung mit Schnucken für eine stete Verjüngung der Heidevegetation gesorgt, um die alte Kulturlandschaft mit ihrem typischen Bild und der charakteristischen Vegetation der offenen Wacholderheide zu erhalten.

Ein großer Teil dieses Naturschutzgebietes im südwestlichen Teil zwischen Schneverdingen und Behringen sowie Teile des Landschaftsschutzgebietes bei Steinbeck und Soderstorf werden seit 1950 jedoch auf Grund eines Staatsvertrages von britischen Stationierungstruppen für Panzerübungen benutzt. Dies hat dazu geführt, daß diese Teile der Heide völlig vernichtet, der Boden tiefreichend zerpflügt ist und das Gebiet weitflächig einer „Mondlandschaft" ähnelt.

Heutige ingenieurbiologische Arbeiten: Heiderekultivierung auf Panzerübungsflächen

Erste Überlegungen zur Wiederherstellung solcher Panzerschadensflächen wurden 1955 angestellt, als es darum ging, das Ausmaß und die Kosten der dazu notwendigen Maßnahmen für Entschädigungszwecke festzustellen. Die Niedersächsische Landesstelle für Naturschutz und Landschaftspflege bzw. ihr Leiter Dr. Preising wurde damals gebeten, im Wege der Amtshilfe ein "Gutachten über den Umfang und die Auswirkungen der Übungsschäden an den Heide- und Moorflächen des Vereins Naturschutzpark e.V. sowie über die Möglichkeiten der Beseitigung dieser Schäden" zu erstellen.

Im Rahmen dieses Gutachtens wurden nach Anweisung von Dr. Preising umfangreiche Kartierungen sowohl des ehemaligen Vegetationszustandes als auch des Ausmaßes der Panzerschäden durchgeführt. Außerdem ließ er auf vier ausgesuchten Flächen im Panzerschadensgebiet Ansaatversuche mit Heidekraut und Gräsern bei unterschiedlicher Bodenvorbereitung und -bearbeitung durchführen.

Damit sollten die geeignetsten Verfahren für die Wiederherstellung der großräumig zerstörten Heideflächen erkundet werden.

Dr. Preising machte in seinem Gutachten u.a. für 10 verschiedene Schadensstufen Vorschläge zur Regeneration der Flächen. Die dem Flächenanteil entsprechend wesentlichsten Schadensstufen sind in der folgenden Tabelle dargestellt.

Geländezustand	Vorschläge
1. Pflanzendecke weniger als 20% geöffnet, Bodenstruktur nur oberflächlich gestört.	Auflockern des Oberbodens durch zweimalige Bearbeitung mit Egge und Bodenschleppe. Wiederbegrünung der Heide erfolgt natürlich.
2. Pflanzendecke 20 bis 75% geöffnet und zerstört, Humusdecke und humoser Oberboden durchwühlt.	Auflockern des Oberbodens bis 10 cm Tiefe und Einebnung des Kleinreliefs durch zwei- bis viermalige Bearbeitung mit Egge und Bodenschleppe. Ansaat von Schafschwingel-Feinschwingel-Drahtschmielen-Rasenmischung (20 kg/ha) mit Drillmaschine. Wiederbegrünung mit Heide erfolgt natürlich.
3. Pflanzendecke 75 bis 100 % zerstört, Humusdecke und humoser Oberboden durchwühlt.	wie bei 2., jedoch 25 kg/ha Rasenmischung einsähen. Auf wiederherzustellenden Heideflächen zusätzlich Einsaat von Heide (1 kg/ha).
4. Pflanzendecke völlig vernichtet (Rollbahnen), Oberboden tief durchmischt und verfestigt.	Auflockern auf 20 cm Tiefe mit Lockerungsgerät. Einebnen mit Bodenschleppe durch zweimalige Bearbeitung. Einsaat von Schafschwingel-Feinschwingel-Drahtschmielen-Rasenmischung (25 kg/ha) im Drillgang mit Bodenwalze. Auf wiederherzustellenden Heideflächen Einsaat von Heide (1 kg/ha).

Tab. 1 Verschiedene Schadensstufen und Vorschläge zu ihrer Regeneration

Die übrigen Kategorien betreffen Sonderfälle (Wiederherstellung von Sprengstellen, Schluchtenerosionen u. dgl.) oder Maßnahmen zur Pflege bzw. zur Ergänzung der Gehölzbestände innerhalb der Heideflächen. Darauf soll aber hier nicht näher eingegangen werden.

Zur Praxis der Heideaussaat ist dem Gutachten noch folgendes zu entnehmen:

a) Das Heidekraut (Calluna vulgaris) ist ein Lichtkeimer. Das Saatgut darf daher nicht wie z.B. Grassamen flach in den Boden eingearbeitet werden, sondern muß auf dem Boden offen liegen bleiben.

b) Heidesamen ist sehr klein und leicht. 1 g reines Heidesaatgut enthält knapp 60.000 Samen. Die Keimfähigkeit dürfte bei günstigen Wärme- und Feuchtigkeitsverhältnissen nahe 100% liegen.

c) Das Säen kann durch Hand oder auf maschinellem Wege im Herbst, besser aber im Frühjahr, etwa Anfang Mai erfolgen, um ein Verfrachten der Samenkörner durch Schmelzwasser oder Wind oder eine Überdeckung mit Boden einzuschränken.

d) Das Heidesaatgut kann durch Abstreifen der reifen Fruchtkapseln mit der Hand oder (bei größerem Bedarf) durch Mähen samentragender Heideflächen mit einem Mähdrescher gewonnen werden. Die Fruchtreife erfolgt je nach Witterung zwischen Oktober und Dezember. Da die reifen Samen bei sonnigem Wetter oder Frost leicht ausfallen, sollte das Sammeln von Heidesaatgut nur an trüben Tagen oder in den frühen Morgenstunden erfolgen. Das abgemähte Heidekraut kann zum Erosionsschutz auch locker auf den Ansaatflächen verteilt werden, es wird allerdings leicht vom Winde verweht. In solchen Fällen ist eventuell eine Abdeckung mit gröberem Reisig sinnvoll, z.B. von Kiefer oder Birke.

Da der Westteil des Naturschutzgebietes Lüneburger Heide 1983 noch zum größten Teil als Panzerübungsgelände genutzt wird (siehe Abb. 2), konnten erst kleinere Panzerschadensflächen nach der oben angeführten Methode wieder in Heideflächen verwandelt werden. Dabei hat sich das Verfahren als sehr wirtschaftlich bewährt und ist danach auch an anderen Stellen angewandt worden. Bei ungünstigen Witterungsbedingungen während der Keimzeit und der folgenden Wochen (insbesondere anhaltende Trockenheit) kann allerdings auch der Erfolg stark gemindert werden, so daß die Aussaat wiederholt werden muß (MONTAG 1976).

Auf diese Weise wurde in den Jahren 1956/57 von Professor Preising eine etwa 400 ha große Fläche Heide, die von der Britischen Rheinarmee 10 Jahre als Panzerkampfgelände genutzt und großflächig völlig zerstört worden war und dann freigegeben wurde mit bestem Erfolg wieder hergestellt (siehe Abb. 3). Dazu wurden zunächst die Fahrspuren beseitigt und dann die Ansaaten wie oben beschrieben vorgenommen.

Abb. 2 Durch Panzerübungen weitgehend zerstörte Fläche der Lüneburger Heide mit Resten eines ehemaligen Weide-Eichenwaldes (Stühbusch)

Abb. 3 Renaturierte Heidefläche nach der Methode von Prof. Dr. E. Preising

Die Zusammensetzung der Heidevegetation auf diesen Rekultivierungsflächen kann heute kaum mehr von ursprünglichen Heideflächen unterschieden werden. Es entwickeln sich hier ähnliche Calluna-Heiden wie auf abgeplaggten Standorten, da man bei der Rekultivierung eine ähnliche Voraussetzung zur Regeneration der Heidevegetation schafft wie bei Plaggenhieb. Hier ergänzt man nur das sonst vermehrt vorhandene Samenpotential durch Nachsaat.

Auf den sauren nährstoffarmen Sanden kommt es so wieder zur typischen Zusammensetzung in der Bodenflora, die bestimmt wird durch das Heidekraut (Calluna vulgaris), die Gräser Haarschwingel (Festuca tenuifolia) und Drahtschmiele (Deschampsia flexuosa), sowie andere Sandheidearten wie Bauernsenf (Teesdalea nudicaulis), Feld-Klee (Trifolium campestre) oder Gemeines Ferkelkraut (Hypochoeris radicata).

Die Entwicklung der Rekultivierungsmaßnahmen zu ähnlichem Bewuchs wie in der alten Heidelandschaft kann man weiterhin gut in der mosaikartigen Ausdifferenzierung der Pflanzendecke erkennen.

• Der offene Charakter in Kuppenlagen findet seinen Ausdruck durch das Vorkommen des Silbergrases (Corynephorus canescens) und einem hohen Anteil von Moosen (z.B. Polytrichum piliferum) und Flechten (z.B. Cladonia impexa, C. unicalis, C. chlorophaea, C. mitis).
• An weniger exponierten Standorten gibt es innerhalb der Heide Flächen mit mehr Borstgras (Nardus stricta).
• In kleinen Senken wird der Haarschwingel bei zunehmender Feuchte durch die Drahtschmiele ersetzt.

Fazit

Die von Professor Preising vorgeschlagene Methode der Rekultivierung trägt erheblich zur Sicherung der Landschaft vor Bodenabtrag und Erosion bei und kann deshalb mit Recht als ingenieurbiologische Maßnahme angesehen werden.

Daß sie gleichzeitig der Wiederherstellung der natürlichen Kulturlandschaft diente, zeigt zum einen die einer natürlichen Heide entsprechende Sukzession und Vegetationsdifferenzierung. Zum anderen ein Vergleich mit forstlichen Maßnahmen in noch bestehendem Panzerübungsgelände. Hier wurden inselartig Flächen mit einer Ansaat aus Rotstraußgras versehen und mit Gehölzen bepflanzt, vor allem, um einer allzu starken Bodenerosion vorzubeugen. Die typische Flora der Lüneburger Heide konnte sich hier aber schwer wieder einfinden, da das angesäte Rotstraußgras - eine nordamerikanische Hochlandgraszüchtung (Agrostis tenuis - highlandbend) - durch seine enorme Wüchsigkeit die Bodendecke sehr schnell schließt. Hierdurch ist die Sicherung vor Abtrag erst einmal gegeben, aber die Arten der eigentlichen Sandheide haben es schwer, dort Fuß zu fassen. Beispielsweise findet man bisher in den einige Jahre alten Beständen neben dem Rotstraußgras nur das Ferkelkraut in einigen Exemplaren. Von den gepflanzten Gehölzen sind nur Eberesche (Sorbus aucuparia) und Stieleiche (Quercus robur) der heimischen Flora zuzurechnen. Dagegen sind die gepflanzten Exemplare der Schwarzkiefer (Pinus nigra) und Grauerle (Alnus incana) als nicht standortgerechte Gehölze zu bezeichnen. Diese behindern hier die Entwicklung zu einem naturnahen Gehölzstreifen.

Literatur

DEUTSCHER RAT FÜR LANDESPFLEGE (1985): Zur weiteren Entwicklung von Heide und Wald im Naturschutzgebiet Lüneburger Heide. In: Schriftenreihe des Deutschen Rates für Landespflege. H. 48. S. 745-774.

MONTAG, H. (1976): 30 Jahre Naturschutz und Landschaftspflege in Niedersachsen. In: Praktisches Versuchswesen, Niedersächsisches Ministerium für Ernährung, Landwirtschaft und Forsten.

MÜLLER, Th. (1961): Lüneburger Heide, Naturräumliche Einheit 64. In: Handbuch der naturräumlichen Gliederung Deutschlands, 7. Lieferung, hrsg. von E. Meynen, J. Schmithüsen, J.F. Gellert, E. Neef, H. Müller-Miny u. J.H. Schultze, Selbstverlag der Bundesanstalt für Landeskunde und Raumforschung, Bad Godesberg.

SCHULZE, F.W.O (1910): Der Dünenbau. In: Dünenbuch. Verlag von Ferdinand Enke, Stuttgart. S. 376-404.

Jahrbuch 6 der Gesellschaft für Ingenieurbiologie e.V. Aachen (1996)
Ingenieurbiologie im Spannungsfeld zwischen Naturschutz und Ingenieurbautechnik

235

Exkursionsbeispiel II:
Ufersicherung von Tidegewässern am Beispiel der Elbe in Hamburg

Eva Hacker und Christina Paulson

Abb. 1 Lage des Exkursionsbeispiels II: Ufersicherung von Tidegewässern am Beispiel der Elbe in Hamburg

Naturräumliche Situation

Der gezeitenbeeinflußte Bereich am Ufer der der Nordsee zufließenden Ströme
unterliegt eigenen Lebensbedingungen und außergewöhnlichen Beanspruchungen. So betragen die täglichen Schwankungen des Flußspiegels der Elbe bei
Hamburg (siehe Abb. 1) durchschnittlich etwa 2 m. Durch Nordweststürme und
Springtiden bzw. durch ablandige Winde und Nipptiden kann sich die Ampli-
tude der Wasserstände auf rund 8 m erhöhen. Das Wasser, das hierbei die Ufer-
bereiche überströmt, ist jedoch physiologisch "süß", da das salzige Seewasser
der Nordsee nur den unteren Teil des Mündungsbereiches verbrackt.

Ingenieurbiologische Maßnahmen

Um die Kraft der auflaufenden Wellen zu mindern, deren erodierenden Wirkungen entgegenzutreten und das Land vor dem Deich festzulegen wurden zwischen 1965 und 1967 unter der Leitung von Herrn F.W.C. Mang (damals Strom-
und Hafenbau der Freien und Hansestadt Hamburg) an der Elbe bei Finkenwerder Vorpflanzungen vorgenommen. Diese wurden vor dem Cranzer und
Neuenfelder Hauptdeich zu beiden Seiten der Este-Mündung auf ca. 4 km Länge
zusätzlich zur Steinschüttung angelegt. Dabei wurde versucht, eine möglichst
naturnahe Vegetationsabfolge vom Tideröhricht über den Weidenbuschsaum bis
zum Tideauewald herzustellen.

Für diese Sicherungsmaßnahmen konnten jedoch nur solche Pflanzen verwendet
werden, die bei den Standortbedingungen der regelmäßigen Schwankungen des
Süßwasserspiegels gut gedeihen können.

Da die Deichvorpflanzung zum einen auf dem reinen Sandboden sowie zum Teil
auf Steinschüttungen am Elbufer und zum anderen die Röhrichtpflanzungen als
vorgelagerter Saum in der Sohle der Elbe vor dem Ufer erfolgte, wurden Pflanzen aus folgenden Vegetationszonen schwerpunktmäßig verwendet:

Tideröhricht:
Schilf	Phragmites australis
Rohrglanzgras	Phalaris arundinacea
Strandbinse	Bolboschoenus maritimus
Gemeine Teichsimse	Schoenoplectus lacustris
Salz-Teichsimse	Schoenoplectus tabernaemontani

Weidenbuschsaum:

Mandelweide	Salix triandra
Hanfweide	Salix viminalis
Bastard zwischen Ohr-, Grau- und Hanfweide	Salix x dasyclados
Bastard zwischen Purpur- und Hanfweide	Salix x rubra
Bastard zwischen Ohr- und Hanfweide	Salix x fruticosa
Bastard zwischen Hanf- und Mandelweide	Salix x hippohaefolia
Langblättrige Weide - amerikanische Art	Salix longifolia

Daß sich gerade auch Hybriden (Bastarde) von Weiden für die Pflanzungen eignen (MANG 1984) liegt an der Sondersituation der Tidestandortbedingungen. So sind aus den Elbauen seit langer Zeit große Populationen von Weidenhybriden bekannt und in der Vergangenheit auch kultiviert worden. Die amerikanische Art Salix longifolia ist hier verwendet worden, weil sie aufgrund ihrer Eigenschaft, Wurzelbrut zu bilden besonders wasser- und trockenheitsresistent ist und bei den Tidebedingungen gut existieren und Sicherungsfunktionen übernehmen kann.

Der landeinwärts anschließende Auewald wurde sowohl aus Arten der Weichholzaue als auch der Hartholzaue gepflanzt. Die in der Weichholzaue verwendeten Pappelhybriden sind zwar künstlich entstanden, verbreiten sich aber im Elbraum inzwischen spontan.

Auewald / Weichholzaue:

Silberweide	Salix alba
Balsam-Pappel	Populus balsamifera
Schwarzpappel	Populus nigra oder
Populus robusta	Populus nigra x P. balsamifera

Auenwald / Hartholzaue:

Erle	Alnus glutinosa
Esche	Fraxinus excelsior
Stieleiche	Quercus robur
Flatterulme	Ulmus effusus
Schlehe	Prunus spinosa
Rosen	Rosa verschiedene Spezies
Schneebeere	Symphoricarpos rivularis
Goldregen	Laburnum anagyroides
Heckenkirsche	Lonicera xylosteum

Weiterhin wurden Obstbäume wie Wildapfel und Wildbirne gepflanzt.

Heutiger Zustand

Die zur Ufersicherung angelegten Pflanzungen bestehen bis zur heutigen Zeit und dienen neben der Steinschüttung dem Schutz des Elbufers.

An den Vorpflanzungen in Finkenwerder läßt sich heute eine Vegetationsabfolge (siehe Abb. 2) vom Wasser zum Land entsprechend dem Anpflanzungsschema Tideröhricht, Weidenbuschsaum und Auenwald nachvollziehen.

Aus den Tideröhrichtpflanzungen entwickelten sich je nach den Standortbedingungen mosaikartig ineinander verzahnte oder in zonierungsartiger Abfolge verschiedene Pflanzengesellschaften, wie es bereits von ELLENBERG (1986) für die Sandufervegetation im Süßwassertidebereich an der Elbe beschrieben wurde (siehe Abb. 3):

Strandbinsenröhricht

Das Strandbinsenröhricht dringt am weitesten in den Strom vor. Neben den gepflanzten Röhrichtarten konnten sich noch weitere typische Teichsimsenarten, beispielsweise die Bastard-Teichsimse (Schoenoplectus x duvalii) ansiedeln. Bemerkenswert ist innerhalb der angelegten Röhrichte die Ansiedlung von endemischen, das heißt auf besondere Gebiete beschränkte, Arten wie die Wibels-Schmiele (Deschampsia wibeliana), oder das hier als mehrjährige Staude wachsende Einjährige Rispengras (Poa annua ssp. palustris), das deshalb auch Elbufer-Rispengras genannt wird. Diese Arten zeigen, daß sich in den neugepflanzten Röhrichten typische, den Bedingungen der Tide angepaßte Arten wie die oben genannten ausbreiten können. Beide Arten stehen als gefährdete Pflanzen auf der Roten Liste Hamburgs (MANG 1989).

Wasserschwadenröhricht

Im Wasserschwadenröhricht wird der eingebrachte Wasserschwaden (Glyceria maxima) u.a. von folgenden Feuchthochstauden und Feucht- bzw. Naßwiesenarten begleitet:

Behaartes Weidenröschen	Epilobium hirsutum
Wasserkresse	Rorippa amphibia
Gemeine Brunnenkresse	Nasturtium officinale
Einspelzige Sumpfsimse	Eleocharis uniglumis
Wilde Sumpfkresse	Rorippa sylvestris

Als Besonderheit tritt hier die unbehaarte Form der Haarsegge (Carex hirta f. hirtaeformis) auf. Die Kahle Haarsegge steht als stark gefährdete Art ebenfalls auf der Roten Liste Hamburgs (MANG 1989).

Wiesenknöterichgesellschaft

Eine eigene, tideabhängige Gesellschaft hat sich mit der Gesellschaft des Wiesenknöterichs (Rumex x pratensis = crispus x obtusifolius ssp. transiens), eines Bastards zwischen Krausem und Breitblättrigem Ampfer, auf etwas erhöhten trockeneren Standorten angesiedelt. Der Wiesenknöterich ist hier fast flächendeckend und wird nur von wenigen Arten begleitet z.b. von Kriechendem Hahnenfuß (Ranunculus repens) und Blut-Ampfer (Rumex sanguineus).

Schilfröhricht

In den ausgedehnten Schilfröhrichten, die sich hauptsächlich landeinwärts entwickelt haben, konnte sich neben verschiedenen anderen Feuchtwiesenarten auch die besonders üppig wachsende Form der Sumpfdotterblume (Caltha palustris ssp. araenosa) die sogenannte Tide-Dotterblume ansiedeln. Diese Pflanze gehört wiederum zu den typischen Tidearten, wie man sie noch im Naturschutzgebiet "Heuckenlock" finden kann. Auch sie steht als stark gefährdet auf der Roten Liste Hamburgs (MANG 1989).

Weidenbuschsaum und Auewald

In den Weidenbuschsaum- und Auewaldpflanzungen entwickelte sich inzwischen ein Unterwuchs, in dem neben ruderalen, meist stickstoffliebenden Stauden wie z.b. Brennessel (Urtica dioica) und Kleblabkraut (Galium aparine) auch Arten der Küstenpülsäume wie Rohrschwingel (Festuca arundinacea) vorkommen. Auch charakteristische Stromtalpflanzen wie Sumpf-Greiskraut (Senecio paludosus) oder Roter Wasser-Ehrenpreis (Veronica catenata) haben sich eingefunden. In den Saumbereichen prägen üppig wachsende Exemplare der Strom-Engelwurz (Angelica archangelica ssp. littoralis) und des Gefleckten Schierlings (Conium maculatum) das Bild. Zu den gepflanzten Bäumen und Sträuchern haben sich spontan weitere Gehölze eingefunden z.B. Bergahorn (Acer pseudoplatanus), weitere Weidenarten wie z.B. die Verschiedenblättrige Mandelweide (Salix triandra ssp. discolor) und weitere Pappelarten wie die Graupappel (Populus canescens). Von den hier vorkommenden charakteristischen Tidearten ist das Sumpf-Greiskraut in seinem Bestand gefährdet. Auch der Rote Wasser-Ehrenpreis und der Gefleckte Schierling stehen auf der Roten Liste Hamburgs.

Naturnahe Tidevegetation

Eine Vorstellung, inwieweit sich in der Zwischenzeit aus den Vorpflanzungen zum Uferschutz eine mit einer naturnahen Tideaue vergleichbare Vegetation entwickelt hat, ist deshalb möglich, weil reliktartige Reste eines der letzten ursprünglichen Tide-Auewälder im Naturschutzgebiet "Heuckenlock" an der Süderelbe bei Moorwerder (siehe Übersichtskarte Abb. 1) erhalten sind. Das "Heuckenlock", ist seit 1936 als Naturschutzgebiet ausgewiesen. Die Vegetation des Tide-Auewaldes "Heuckenlock", sowie seine Geschichte und die klimatischen und floristischen Besonderheiten wurden von F.W.C. MANG ausführlich beschrieben (MANG 1980).

Neben den Darlegungen von MANG (1980) dienten eigene Beobachtungen während der Vorexkursion 1989 zum Vergleich zwischen den ingenieurbiologischen Maßnahmen und dem natürlichen Standort.

Dabei konnten Tide-Auewald und naturnahe Tideröhrichte beobachtet werden. Am Ufer von Altarmen entwickelten sich Schilfröhrichte, Röhrichte aus Kalmus (Acorus calamus) sowie Röhrichte aus:

Gemeiner Teichsimse	Schoenoplectus lacustris
Dreikant Teichsimse	Schoenoplectus triqueter
Salz-Teichsimse	Schoenoplectus tabernaemontani
Bastard-Teichsimse	Schoenoplectus duvalii

Auffällige Arten in den Röhrichten der Tidealtarme sind vor allem floristisch bemerkenswerte Vorkommen von Hochstauden wie:

Fluß-Greiskraut	Senecio fluviatilis
Sumpf-Greiskraut	Senecio paludosus
Weidenblatt-Aster	Aster salignus
Langblättriger Ehrenpreis	Veronica longifolia
Schierlings-Wasserfenchel	Oenanthe conioides

und von Feucht- und Naßwiesenarten wie:

Tide-Dotterblume	Caltha palustris ssp. araenosa
Wasser-Greiskraut	Senecio aquaticus
Banater Segge	Carex buekii
Grannen-Segge	Carex atherodes
Entferntährige Segge	Carex disticha

Auf höher gelegenen waldfreien Flächen findet man Wiesenknöterichgesell-
schaften mit:

Kriechhahnenfuß	Ranunculus repens
Geflecktem Schierling	Conium maculatum

Am Rande der Süderelbe, dem Auewald vorgelagert gibt es Spülsäume mit:

Wasserkresse	Rorippa amphibia
Wibels-Schmiele	Deschampsia wibeliana
Elbufer-Rispengras	Poa annua ssp. palustris

Vergleich zwischen Pflanzung und natürlichem Standort

Vergleicht man die zur Ufersicherung angelegten, jetzt 22 - 24 Jahre alten
Pflanzungen vor den Elbe-Deichen mit der zwar starken Störungen wie beispielsweise Wasserverschmutzung und Naherholung ausgesetzten naturnahen
Auevegetation im Tidebereich des NSG „Heuckenlocks", so kann man zu folgenden Feststellungen kommen:

Ähnlichkeiten

- Aus den gepflanzten Röhrichten verschiedener Arten hat sich eine dem naturnahen Tideröhricht ähnliche Differenzierung und Zonierung entwickelt, wie
  sie vorne beschrieben wurde und in Abb. 3 zu sehen ist. Außerdem wanderten
  gebietstypische Röhrichtarten zusätzlich ein, z.B. die Bastard-Teichsimse, die
  auch im naturnahen Bestand vertreten ist.

- Es kam zur spontanen Entwicklung der für offene, etwas höherliegende
  Standorte typischen Wiesenknöterich-Gesellschaften am Rand der Röhrichte
  (siehe Abb. 2, als rotbräunlicher Streifen in der Mitte des künstlichen
  Hakens).

- Ähnlich den Spülsäumen am naturnahen Süderelbeufer haben sich im
  schwankenden Uferbereich zwischen den Sicherungssteinen endemische
  Pflanzenarten wie die Wibels-Schmiele oder das Elbufer-Rispengras eingefunden.

- Charakteristische Hochstauden der Tide-Auewälder wie Gefleckter Schierling
  und Strom-Engelwurz sind heute in den Säumen der Pflanzungen zu finden.

Unterschiede

- Auf Grund des stärker gegliederten Reliefs im natürlichen Tidebereich , z.B. durch Auflandungen, Altarme, Priele oder Strudellöcher, und aufgrund der wesentlich längeren Entwicklung haben sich die verschiedenen Pflanzengesellschaften viel kleinteiliger differenziert.

- Daraus ergibt sich auch ein wesentlich größerer Artenreichtum, sowohl an verschiedenen Feucht- und Naßwiesenarten mit einem größeren Verbreitungsareal, wie z.b. die verschiedenen z.T. seltenen Seggenarten, als auch Arten, die speziell an die Tide angepaßt oder durch die Stromtalsituation verbreitet sind, wie z.b. Schierlings-Wasserpfeffer, Langblättriger Ehrenpreis, Fluß-Greiskraut u.a. mehr.

- Im naturnahen Auewald ist die Differenzierung in Hart- und Weichholzaue in der Baum-, Strauch- und Krautschicht klarer erkennbar: Die Pappel- und Weidenbestände der Weichholzaue sind im wesentlichen direkt am Elbufer zu finden, während die Arten der Hartholzaue wie Erle, Esche und Ulme im Hinterland dominieren. Auch die Kraut- und Strauchschicht unterscheidet sich von der Pflanzung. Dies wird sehr deutlich aus der Vegetationstabelle der Auenwälder des Naturschutzgebietes "Heuckenlock" bei MANG (1980): neben den stickstoffzeigenden Stauden sind hier v.a. auch Waldarten wie z.B. Hopfen (Humulus lupulus) oder Gelappter Ehrenpreis (Veronica sublobata) zu finden und die einzelnen Waldgesellschaften sind im Gegensatz zu der Pflanzung in der Bodenflora differenziert.

- Die in den Vorpflanzungen zur Sicherung verwendeten kultivierten Weidenhybriden und fremdländische Arten wie z.B. Salix longifolia fehlen im natürlichen Auewald.

Abb. 2 Blick auf die Vorpflanzungen am Tidegewässer Elbe oberhalb der Este-Mündung

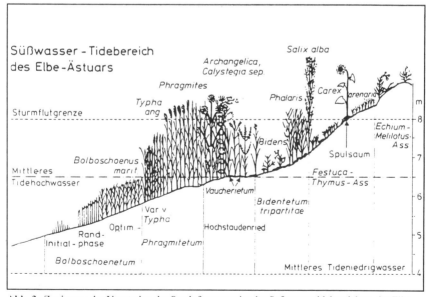

Abb. 3 Zonierung der Vegetation der Sandufervegetation im Süßwassertidebereich an der Elbe unterhalb Hamburg (nach ELLENBERG, 1986)

Fazit

Im Bereich der Tide mit periodisch wechselnden Wasserständen sind an den biologischen Wasserbau besondere Anforderungen gestellt. Aufgrund der schwierigen Standortbedingungen lassen sich nur die wenigen Pflanzenarten für Sicherungsbauweisen zu benutzen, die mit diesen Standortbedingungen fertig werden (KLEIN 1965). Außerdem gelingen spezielle ingenieurbiologische Bauweisen wie Spreitlagen bei dem schwankenden Wasserspiegel kaum, so daß gezielte Pflanzungen hier als eigentliche ingenieurbiologische Bauweisen anzusehen sind.

In den oben aufgezeigten Beispielen ist durch die gestaffelte Pflanzung von Tideröhrichten und Weidenbuschsaum mit Auewald zusätzlich zu den Steinschüttungen eine wirkliche Sicherung der stark beanspruchten Ufer vor den Deichen erreicht worden. Die Sicherungsmaßnahme hat bereits über 20 Jahre gehalten.

Die gut ausgewählten Artenkombinationen haben dazu geführt, daß sich heute an diesen Stellen eine den naturnahen Röhrichten und Auwäldern ähnelnde Vegetation entwickelt hat und bereits einige charakteristische Tide- und Stromtalpflanzen eingewandert sind, von denen ein großer Teil in der Roten Liste Hamburgs enthalten sind.

Gleichzeitig ist aber an diesen Beispielen deutlich erkennbar, daß trotz gekonnter Planung und jahrzehntelanger Entwicklung die neugeschaffenen Bestände noch weit von einer naturnahen Situation entfernt sind und daß die natürlichen kleinräumig differenzierten Standortbedingungen eines Tideauewaldes kaum vom Menschen neu zu schaffen sind und nur ein Teil des typischen Artenspektrums Sekundärstandorte besiedelt.

Trotz dieser Einschränkungen sind hier mit den Pflanzungen an der Elbe gute Beispiele geschaffen worden, bei denen Sicherungsmaßnahmen zu einer naturnäheren Entwicklung der Ufersituation und des Pflanzenbestandes führten und neue Standorte für heimische und inzwischen gefährdete Arten geschaffen wurden.

Literatur

ELLENBERG, H. (1986): Vegetation Mitteleuropas mit den Alpen, Ulmer-Verlag Stuttgart.

HAEUPLER, H., MONTAG, A. WÖLDECKE, K. und E. GRAVE (1985): Rote Liste Gefäßpflanzen Niedersachsen und Bremen, 2. Auflage, Hrsg.: Niedersächsisches Landesverwaltungsamt - Fachbehörde für Naturschutz, Hannover.

UMWELTBEHÖRDE HAMBURG - Naturschutzamt (Hrsg.): Bearbeitungsstand März 1987.

KLEIN, (1965): Der biologische Wasserbau an Tidegewässern und im Küstenbereich. In: Der biologische Wasserbau an den Bundeswasserstraßen, Stuttgart.

MANG, F.C.W. (1980): Der Tide-Auewald "NSG Heuckenlock" an der Elbe bei Hamburg, Gemarkung Elbinsel Hamburg-Moorwerder (2526), Stromkilometer 610,5 bis 613,5. In: Colloques phytosociologiques, IX, Les forèts alluviales, Strasbourg.

MANG, F.C.W. (1984): Besiedlung belasteter Industrie- und Hafenflächen in Hamburg. In: Zur Flora und Vegetation Schleswig-Holsteins und angrenzender Gebiete. Mitteilungen der Arbeitsgemeinschaft Geobotanik in Schleswig- Holstein und Hamburg, H. 33, Kiel.

MANG, F.C.W. (1989): Artenschutzprogramm - Liste der wildwachsenden Farn- und Blütenpflanzen in der Freien und Hansestadt Hamburg und näherer Umgebung. In: Naturschutz und Landschaftspflege in Hamburg, H. 27, Schriftenreihe der Umweltbehörde der Freien und Hansestadt Hamburg.

Jahrbuch 6 der Gesellschaft für Ingenieurbiologie e.V. Aachen (1996)
Ingenieurbiologie im Spannungsfeld zwischen Naturschutz und Ingenieurbautechnik

247

Exkursionsbeispiel III: Renaturierungen an der Außenalster

Eva Hacker und Christina Paulson

Abb. 1 Lage des Exkursionsbeispiels III: Renaturierung an der Außenalster

Ausgangssituation

Die Alster, ein 52 km langer Nebenfluß der Elbe, ist in Hamburg kurz vor ihrer Mündung seeartig zur Außenalster und zur Binnenalster erweitert (siehe Abb. 1). Dies rührt daher, daß Hamburg eigentlich eine Gründung an der Alster ist und die seeartigen Erweiterungen der Alster ehemalige Mühlenteiche darstellen.

Das Ufer der Außenalster wurde vermutlich nach dem Zweiten Weltkrieg mit Steinpackungen gesichert, da sich rundherum, stellenweise im Anschluß an einen Grüngürtel, Straßen und Wohnbebauungen anschließen. Hierbei verblieben nur an wenigen Stellen Röhrichtbestände.

Ingenieurbiologische Maßnahmen

Seit 1977 wird nun versucht, entlang des Ufers standortentsprechenden Pflanzenbewuchs wieder anzusiedeln. Dazu werden Flachwasserzonen hergestellt und Röhrichtbestände neu angelegt (siehe Abb. 2). Durch die Vegetation sollen zum einen die Voraussetzungen, die bewachsene Uferzonen für die Regeneration der Gewässer bieten, verbessert werden. Zum anderen soll jedoch langfristig das Ufer durch diese Vorpflanzung gesichert werden, so daß die Steinpackung überflüssig wird. Die Röhrichtzone soll das Ufer gegen Ausspülung mittels Durchwurzelung des Ufersaums und wegen seiner Wirkung als Wellenbrecher sichern.

Im Rahmen eines Programmes betreibt das Amt für Wasserwirtschaft und Stadtentwässerung der Baubehörde der Freien und Hansestadt Hamburg die Wiederbegrünung der Ufer an 19 Teilstrecken mit einer Gesamtlänge von ca. 1.600 m (siehe Abb. 1). Die Arbeiten werden bis 1990 dauern.

Die Flachwasserzonen werden folgendermaßen hergestellt (siehe Abb. 2):
• Der als Auffüllung eingebaute Sand wird durch eine 20 cm dicke obere Abdeckschicht aus Kiesgeröll gegen Ausspülung und Verlagerung geschützt. Das Kiesgeröll bietet ausreichend Widerstand gegen Verdriftung und Halt für die Wasserpflanzen. Um die Flachwasserzone wird ein Geröllwall mit der Kronenhöhe von NN + 3,20 m und einem bis 70 cm unter Wasseroberfläche gehenden Sandkern hergestellt. Der Geröllwall erhält an beiden Enden und jeweils in der Mitte Öffnungen von ca. 2 m Breite, um einen Wasseraustausch zu gewährleisten und den Fischen einen Durchschlupf zu geben.

- Zum Schutze der Anpflanzungen gegen Beeinträchtigungen von außen wird die Flachwasserzone durch einen Graben und einen umlaufenden Schutzzaun abgegrenzt.

- In der Flachwasserzone hinter dem Geröllwall wurden Pflanzenmatten mit folgenden Pflanzenarten eingebracht:

Ästiger Igelkolben	Sparganium erectum
Breitblättriger Rohrkolben	Typha latifolia
Froschlöffel	Alisma plantago-aquatica
Gemeine Strandsimse	Bolboschoenus maritimus
Gemeine Teichsimse	Schoenoplectus lacustris
Kalmus	Acorus calamus
Rohrglanzgras	Phalaris arundinacea
Schilf	Phragmites australis
Schmalblättriger Rohrkolben	Typha angustifolia
Sumpf-Schwertlilie	Iris pseudacorus
Sumpfsegge	Carex acutiformis
Sumpfsimse	Eleocharis palustris
Wasserminze	Mentha aquatica
Wasserschwaden	Glyceria maxima

- Zum Schutze der Anpflanzungen gegen Beeinträchtigungen von außen wird die Flachwasserzone durch einen Graben und einen umlaufenden Schutzzaun abgegrenzt (vgl. Abb. 3).

- Die Pflanzpläne stellte das Institut für angewandte Botanik der Universität Hamburg auf. Die Bepflanzung geschieht in enger Abstimmung zwischen Planer und Behörde.

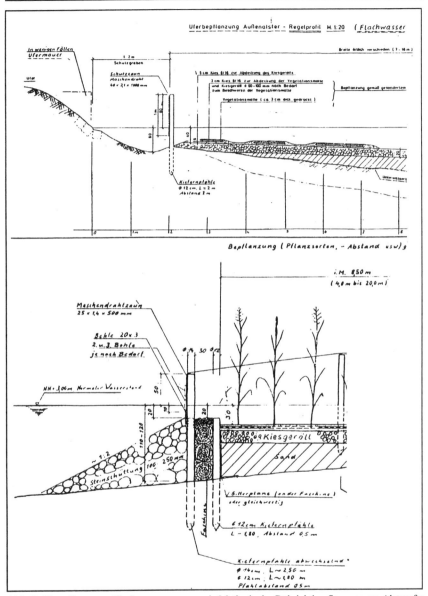

Abb. 2 Herstellung von Flachwasserzonen sowie Methode der Röhrichtbepflanzung am Alsterufer
(Quelle: Wasserwirtschaftsamt-Baubehörde der Freien- und Hansestadt Hamburg)

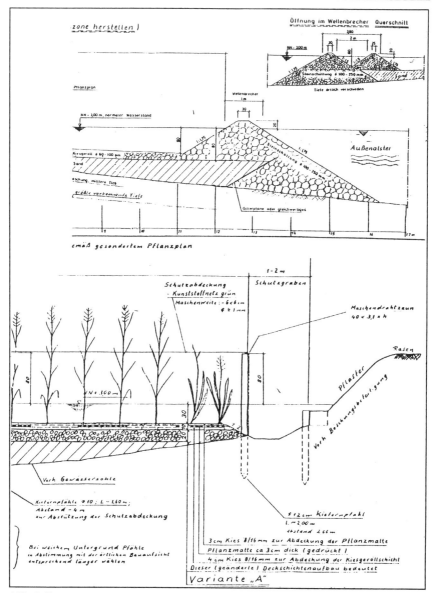

Abb. 2 **Fortsetzung**:
Herstellung von Flachwasserzonen sowie Methode der Röhrichtbepflanzung am Alsterufer
(Quelle: Wasserwirtschaftsamt-Baubehörde der Freien- und Hansestadt Hamburg)

Abb. 3 Blick auf neu angelegte Röhrichtpflanzung hinter Steinwällen und umlaufendem Schutzzaun am Alsterufer

Ergebnis

Das eigentliche Röhricht wird in seiner Entwicklung vor allem durch den Verbiß
von Enten und Schwänen, die im urbanen Raum übernatürlich große Populationen haben, stark geschwächt. Dazu kommt z.b. der störende Einfluß von
spielenden Kindern und die Zutrittsmöglickkeit von Spaziergängern. Demzu-
folge bleiben die Röhrichtbestände lange lückig (siehe Abb. 4) und müssen teilweise sogar nachgepflanzt werden.
Dagegen ist auf den Geröllwällen ein spontaner dichter Bewuchs von heimischen Feuchthochstauden festzustellen, vor allem aus folgenden Arten:

Behaartes Weidenröschen	Epilobium hirsutum
Bittersüßer Nachtschatten	Solanum dulcamara
Echte Angelika	Angelica archangelica
Dreiteiliger Zweizahn	Bidens tripartita
Fluß-Ampfer	Rumex hydrolapathum
Gemeiner Hopfen	Humulus lupulus
Gemeiner Wolfstrapp	Lycopus europaeus
Große Brennessel	Urtica dioica

Steife Winterkresse	Barbarea stricta
Sumpf-Ziest	Stachys palustris
Wasserkresse	Rorippa amphibia
Zaunwinde	Calystegia sepium

Außerdem konnte sich Bewuchs von Wasserstern (Callitriche spec.) und Kleiner Entengrütze (Lemna minor) entwickeln, an einigen Stellen kommt es zu Weidenjungwuchs.

Diese Ergebnisse wurden einerseits einer begleitenden Untersuchung durch das Institut für angewandte Botanik aus dem Jahre 1987 entnommen und beruhen andererseits auf eigenen Erhebungen während einer Vorexkursion im Juni 1989.

Fazit

Zum heutigen Zeitpunkt zeigt sich, daß durch den starken Erholungsdruck einer Großstadt Renaturierungs- und Sicherungsmaßnahmen von Ufern nur mit Mühen und mit Nachbehandlung möglich sind. Die Entwicklung von Röhrichten kommt nur langsam und durch ständige Aufsicht in Gang - allerdings zeigt sich nach vielen Jahren an einigen Stellen Erfolg (vgl. Abb. 5).

Weiterhin schafft die wahrscheinlich unvermeidliche Aufschüttung von Steinen zur Herstellung von Flachwasserzonen unwillkürlich eine zweite Uferzone. Dies entspricht zwar nicht der natürlichen Zonierung an Seen, trägt aber erst einmal überhaupt zur Ansiedlung von Röhricht- und Feuchthochstauden am Gewässer bei. Damit leisten die jetzigen Bestände einen Beitrag zum Arterhalt am Gewässer und zur Gewässerentwicklung und -regeneration.

Zu diskutieren ist an diesem Beispiel sicherlich, ob hier langfristig ein naturnaher Vegetationsgürtel entstehen und die Sicherung der Ufer übernehmen kann oder ob es andere Möglichkeiten geben könnte, um eine naturnahe Uferzonierung besser zu realisieren.

Literatur

BAUBEHÖRDE-WASSERWIRTSCHAFT (Hrsg., 1989): Uferbepflanzung Außenalster Flugblatt der Freien und Hansestadt Hamburg, unveröffentlicht.

Abb. 4 Etwa drei Jahre alte Uferbepflanzung: Röhricht stark lückig, spontaner Feuchthochstauden-
bewuchs auf den Steinwällen

Abb. 5 Etwa zwölf Jahre alte Uferbepflanzung hinter Holzsteg. Es hat sich dichtes Schilf- und
Rohrkolbenröhricht entwickelt

Jahrbuch 6 der Gesellschaft für Ingenieurbiologie e.V. Aachen (1996)
Ingenieurbiologie im Spannungsfeld zwischen Naturschutz und Ingenieurbautechnik

255

Exkursionsbeispiel IV: Böschungssicherung an einem Baggersee zwischen A 7 und A 352 bei Gailhof nördlich von Hannover

Eva Hacker, Christina Paulson und Uwe Schlüter

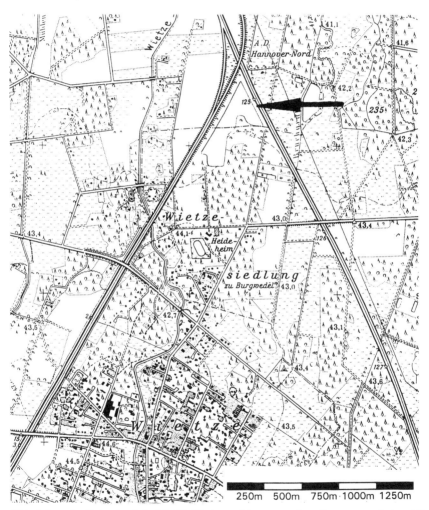

Abb. 1 Lage des Exkursionsbeispiels IV: Böschungssicherung an einem Baggersee zwischen A 7 und A 352 bei Gailhof nördlich von Hannover

Naturräumliche Situation

Der Gailsee, ein etwa 7 ha großer Baggersee entstand Anfang der 60er Jahre durch Sandentnahme für den Bau der Autobahn-Eckverbindung Hamburg-Ruhrgebiet (A 352).

Der See befindet sich etwa 15 km nördlich von Hannover bei dem Ort Gailhof in der Wietzeniederung. Er liegt in der naturräumlichen Haupteinheit "Aller-Talsandebene" und in der Untereinheit "Fuhrberger Sandniederungen". Diese naturräumliche Untereinheit ist gekennzeichnet durch podsolierte Grundwassergleyböden und Gleypodsole mit nassen Stieleichen-Birkenwäldern und Birkenbrüchen, durch grundfeuchte Podsolböden mit feuchten Stieleichen-Birkenwäldern und durch kleinflächig eingesprengte trocken Podsolböden mit trockenen Stieleichen-Birkenwäldern. Im heutigen Landschaftsbild treten die natürlichen Waldgesellschaften stark in den Hintergrund. Heute treten vor allem Grünland, Kiefernforsten und einzelne Laubwaldparzellen auf (MEISEL 1960).

Der See liegt im Klimabezirk "Weser-Aller-Gebiet" mit einer mittleren jährlichen Niederschlagssumme von 600 - 700 mm und einer mittleren Lufttemperatur von 8 - 9° C.

Das Wasser des Sees war zunächst oligotroph bis mesotroph. Es hatte einen verhältnismäßig hohen Gehalt an gelöstem Eisen und war bei pH-Werten um 7 mäßig kalkreich. Heute dürfte das Wasser mesotroph bis eutroph sein. In der unmittelbaren Umgebung des Sees stehen Sandböden an. Die heutige potentielle natürliche Vegetation am Ufer ist wahrscheinlich das Faulbaum-Ohrweidengebüsch (Frangulo-Salicetum auritae), das mit zunehmender Entfernung vom Wasserspiegel in einem schmalen Saum aus Erlenbruchwaldgesellschaften (Alnion glutinosae) und anschließend in den Feuchten Stieleichen-Birkenwald (Betulo-Quercetum roboris molinietosum) übergeht (Nomenklatur nach RUNGE 1980).

Gründe für die ingenieurbiologischen Maßnahmen

Die vorherrschenden Winde aus westlicher Richtung verursachten Wellenschlag, der vor allem am Ostufer zu Uferabbrüchen führte, so daß eine Gefährdung der nur etwa 20 m entfernten Autobahn Hamburg-Hannover (A 7) im Bereich des Möglichen lag. Aus diesem Grund stellte die Straßenbauverwaltung diesen See dem Niedersächsischen Landesverwaltungsamt - Naturschutz und Landschaftspflege (heute: Fachbehörde für Naturschutz) und dem

Institut für Landschaftspflege und Naturschutz der Universität Hannover für Versuche zur Sicherung des Ufers mit ingenieurbiologischen Maßnahmen zur Verfügung.

Durchführung der ingenieurbiologischen Maßnahmen

Am bedrohten Ostufer wurde daraufhin im März/April 1962 eine Spreitlage eingebaut. Verwendet wurden Ruten der folgenden Weidenarten:

Ohrweide	Salix aurita
Grauweide	Salix cinerea
Mandelweide	Salix triandra
Korbweide	Salix viminalis

Die Ruten der vier Weidenarten wurden ungemischt, also nach Arten gesondert, und außerdem in allen möglichen Kombinationen abschnittsweise eingelegt.

Oberhalb der Spreitlage wurden im selben Jahr und in den Folgejahren Gehölze durch Pflanzung eingebracht. Dabei wurden in dem an die Spreitlage angrenzenden Bereich vorwiegend die Schwarzerle (Alnus glutinosa) und oberhalb davon, an die Autobahn angrenzend, vor allem die folgenden Arten angesiedelt:

Faulbaum	Frangula alnus
Kreuzdorn	Rhamnus catharticus
Sandbirke	Betula pendula
Stieleiche	Quercus robur
Vogelbeere	Sorbus aucuparia
Weißdorn	Crataegus laevigata
Zitterpappel	Populus tremula

Im Wasser wurden verschiedene Arten aus Unterwasser-, Schwimmblatt- und Röhrichtgesellschaften angesiedelt.

Die übrigen Ufer des Sees wurden nur stellenweise bepflanzt, vor allem mit Schwarzerlen und Weidenarten.

Abb. 2 Spreitlage aus Ruten der Korbweide (Salix viminalis) im Aug. 1962. Länge des Pfahls oberhalb der Bodenoberfläche: 1,3 m. Rechts im Bild die angrenzende Pflanzung überwiegend aus Schwarzerlen

Abb. 3 Das Ostufer des Gailsee im Juni 1963. Im Hintergrund die Autobahn (A7)

Entwicklung der ingenieurbiologischen Maßnahmen

Mitte der 60-er Jahre wies der See einen unterschiedlich breiten und arten-reichen Röhrichtsaum auf.

Die Spreitlage entwickelte sich zunächst gut; unabhängig davon, ob es sich um die Strecken mit den gesondert eingelegten Weidenarten oder um die Abschnitte mit den Artenkombinationen handelte. Das Ostufer wurde auf der gesamten Länge durch die Spreitlage vollständig gesichert. Den stärksten Längenzuwachs wiesen die Mandelweide und die Korbweide auf. Doch auch die Aschweide und Grauweide schützten trotz des geringeren Längenzuwachses das Ufer genau so gut wie die beiden anderen Arten. Die oberhalb der Spreitlage angesiedelten Gehölzarten entwickelten sich ebenfalls gut (Abb. 2 und 3).

Ausführliche Ergebnisse von Untersuchungen über die Entwicklung der ver-schiedenen Weidenarten und -kombinationen in den ersten Jahren, auch mit Wurzelprofilen, findet man bei SCHLÜTER (1967a und b).

Etwa Ende der 60-er Jahre begannen die oberhalb der Spreitlage eingebrachten Schwarzerlen, vor allem durch ihr Höhenwachstum, den Weidenarten der Spreitlage zunehmend Konkurrenz zu bieten, so daß die Spreitlage immer weit-gehender unterdrückt wurde. Die Schwarzerlen übernahmen in immer stärkerem Maße die Ufersicherung.

Wie die Zonierung der Vegetation am Ostufer des Sees bis zur Autobahnbö-schung damals aussah zeigt ein beispielhaftes Transekt von REICHEL (1966) in der Abbildung 4.

Die stellenweise mit Schwarzerlen und Weidenarten bepflanzten Ufer des Sees sind heute von einem dichten Erlensaum bewachsen. Der Erlensaum ist dadurch weitgehend natürlich entstanden, daß sich in den 60-er Jahren am Ufer je nach Wasserstand Spülsäume in verschiedenen Höhen bildeten und dort die Samen-träger der Schwarzerlen angeschwemmt wurden, aus denen sich dann die Erlen-bestände entwickelten (siehe Abb. 5).

An der nordwestlich am See gelegenen etwa 6 m hohen Böschung der Eckver-bindung (A 352) wurden Arten des Trockenen Stieleichen-Birkenwaldes (Betulo-Quercetum roboris typicum) eingebracht. Auch sie sind zu einem ge-schlossenen Bestand herangewachsen, der die gesamte Böschung sichert.

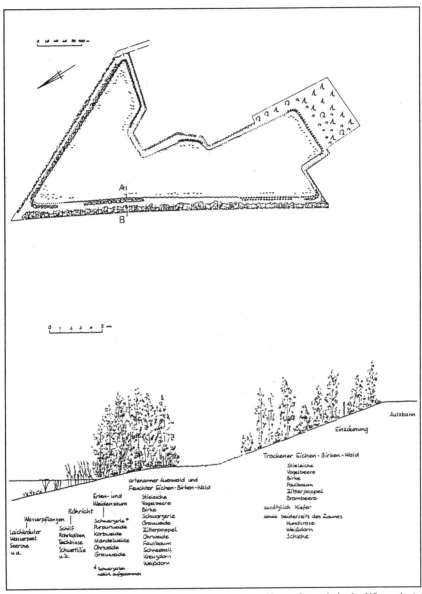

Abb. 4 Oben:Baggersee bei Gailhof nördlich von Hannover. Unten: Querschnitt der Uferpartie A-B rund 6 Jahre nach der Pflanzung (nach REICHEL 1966)

Heutige Situation

Anfang bis Mitte der 80-er Jahre setzte ein starker Rückgang der Röhrichtbestände ein, so daß heute nur noch sehr geringe Restbestände vorhanden sind. Die Ursachen des Rückganges der Röhrichtbestände sind nicht bekannt; vermutet werden (vgl. Abb. 6 und 7):

- Wasserverschmutzung durch Baumaßnahmen zur Autobahnverbreiterung,
- Fraßschäden durch den Bisam, der am See recht stark auftritt,
- Konkurrenz durch den Gehölzsaum.

Die Weidenarten der Spreitlage sind bis auf wenige Einzelexemplare verschwunden. Das Ufer wird fast ausschließlich durch die Schwarzerlen geschützt. Ihre Sicherungswirkung steht derjenigen der Spreitlage in keiner Weise nach. Uferschäden sind bisher nicht aufgetreten.

Die an die Autobahn grenzende Pflanzung ist leider durch eine Autobahnverbreiterung auf sechs Spuren weitgehend beseitigt worden.

Die heutige Zonierung der Vegetation ist mit der Situation, wie sie in Abbildung 4 dargestellt ist, vergleichbar. Die Zusammensetzung der einzelnen Bestände wurde im Juni 1989 erhoben und ist den nachfolgenden Pflanzenlisten und Vegetationsaufnahmen zu entnehmen.

Abb. 5 Erlenaufwuchs aus den am Spülsaum angeschwemmten Samenträgern; Mai 1964

Schwimmblattzone

Die Zusammensetzung der Schwimmblattzone (siehe Abb. 6) deutet mit dem Vorkommen von Wasserpest und Wasserschwaden auf eine gewisse Nährstoffbelastung des Wassers hin. Mit dem Sumpf-Teichfaden hat sich jedoch auch eine Art der Roten Liste Niedersachsens (HAEUPLER et al. 1985) hier angesiedelt, allerdings zeigt auch er die eutrophe Gewässersituation an (ELLENBERG 1986). Folgende Arten sind heute zu finden:

Ähren-Tausendblatt	Myriophyllum spicatum
Froschlöffel	Alisma plantago-aquatica
Gemeiner Wasserhahnenfuß	Ranunculus aquatilis
Igelkolben	Sparganium erectum
Sumpf-Teichfaden	Zannichellia palustris
Teichrose	Nuphar lutea
Wasserpest	Elodea canadensis
Wasserschwaden	Glyceria maxima

Röhrichtzone

In der Röhrichtzone (vgl. Abb. 6 und Tab. 1) dominiert das Schilf. Es wird neben weiteren typischen Röhrichtarten stellenweise auch von inzwischen seltener gewordenen Arten wie Igelkolben, Schmalblättriger Rohrkolben oder Schwanenblume begleitet. (vgl. Tab. 3). Die Schwanenblume ist als gefährdet auf der Roten Liste Niedersachsens (HAEUPLER et al. 1985) ausgewiesen (eine Sippe mit allgemeiner Rückgangstendenz).

Das Vorkommen des Schmalblättrigen Rohrkolben und des Wasserschwadens verdeutlichen die eutrophe Wassersituation.

Phragmites australis	3	Schilf
Typha angustifolia	1	Schmalblättriger Rohrkolben
Mentha aquatica	+	Wasserminze
Alisma plantago-aquatica	+	Gemeiner Froschlöffel
Berula erecta	+	Aufrechte Berle
Solanum dulcamara	+	Bittersüßer Nachtschatten
Juncus acutiformis	+	Spitzblütige Binse
stellenweise weiterhin:		
Butomus umbellatus	+	Schwanenblume
Glyceria maxima	+	Wasserschwaden
Sparganium spec.	+	Igelkolben
Ranunculus aquatilis	+	Gemeiner Wasserhahnenfuß

Tab. 1 Röhrichtzone am Gailsee

Abb. 6 Schwimmblattzone am Ostufer des Gailsee, hier mit Teichrose, Juni 1989. Rechts im Bild Weidenreste der ehemaligen Spreitlage

Abb. 7 Röhrichtzone am Ostufer des Gailsee, hier mit Schmalblättrigem Rohrkolben (links) und Schilf (rechts), Juni 1989

Uferkante mit Erlen-Weiden-Saum

Im Erlen-Weiden-Saum (vgl. Tab. 2) dominiert heute die Schwarzerle, jedoch sind die einstmals eingebrachten Strauchweiden der Spreitlagen noch vorhanden. Daneben haben sich auch bereits Baumweiden (Rötliche Bruchweide) eingefunden.

In der Krautschicht spiegelt sich die Bodenfeuchtigkeit durch die zahlreichen Feuchthochstauden wie Wolfstrapp, Gemeines Helmkraut, Gilbweiderich, Engelwurz, Wasserminze und Sumpfziest sowie Naß- und Feuchtwiesenarten wie Flammender Hahnenfuß, Sumpflabkraut, Sumpf-Hornklee, Teichschachtelhalm, Flatterbinse, Sumpfsegge, Schlanksegge und Hasenpfotensegge wider. Das Vordringen einiger Röhrichtarten wie Schilf, Wasser-Schwertlilie und Wasserschwaden und das Vorkommen von Wassernabel machen die Übergangssituation zur offenen Wasserfläche deutlich.

BAUM- UND STRAUCHSCHICHT DECKUNG 80%			
Alnus glutinosa	3	3	Schwarzerle
Salix aurita	2	-	Ohrweide
Salix triandra	2	-	Mandelweide
Salix cinerea	-	2	Grauweide
Salix viminalis	-	2	Korbweide
Salix rubens	+	-	Rötliche Bruchweide
Frangula alnus	1	-	Faulbaum
Rubus fruticosus	+	+	Brombeere
BODENVEGETATION DECKUNG 70%			
Hydrocotyle vulgaris	3	-	Gemeiner Wasernabel
Phragmites australis	1	+	Schilf
Lycopus europaeus	+	+	Gemeiner Wolftrapp
Molinia caerulea	+	-	Pfeifengras
Juncus effusus	+	-	Flatterbinse
Scutellaria galericulata	+	+	Gemeines Helmkraut
Lysimachia vulgaris	+	+	Gemeiner Gilbweiderich
Iris pseudacorus	+	+	Wasser-Schwertlilie
Angelica sylvatica	+	+	Wald-Engelwurz
Crataegus spec. juv	+	-	Weißdorn-Jungwuchs
Glyceria maxima	-	+	Wasserschwaden
Mentha aquatica	-	+	Wasserminze
Carex acutiformis	-	+	Sumpfsegge
Carex gracilis	-	+	Schlanksegge
Carex leporina	-	+	Hasenpfotensegge
Stachys palustris	-	+	Sumpfziest
Lycopus europaeus	-	+	Wolftrapp
Galium palustris	-	+	Sumpflabkraut
Lotus uliginosus	-	+	Sumpf-Hornklee
Equisetum fluviatile	-	+	Teichschachtelhalm
Ranunculus flammula	-	+	Flammender Hahnenfuß

Tab. 2 Erlen-Weiden-Saum am Ostufer des Gailsee

Feuchter Eichen-Birkenwald

An den Erlen-Weiden-Saum schließt sich ein bodensaurer feuchter Eichen-Birkenwald (vgl. Tab. 3) an. Die Feuchtesituation wird einerseits durch das Vorkommen der Erle, des Faulbaums und des Wasserschneeballs unter den Gehölzen verdeutlicht. Auch in der Bodenvegetation sind noch Feuchtezeiger wie Pfeifengras und Flatterbinse vertreten. Zeigerarten der nährstoffarmen, sauren Bodenverhältnisse sind unter den Gehölzen Faulbaum, Vogelbeere und Sandbirke. Unter den Arten der Bodenvegetation charakterisieren Salbei-Gamander, Heidelbeere, Wiesenwachtelweizen und Deutsches Geißblatt die bodensaure Situation. Das Eindringen von Brombeere oder Goldrute weist auf die gestörte Randlage zur Autobahn hin.

BAUMSCHICHT DECKUNG 80%		
Quercus robur	3	Stieleiche
Betula pendula	2	Sandbirke
Alnus glutinosa	1	Schwarzerle
STRAUCHSCHICHT DECKUNG 20%		
Frangula alnus	1	Faulbaum
Populus tremula	+	Zitterpappel
Sorbus aucuparia	1	Vogelbeere
Viburnum opulus	+	Wasserschneeball
BODENVEGETATION DECKUNG 50%		
Arten bodensaurer Eichen-Birkenwälder		
Melampyrum pratense	2	Wiesenwachtelweizen
Vaccinium myrtillus	+	Heidelbeere
Teucrium scorodonia	(+)	Salbei-Gamander
Lonicera periclymenum	(+)	Deutsches Geißblatt
Sorbus aucuparia juv.	1	Vogelbeerenjungwuchs
Betula pendula juv	+	Birkenjungwuchs
Quercus robur juv.	+	Stieleichenjungwuchs
Feuchtezeiger		
Molinia caerulea	2	Pfeifengras
Juncus effusus	+	Flatterbinse
Sonstige Waldarten		
Poa nemoralis	+	Hainrispengras
Hieracium lachenalii	+	Gemeines Habichtskraut
Moehringia trinervia	+	Dreinervige Nabelmiere
Störungszeiger		
Rubus fruticosus agg	1	Brombeere
Solidago spec	+	Goldrute
Sonstige		
Festuca heterophylla	2	Verschiedenblättr. Schwingel
Festuca rubra	1	Rotschwingel
Poa trivialis	1	Gemeines Rispengras
Anthoxanthum odoratum	+	Ruchgras
Holcus mollis	+	Weiches Honiggras

Tab. 3 Feuchter Eichen-Birkenwald am Ostufer des Gailsee

Fazit

Die hier betrachtete ingenieurbiologische Maßnahme zur Sicherung eines See-
ufers am Rande einer Autobahnböschung hat sich bis zum heutigen Tag als solche bewährt.

Allerdings sind die rein mechanischen Belastungen durch den Wellenschlag auf
das Ufer auch nicht so stark, daß hier jemals mit Sicherungsproblemen zu
rechnen war. Im Gegenteil, man konnte die Autobahn sogar noch problemlos
um eine Spur verbreitern.

Wesentlich erscheint für die Beurteilung dieser Bauweise aus sicherungs-
technischer Sicht, daß hier ohne einen weiteren Eingriff des Menschen, d.h.
ohne Rückschnitt der Weiden und ohne zusätzliche Pflanzung von Erlen der
Uferschutz gegeben blieb. Die Erlen haben sich im Weidensaum durch Spontan-
ansamung aus der Umgebung etablieren können und sukzessive die Uferbefestigung übernommen.

Auch aus der Sicht von Naturschutz und Landschaftspflege ist die ungestörte
Entwicklung der Weidenspreitlage zu einem Ufergehölz (Erlen-Weiden-Saum),
das heute eine artenreiche Strauch- und Krautschicht aufweist, zu begrüßen. Auf
kleinstem Raum konnte sich hier eine fast naturnahe Uferzonierung aus
Schwimmblattzone, Röhrichtgürtel und erlenbruchwaldartigem Saum entwickeln. Weiden werden hier sicher weiterhin verbleiben und möglicherweise
später eine weitere eigene Zonierung vor den Erlen entwickeln.

Literatur

HAEUPLER, H., MONTAG, A. WÖLDECKE, K. und E. GRAVE (1985): Rote Liste Gefäßpflanzen Niedersachsen und Bremen, 2. Auflage, Hrsg.: Niedersächsisches Landesverwaltungsamt - Fachbehörde für Naturschutz, Hannover.

HOFFMEISTER, J., SCHNELLE, F. (1964): Klima-Atlas von Niedersachsen.Selbstverlag des Deutschen Wetterdienstes. Offenbach/Main.

MEISEL, S. (1960): Die naturräumlichen Einheiten auf Blatt 73 Celle. In: Geographische Landesaufnahme 1.200.000. Naturräumliche Gliederung Deutschlands, Selbstverlag der Bundesanstalt für Landeskunde und Raumforschung, Bad Godesberg.

REICHEL, D. (1966): Erfahrungen bei der Begrünung von Baggerseen in Niedersachsen. In: Garten und Landschaft, H. 11.

RUNGE, F. (1980): Die Pflanzengesellschaften Mitteleurops. 6./7. Auflage, Aschendorf Verlag, Münster.

SCHLÜTER, U. (1967a): Erfahrungen mit einigen Weidenarten als lebende Baustoffe für Spreitlagen. In: Garten und Landschaft, H. 9.

SCHLÜTER, U. (1967b): Über die Eignung einiger Weidenarten als lebender Baustoff für den Spreitlagenbau. In: Beiträge zur Landespflege, 3, H. 1.

Jahrbuch 6 der Gesellschaft für Ingenieurbiologie e.V. Aachen (1996)
Ingenieurbiologie im Spannungsfeld zwischen Naturschutz und Ingenieurbautechnik

269

Exkursionsbeispiel V: Ufersicherung an der Aller bei Gifhorn

Eva Hacker, Christina Paulson und Hanns-Jörg Dahl

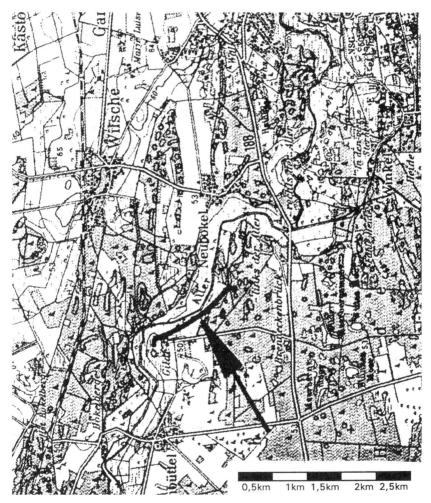

0,5km 1km 1,5km 2km 2,5km

Abb. 1 Lage des Exkursionsbeispiels V: Ufersicherung an der Aller bei Gifhorn

Naturräumliche Situation

Die Aller, mit 260 km Länge der größte Nebenfluß der Weser, entspringt westlich von Magdeburg und mündet unterhalb von Verden. Sie durchfließt das nach ihr benannte Urstromtal. Dieses ist wie alle Urstromtäler des mitteleuropäischen Tieflandes eine breite Talfurche, die von den Schmelzwasserflüssen der pleistozänen Eiszeiten durchflossen wurde.

Urstromtäler entstanden dort, wo die Schmelzwasser auf langen Strecken parallel zum Rand der sich im Norden erstreckenden Eismassen fließen mußten, weil der Anstieg der Mittelgebirgsschwelle im Süden einen anderen Abfluß verhinderte.

Der Naturraum wird geologisch von weiten, auch flugsandreichen, Talsandflächen, mit bis zu 9 m hohen Dünenzüge geprägt.

Auf diesen Sanden haben sich basenarme Podsolböden entwickelt. Die versumpften Teile der Allerniederung enthalten Flach- und Hochmoorböden, in der Flußaue selbst wechseln sandig-lehmige Gley- und Aueböden (MEISEL 1961).

Klimatisch ist für die Obere Allerniederung besonders die starke Abnahme der Niederschlagsmenge von Ost nach West kennzeichnend. Während im Westen bei Celle die Jahresniederschlagsmenge noch 700 mm beträgt, erhält der Osten (östlich Wolfsburg) nur noch 570 mm. Die mittlere Jahrestemperatur liegt bei etwa 8,5° C.

Bei der potentiellen natürlichen Vegetation handelt es sich aufgrund der vorwiegend nährstoffarmen Böden im Urstromtal um Eichen-Birken- und um Buchen-Eichen-Wälder (MÜLLER 1961)

Aufgrund der diffusen Nährstoffeinleitungen z.B. der Landwirtschaft und der beiden oberhalb liegenden Städte Wolfsburg und Gifhorn hat die Aller eine Gewässergüteklasse von II bis II-III. Extreme Belastungen sind selten. Bei erhöhten Abflüssen kann der Anteil an absetzbaren Stoffen bis zu rd. 1,3 ml/l (1977) ansteigen (DAHL und SCHLÜTER 1983).

Ausgangslage für die ingenieurbiologischen Maßnahmen

Bereits 1958 wurde die Aller unterhalb Gifhorn mit 12 m Sohlbreite und Böschungsneigung von 1:2 ausgebaut. Der Wasserspiegel ist bei mittleren Abflüssen etwa 15 m breit. Das Gelände liegt im Mittel ungefähr 1,8 m, das Mittelwasser etwa 0,6 m über Sohlhöhe.

Damals wurden die Böschungen nur mit Rasensoden befestigt und die Uferränder zum Schutz der Talflächen leicht verwallt. Sogleich nach Fertigstellung trat eine Reihe von hochwasserreichen Abflußjahren auf. Die zunächst nur schwache Verwurzelung der Begrünung reichte nicht aus, um die wenig widerstandsfähige Böschung in den anmoorig-feinsandigen Talböden bei den langandauernden erhöhten Abflüssen zu halten. Der Böschungsboden wurde fortgeschwemmt, die Ufer wurden steil, brachen ab, und die Aller veränderte seitdem ihren Lauf (siehe Abb. 5).

Daher wurde schon 1963 ein Entwurf für eine schwere Uferbefestigung durch Steinschüttung über Buschmatten ausgearbeitet. 1969 wurde jedoch angeregt, hier einen Teilabschnitt zu Versuchszwecken ingenieurbiologisch zu sichern.

1973 trat der Erlaß über „Berücksichtigung von Naturschutz und Landschaftspflege bei wasserbaulichen Maßnahmen" in Niedersachsen in Kraft (Der Nds. MELF u. MK 1973). Dieser Erlaß fordert bei einem Gewässerausbau neben einer naturnahen Trassierung und Profilgestaltung die Verwendung standortgerechter Pflanzen zur Ufersicherung und besseren Einbindung des Gewässers in die Landschaft.

Daher wurde 1973/74 an der Oberaller unterhalb Gifhorn bei Brenneckenbrück eine Versuchsstrecke eingerichtet, an der die Auswirkung naturnaher Bepflanzung in ingenieurbiologischer, hydraulischer, ökologischer und ökonomischer Hinsicht untersucht werden sollte.

Die Aller hat im Bereich der Versuchsstrecke ein Niederschlagsgebiet von 1.675 km², ihr Gefälle beträgt hier etwa 0,2 %. Tabelle 1 zeigt die Abflüsse am Pegel Brenneckenbrück.

Abflüsse	Winter	Sommer	Jahr
MNQ	3,25	2,03	1,97
MQ	10,60	4,97	7,75
MHQ	36,80	17,90	37,80

Tab. 1 Abflüsse der Aller (Q in m3/s) am Pegel Brenneckenbrück im Zeitraum 1946 bis 1980 (Der Nds. MELF 1982)

Durchführung der ingenieurbiologischen Maßnahmen

In Abstimmung mit dem Aller-Ohre-Verband in Gifhorn, der Bezirksregierung Lüneburg, dem Institut für Landschaftspflege und Naturschutz der Universität Hannover sowie dem Wasserwirtschaftsamt Celle wurde von der Fachbehörde für Naturschutz im Niedersächsischen Landesverwaltungsamt ein entsprechender Bauentwurf aufgestellt. Dieser wurde im Winterhalbjahr 1973/74 an der Aller bei Brenneckenbrück ausgeführt.

Die Versuchsstrecke soll im allgemeinen einen Vergleich zwischen ingenieurbiologisch und herkömmlich (Steinschüttung auf Gitterplane bis MW, darüber Rasen) gesicherten Ufern ermöglichen. Im einzelnen wurden Untersuchungen zu folgenden Fragen durchgeführt:

a) Bis zu welcher Neigung kann Röhricht kombiniert mit Rasen ein Ufer sichern?

b) Bis zu welcher Neigung können Gehölze ein Ufer sichern?

c) Wie wirkt sich der unterschiedliche Pflanzenbewuchs hydraulisch aus?

d) Welche finanziellen Aufwendungen sind für Anlage und Unterhaltung der ingenieurbiologisch gesicherten Ufer erforderlich?

e) Wie wirken sich ingenieurbiologisch befestigte Ufer auf die Besiedlung mit Tierarten aus?

f) Wie fügen sich ingenieurbiologisch gesicherte Ufer in das Landschaftsbild ein?

Die Versuchsstrecke beginnt etwa bei Fluß-km 11,1, endet ungefähr bei Fluß-km 12,8 und liegt am linken Flußufer in Nord- bis Ostexposition. Sie wurde in vier verschiedenen Regelprofilen von je 400 m Länge ausgebaut, (siehe z.B. Abb. 6) wobei jedes Regelprofil 2 unterschiedliche ingenieurbiologische Ufersicherungen von jeweils 200 m erhielt, nämlich „Röhricht und Rasen" sowie „Gehölze" (Tab. 2, Abb. 2).

Die Gehölzpflanzungen der Profile 1a, 2b, 3b und 4b in Abbildung 2 setzen sich im unteren Bereich aus Strauchweiden (vor allem Purpurweide), im mittleren Bereich aus Schwarzerlen und im oberen Bereich aus Holzarten des Feuchten Eichen-Birkenwaldes zusammen. Die Röhrichte der Profile 1b, 2a, 3a und 4a bestehen aus je 66 m Schilf, Wasserschwaden und Schlanksegge. Oberhalb der Röhrichte wurde Rasen angesiedelt (Abb. 2).

Regelprofil	Abschnitt	Böschungs-ausbildung	Neigung	Länge in m	Ufersicherung
Übergang				30	
1	a	5-m-Berme 20 cm über MW	1:20	200	Gehölze
	b	5-m-Berme 20 cm über MW	1:20	200	Röhricht / Rasen
Übergang				10	
2	a	Flachufer	1:6	200	Röhricht / Rasen
	b	Flachufer	1:6	200	Gehölze
Übergang					
3	a	Flachufer	1:4	200	Röhricht / Rasen
	b	Flachufer	1:4	200	Gehölze
Übergang				10	
4	a	Flachufer	1:3	250	Röhricht / Rasen
	b	Flachufer	1:3	300	Gehölze
Übergang				30	
			insgesamt	1740 m	

Tab. 2 Aufbau der Versuchsstrecke

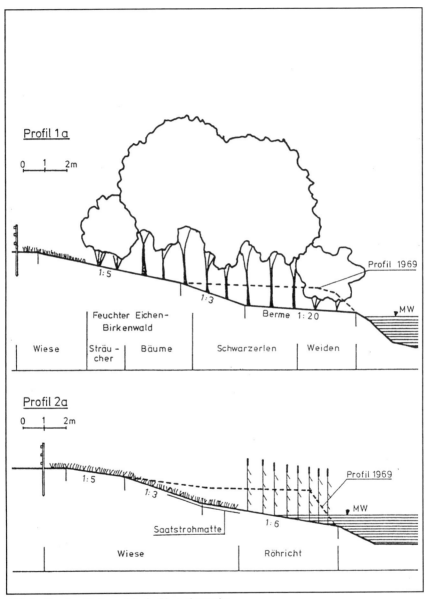

Abb. 2   Regelprofile 1a und 2a der Versuchsstrecke

Vegetationsentwicklung

Die Vegetationsentwicklung und die Wirkungen der Vegetation auf die Ufersicherung wurden in den ersten drei Jahren (1974-1976), also in der kritischen Ansaat- und Entwicklungsphase der Vegetation, im Rahmen einer Dissertation (PETERS 1981) untersucht. Ab 1976 wurde die Entwicklung von Professor Dr. U. SCHLÜTER und Dr. H.-J. DAHL weiter beobachtet.

Die Rasenböschungen werden einmal im Jahr, im Herbst, bis zu einer Linie von ca. 40 cm über MW gemäht. In den ersten vier Jahren wurde auch zwischen den Gehölzen gemäht. Gehölze wurden weder nachgepflanzt noch wurden Auslichtungen vorgenommen. Obwohl die Gehölze heute sehr dicht stehen, soll auch in Zukunft nicht ausgelichtet werden, um eine ungestörte Entwicklung beobachten zu können.

Röhricht

Die Röhrichtarten wurden durch Ballenpflanzungen angesiedelt. Der Wasserschwaden (Glyceria maxima) bildete schon in der ersten Vegetationsperiode die gewünschten dichten Bestände. Diese Entwicklung dauerte bei der Schlanksegge (Carex gracilis) ca. 3 Jahre. Schilf (Phragmites australis) wurde bis auf wenige Reste durch spontan aufkommende Vegetation unterdrückt. Heute bestehen alle Röhrichtabschnitte vor allem aus Rohrglanzgras (Phalaris arundinacea). Die Anteile von Wasserschwaden und Schlanksegge sind seit ihrem Optimum nach etwa drei Jahren ständig zurückgegangen. Überraschenderweise breitete sich das Schilf, das fast völlig verschwunden war, seit 1985 (also mehr als zehn Jahre nach der Pflanzung) erheblich aus (siehe Abb. 7).

Rasen

Es war geplant, oberhalb der Röhrichtreihen einen standortgerechten Rasen anzusäen. Wegen der fortgeschrittenen Jahreszeit (Winter) wurden die Böschungen statt dessen mit Saatstrohmatten mit einer Einheitsrasenmischung („Grünling-Matten" der Firma Waldenfels, Haren/Ems) angedeckt. Obwohl die Böschungen anschließend mehrmals von Hochwässern überflutet wurden, trat keine Erosion auf. Das Saatgut keimte im folgenden Frühjahr und begrünte die Böschungen dicht. Inzwischen haben sich hier standortgerechte Rasengesellschaften entwickelt (siehe Abb. 7).

Folgende Arten wurden angesät:

Agropyron repens	Quecke
Agrostis stolonifera	Weißstraußgras
Festuca pratensis	Wiesenschwingel
Festuca rubra genuina	Rotschwingel
Lolium perenne	Weidelgras
Phalaris arundinacea	Rohrglanzgras
Phleum pratense	Wiesenlieschgras
Poa pratensis	Wiesenrispengras
Poa trivialis	Gemeines Rispengras
Lotus corniculatus	Gemeiner Hornklee
Lotus uliginosus	Sumpf-Hornklee
Trifolium repens	Kriechender Klee

Im Mai 1989 wurden von A. TESCH auf zwei ca. 20 m breiten Transekten (T3 und T4 in Tab. 3) folgende Arten festgestellt (Deckungsgrade nach BRAUN-BLANQUET, dabei Klasse 2 differenziert nach 2a = 5-15% Deckung und 2b = 16-25% Deckung):

Ein Vergleich der Artenliste der angesäten Pflanzen mit der Vegetationstabelle der heutigen Artenverteilung zeigt deutlich drei Tatsachen :
- einige der angesäten Arten (Lolium perenne, Poa pratensis, Lotus corniculatus, Lotus uliginosus) wurden ganz verdrängt,
- weitere standorttypische Arten haben sich spontan von selbst angesiedelt,
- es hat eine Differenzierung der Arten je nach Feuchtigkeitseinfluß in der Böschung stattgefunden.

Auf der unteren Böschung sind vor allem feuchtigkeitsliebende Arten hinzugekommen: Flutschwaden (Glyceria fluitans), Schilf (Phragmites australis), Sumpfvergißmeinnicht (Myosotis palustris), Behaartes Weidenröschen (Epilobium hirsutum), Frühlingsscharbockskraut (Ranunculus ficaria). Beiden Böschungsteilen gemeinsam ist ein Vordringen der Stickstoffzeiger: Brennessel (Urtica dioica), Kleblabkraut (Galium aparine), Stechender Hohlzahn (Galeopsis tetrahit) und Gundermann (Glechoma hederacea). Auf der oberen Böschung sind es neben einigen Feuchthochstauden wie Echte Engelwurz (Angelica archangelica) und Echter Baldrian (Valeriana officinale) die Frischwiesenarten wie Knäuelgras (Dactylis glomerata), Wiesenkerbel (Anthriscus sylvestris; Schafgarbe (Achillea millefolium), Wiesen-Lieschgras (Phleum pratense) und Wiesenschwingel (Festuca pratensis) die überwiegen (Abb. 5).

	untere Böschung		obere Böschung		
	T3	T4	T3	T4	
Feuchtigkeitszeiger					
Röhrichtarten					
Phalaris arundinacea	2a	2b	1	-	Rohrglanzgras
Glyceria fluitans	1	1	-	-	Flutschwaden
Phragmites australis	4	-	-	-	Schilf
Agrostis stolonifera	1	-	-	-	Flechtstraußgras
Calystegia sepium	+	-	-	-	Zaunwinde
Naßwiesenarten					
Myosotis palustris	+	-	-	-	Sumpf-Vergißmeinnicht
Epilobium hirsutum	+	-	-	-	Behaartes Weidenröschen
Auwaldart					
Ranunculus ficaria	-	+	-	-	Scharbockskraut
Uferhochstauden					
Scrophularia nodosa	+	-	r	r	Knotige Braunwurz
Valeriana officinalis	-	-	+	-	Baldrian
Wechselfeuchtezeiger					
Deschampsia cespitosa	-	-	+	-	Rasenschmiele
Frischwiesenarten und ruderale Stauden					
Alopecurus pratensis	-	2b	2a	3	Wiesenfuchsschwanzgras
Agropyron repens	-	3	2b	2b	Quecke
Artemisia vulgaris	+	-	1	1	Beifuß
Dactylis glomerata	-	-	2a	2b	Knäuelgras
Anthriscus sylvestris	-	-	2a	1	Wiesenkerbel
Festuca rubra	-	-	1	1	Rotschwingel
Angelica archangelica	-	-	+	1	Engelwurz
Achilles millefolium	-	-	+	+	Schafgarbe
Nährstoffzeiger					
Urtica dioica	3	3	2b	2b	Brennessel
Galium aparine	+	-	1	+	Kleblabkraut
Galeopsis tetrahit	+	+	+	+	Stechender Hohlzahn
Glechoma hederacea	-	1	-	1	Gundermann
Taraxacum officinale	-	-	+	-	Löwenzahn
Sonstige					
Poa trivialis	-	1	-	-	Gemeines Rispengras
Rumex acetosa	-	+	1	1	Sauerampfer
Cuscuta cf. europaea	-	-	-	+	Hopfen-Seide
Holcus lanatus	-	-	1	-	Wolliges Honiggras
Festuca pratensis	-	-	1	-	Wiesenschwingel
Phleum pratense	-	-	+	-	Wiesenlieschgras
Bryonia dioica	-	-	-	r	Zaunrübe
Stellaria graminea	-	-	+	-	Grassternmiere
Linaria vulgaris	-	-	-	+	Frauenlein
Vicia cracca	-	-	-	+	Vogelwicke

Tab. 3 Vegetation der Rasenböschung

Gehölze

Wie vorausgesehen entwickelte sich zunächst die flachwurzelnde Purpurweide (Salix purpurea) am besten. Sie übernahm zunächst in Verbindung mit Gräsern und Kräutern, die z.T. zwischen die Gehölze gesät waren, die Ufersicherung. Nach sechs bis sieben Vegetationsperioden hatte sich aus den einzelnen Pflanzenreihen ein Bestand entwickelt, in dem die Roterle (Alnus glutinosa) zu dominieren begann und mit den Weiden den Uferschutz gewährleistete.

Im Jahr 1989 hat die Sicherungswirkung der Erlen weiter zugenommen, während die Bedeutung der Purpurweiden aufgrund der Beschattung durch die Erlen und die fälschlicherweise für die Aschweide (Salix cinerea) gelieferten Küblerweiden (Salix x smithiana) zurückgeht. Im Unterwuchs hat sich mit einem Deckungsgrad von ca. 60% inzwischen eine Vegetation vor allem aus Brennessel (Urtica dioica), Gundermann (Glechoma hederacea) und Gemeinem Rispengras (Poa trivialis) entwickelt.

Auch im Bereich der Gehölze wurden im Mai 1989 auf zwei Transekten (T1 und T2) die Artenzusammensetzung von A. TESCH untersucht (Tab. 4). Es wurde folgende Differenzierung festgestellt:

Mit dem Erstarken der Erle bei gleichzeitigem Verdrängen der Strauchweiden ist eine Entwicklung in Richtung der potentiellen natürlichen Vegetation festzustellen.

Auch im Unterwuchs haben sich neben den Eutrophierungszeigern vor allem in Ufernähe einige typische feuchtigkeitszeigende Auwaldarten wie z.B. Bittersüßer Nachtschatten (Solanum dulcamara), Sumpfsegge (Carex acutiformis), Frühlings-Scharbockskraut (Ranunculus ficaria) sowie Feuchtwiesenarten und Feuchthochstauden wie Sumpfdotterblume (Caltha palustris), Sumpfschwertlilie (Iris pseudacorus), Sumpf-Vergißmeinnicht (Myosotis palustris), Blauer Wasser-Ehrenpreis (Veronica anagallis-aquatica), Wasserminze u.a. angesiedelt.

Mit dem Blauen Wasser-Ehrenpreis ist hier auch eine Pflanze vertreten, die im Rückgang begriffen ist und als solche auf der Roten Liste Niedersachsens (HAEUPLER et al. 1985) steht.

	untere Böschung Ufer		Rhene		ansteigende Böschung		
	T1	T2	T1	T2	T1	T2	
Baum- u. Strauchschicht							
Deckung (%)	70	70	80	60	80	70	
Salix triandra	4	4	1	2a	-	-	Mandelweide
Salix x smithiana	-	-	3	3	2b	2b	Küblerweide
Salix aurita	-	-	+	-	-	-	Ohrweide
Alnus glutinosa	-	-	3	2a	4	3	Schwarzerle
Cornus sanguinea	-	-	-	∸	2a	2a	Roter Hartriegel
Viburnum opulus	-	-	-	-	1	1	Wasserschneeball
Quercus robur	-	-	-	-	-	1	Stieleiche
Rhamnus frangula	-	-	-	-	-	+	Faulbaum
Krautschicht							
Deckung (%)	60	80	70	70	50	50	
Feuchtigkeitszeiger							
Glyceria fluitans	+	+	+	1	-	-	Flutender Wasserschwaden
Caltha palustris	1	-	+	+	-	-	Sumpfdotterblume
Solanum dulcamara	2a	1	-	-	-	-	Bittersüßer Nachtschatten
Myosotis palustris	-	+	-	-	-	-	Sumpfvergißmeinnicht
Veronica cf. anagallis-aquatica	+	-	-	-	-	-	Blauer Wasser-Ehrenpreis
Phalaris arundinacea	1	1	-	-	-	-	Rohrglanzgras
Lysimachia vulgaris	+	-	r	-	-	-	Gilbweiderich
Mentha aquatica	+	+	-	-	-	-	Wasserminze
Iris pseudacorus	-	-	r	-	-	-	Schwertlilie
Carex acutiformis	1	-	-	-	-	-	Sumpfsegge
Glyceria maxima	+	-	-	-	-	-	Riesen-Wasserschwaden
Ranunculus repens	+	+	-	-	-	-	Kriechender Hahnenfuß
Scrophularia nodosa	-	-	-	-	r	-	Knotige Braunwurz
Ranunculus ficaria	-	-	+	-	-	-	Scharbockskraut
Stickstoffzeiger							
Urtica dioica	2b	4	3	3	3	3	Brennessel
Galium aparine	r	+	1	1	1	1	Kleblabkraut
Glechoma hederacea	-	-	1	1	1	2a	Gundermann
Galeopsis tetrahit	-	-	-	-	1	+	Stechender Hohlzahn
Sonstige							
Poa trivialis	2b	2b	+	1	-	-	Gemeines Rispengras
Artemisia vulgaris	r	r	-	-	+	-	Beifuß
Stellaria media	+	-	-	-	-	-	Vogelmiere
Epilobium spec	+	-	-	-	-	-	Weidenröschen
Senecio spec.	r	-	-	-	-	-	Greiskraut
Alopecurus pratensis	-	-	-	-	+	+	Wiesenfuchsschwanzgras
Phleum pratense	-	-	-	-	+	-	Wiesenlieschgras

Tab. 4   Vegetation der Gehölzböschung

Entwicklung der Uferprofile

In den ersten drei Jahren konnten bei normalen Abflußverhältnissen und auch nach Hochwässern keine bemerkenswerten Uferschäden festgestellt werden. Kleine Erosions- und Auflandungsvorgänge glichen sich aus.

An den steileren Ufern (1:3, 1:4) kam es in späteren Jahren wegen Bisambefall zu Uferabbrüchen. Derartige Schäden traten an den Flachufern (1:6, Bermenufer 1:20) nicht auf, da Bisambefall unabhängig von der Vegetation für steilere Ufer mit grabfähigen Böden typisch ist. An Flachufern, insbesondere an den Bermenufern 1:20, entstanden durch Ablagerung entlang der MW-Linie bis zu 1,50 m breite und 1 m hohe Rehnen, die sich bei jedem Hochwasser verändern. Die dahinterliegende Ausbauböschung blieb bisher erhalten. Die Rehnenbildung vollzog sich unabhängig vom Bewuchs und erfolgte sowohl in der untersten Weidenreihe als auch im Röhricht.

Hydraulische Auswirkungen

Im Bereich der Versuchsstrecke wurde das Profil der Aller mit erheblicher Übergröße ausgebaut, um der Verminderung der Abflußleistung Rechnung zu tragen. Diese Übergröße wurde durch Abflachung der Böschungen und die 5 m breite Berme im Mittelwasserbereich erreicht.

Aus technisch/organisatorischen Gründen konnten die zunächst gesetzten Lattenpegel bei mehreren Hochwasserereignissen nicht kontinuierlich abgelesen werden. Daher wurden vom Institut für Wasserwirtschaft, Hydrologie und Landwirtschaftlichen Wasserbau im Winter 1979/80 innerhalb des Abflußprofils Messungen der Fließgeschwindigkeit vorgenommen. Ein Beispiel für das dabei festgestellte Fließverhalten der Aller in Strecken ohne und mit Gehölzbewuchs zeigt Abb. 3. Hieraus ist vor allem ersichtlich, daß bei Hochwasser innerhalb der Gehölzsäume keine Fließgeschwindigkeiten auftraten, die über 0,2m/s lagen.

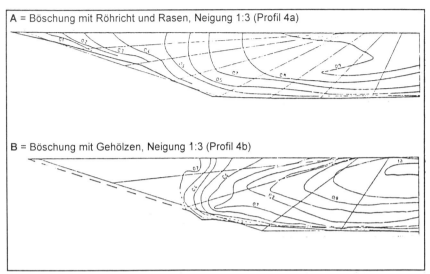

Abb. 3 Fließgeschwindigkeiten im Bereich der Versuchsstrecke am 11.2.1980 Messungen von
RICKERT (1980), Institut für Wasserwirtschaft, Hydrologie und Landwirtschaftlicher
Wasserbau (11,35x6 cm)

Heute sind im Röhrichtbereich trotz der Auflandungen die Querschnittsreserven noch wirksam. Im Gehölzbereich ist diese Reserve nicht mehr überall voll vorhanden. Dies ist darauf zurückzuführen, daß sich in dem Geäst bei Hochwasser große Mengen an Schwimmstoffen sammeln und den Abfluß behindern. Eine frühzeitigere Ausuferung ist dadurch jedoch noch nicht verursacht worden.

Baukosten

Nach Abrechnung der Baukosten wurden vom Aller-Ohre-Verband für die Abschnitte folgende Beiträge ermittelt:

Profil 1 (Berme 1:20)

3388 m² Bodenaushub x 3.20DM	10842 DM
2960 m² Mutterbodenauftrag x 0,65DM	1942 DM
anteilig für Baustelleneinrichtung, Zäune, Tagelohnarbeiten etc.	12800 DM
Grunderwerb	8000 DM
Anpflanzungen	12000 DM
Insgesamt	45566 DM

Profil 2 (1:6)

3908 m² Bodenaushub x 3.20DM	12506 DM
2900 m² Mutterbodenauftrag x 0,65DM	1885 DM
anteilig für Baustelleneinrichtung, Zäune, Tagelohnarbeiten etc.	18200 DM
Grunderwerb	7000 DM
Anpflanzungen	18000 DM
Insgesamt	57591 DM

Profil 3 (1:4)

2576 m² Bodenaushub x 3.20DM	8243 DM
2532 m² Mutterbodenauftrag x 0,65DM	1646 DM
anteilig für Baustelleneinrichtung, Zäune, Tagelohnarbeiten etc.	12100 DM
Grunderwerb	6500 DM
Anpflanzungen	10500 DM
Insgesamt	38989 DM

Profil 4 (1:3)

2529 m² Bodenaushub x 3.20DM	8093 DM
2448 m² Mutterbodenauftrag x 0,65DM	1591 DM
anteilig für Baustelleneinrichtung, Zäune, Tagelohnarbeiten etc.	11502 DM
Grunderwerb	5670 DM
Anpflanzungen	11500 DM
Insgesamt	38356 DM

Kosten pro lfd. m.:

Profil 1 (1:20)	45566 pro 400 lfd. m	=	113,92 DM/lfd. m
Profil 2 (1: 6)	57591 pro 400 lfd. m	=	143,98 DM/lfd. m
Profil 3 (1:4)	38989 pro 400 lfd. m	=	97,47 DM/lfd. m
Profil 4 (1:3)	38356 pro 400 lfd. m	=	85,24 DM/lfd. m

Zum Vergleich werden die Kosten des konventionellen Ausbaus eines Mittel-allerabschnitts angeführt:

Böschung 1:3 und Steinwurf auf Buschmatte bzw. Gitterplane

Baustelleneinrichtung	=	5000 DM
Erdarbeiten	=	20000 DM
Steinschüttung auf Gitterplane	=	76000 DM
Mutterbodenarbeiten	=	22000 DM
Grunderwerb	=	4000 DM
	=	127000 DM
+MWST	=	13000 DM
Insgesamt	=	140000 DM

Kosten pro lfd. m
140000 DM pro 1650 lfd.m = 84,85 DM/lfd. m

Der Vergleich der ingenieurbiologisch und konventionell gesicherten Strecken zeigt, daß der Lebendverbau hier gering bis 70% teurer ist als der konventionelle Ausbau. Erhebliche Kosten verursacht bei den flachen Böschungen der Versuchsstrecke Bodenaushub und Grunderwerb. Daneben waren auch die Kosten der Anpflanzung und der Schutzvorrichtungen für die Anpflanzungen beträchtlich.

Unterhaltskosten

Die in den Jahren 1974 bis 1981 an der Versuchsstrecke und dem herkömmlich ausgebauten Abschnitt angefallenen Unterhaltungskosten sind in Tab. 5 und Abb. 4 vergleichend dargestellt.

Folgende Arbeiten wurden ausgeführt:

- Rasenmahd mit Maschine (siehe Tab. 5, Arbeitsgang 1). Gemäht wurde die Rasenfläche und das Röhricht (im Herbst ca. 40 cm über MW).
- Zusammenharken des Mähgutes (Arbeitsgang 2).
- Mahd per Hand (Arbeitsgang 4). Gemäht wurde insbesondere in den Gehölz-flächen sowie zwischen den Meßvorrichtungen.
- Schwemmgut absammeln (Arbeitsgang 5).
- Mähgut abfahren (Arbeitsgang 6).
- Schwemmgut abfahren (Arbeitsgang 7).

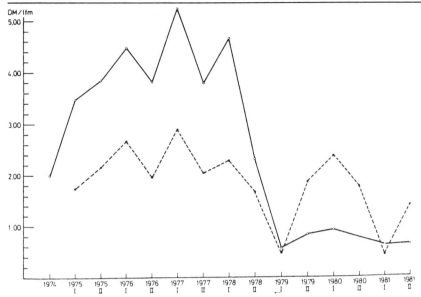

Abb. 4 Unterhaltungskosten pro lfd. m Uferlänge

		Versuchsstrecke 2240 m			Vergleichsstrecke 2240 m			Differenz	
		Kosten (DM)			Kosten (DM)			Kosten (DM)	
Jahr	Arbeitsgänge	insgesamt	je lfd. m	Arbeitsgänge	insgesamt	je lfd. m	Spalte 3 u. 6	Spalte 4 u. 7
1	2	3	4	5	6	7	8	9
1974	5/7	4.469,34	2,00	—	—	—	+ 4.469,34	+ 2,00
1975 I	1/2/4/5/6/7	7.820,43	3,49	1/2/4	3.878,89	1,73	+ 3.941,54	+ 1,76
1975 II	1/2/4/5/6/7	8.546,75	3,82	1/2/4	4.867,73	2,17	+ 3.679,02	+ 1,65
1976 I	1/2/4/5/6/7	10.007,59	4,47	1/2/4/6	5.971,12	2,67	+ 4.036.47	+ 1,80
1976 II	1/2/4/5/6/7	8.513,39	3,80	1/2/4	4.396,20	1,96	+ 4.117,19	+ 1,84
1977 I	1/2/4/5/6/7	11.721,53	5,23	1/2/4/6	6.455,78	2,88	+ 5.265,75	+ 2,35
1977 II	1/2/4/5/6/7	8.475,80	3,78	1/2/4	4.514,01	2,02	+ 3.961,79	+ 1,76
1978 I	1/2/4/5/6/7	10.329,07	4,61	1/2/4/6	5.134,83	2,29	+ 5.194,24	+ 2,32
1978 II	1/2/4/5/6/7	5.163,09	2,30	1/2/4	3.740,41	1,67	+ 1.422,68	+ 0,63
1979 I	5/7	1.283,24	0,57	5/7	1.072,90	0,48	+ 210,34	+ 0,09
1979 II	1/2/6/5/7	1.830,26	0,82	1/2/5/2	4.176,28	1,86	− 2.346,02	− 1,04
1980 I	4/5/6/7 u. Zauninstands.	2.058,35	0,92	5/7	5.299,31	2,37	− 3.240,96	− 1,45
1980 II	—	—	—	1/4/2	3.975,60	1,77	−3.975,60	− 1,77
1981 I	4/5/6/7	1.361,26	0,61	5/7	914,56	0,41	+ 446,70	+ 0,20
1981 II	4/5/6/7	1.435,28	0,64	1/2/4	3.104,83	1,39	− 1.669,55	− 0,75

Tab. 5 Unterhaltungskosten der Versuchsstrecke und der Vergleichsstrecke
I= 1. Unterhaltungsgang; II = 2. Unterhaltungsgang

Wie aus der Zusammenstellung der Unterhaltungsarbeiten hervorgeht, wurden weder Gehölze nachgepflanzt noch wurden Auslichtungen vorgenommen. Obwohl die Gehölze heute sehr dicht stehen, sollen die Bestände auch in Zukunft nicht ausgelichtet werden, um herauszufinden, wie lange sie ohne Pflege auskommen können.

Aus Tabelle 5 und Abbildung 4 ist vor allem folgendes ersichtlich:

a) Im Vergleich zur herkömmlich ausgebauten Strecke fielen bei der Versuchsstrecke in den ersten fünf Jahren höhere Unterhaltungskosten an, in den folgenden Jahren überwiegend geringere. Die anfänglich höheren Unterhaltungskosten sind u.a. darauf zurückzuführen, daß zum einen die Mahd der Gehölzflächen und zum anderen die Versuchseinrichtungen (feste Maßstäbe, Gliedertier-Fallen) in stärkerem Maße Handarbeit bedingten

b) Ab 1979 (I) sind die Unterhaltungskosten der Versuchsstrecke geringeren Schwankungen unterworfen als die der herkömmlich ausgebauten Strecke.

c) Auffällig ist die Ähnlichkeit der beiden Kurven hinsichtlich „Spitzen und Tälern". Sie ist darauf zurückzuführen, daß nicht nur die Ausbauweisen, sondern auch Faktoren, wie wohl insbesondere Witterung und Abflußverhältnisse die Unterhaltungskosten erheblich beeinflussen.

Die in Tab. 5 und Abb. 4 aufgeführten Daten beziehen sich auf die Versuchsstrecke insgesamt. Daher ist eine Differenzierung der Kosten auf die vier unterschiedlichen Profile (1:3, 1:4, 1:6, Berme 1:20) und die zwei unterschiedlichen Begrünungen (Röhricht und Rasen, Gehölze) nicht möglich. Grundsätzlich ist aber zu den Gehölz- und Röhricht- Rasen -Abschnitten folgendes zu bemerken:

a) Gehölzabschnitte
In den ersten vier Jahren mußten zur Verminderung der Konkurrenz durch Gräser und Wildkräuter die Gehölzflächen per Hand gemäht werden. Danach fielen keine bemerkenswerten Unterhaltungskosten an. Hieraus ergeben sich in Tab. 5 die in bezug zur Vergleichsstrecke höheren Unterhaltungskosten in den Jahren bis einschließlich 1979 (I) und die geringeren Werte für die nachfolgenden Jahre.

b) Röhricht-Rasen-Abschnitte
Im Vergleich zu den herkömmlich 1:3 ausgebauten Böschungen sind alle flacher geneigten Böschungen breiter. Daher ist dort der Unterhaltungsauf-

wand (Mahd) entsprechend höher. Der Unterhaltungsaufwand wird außerdem dadurch weiter gesteigert, daß die bisher allein vom Wasser aus betriebene Unterhaltung bei den breiteren Böschungsflächen jetzt in zwei Arbeitsgängen, vom Wasser und vom Land aus, erfolgen muß.

Auswirkungen auf die Tierwelt

Um Anhaltspunkte über die Auswirkungen ingenieurbiologisch gesicherter Ufer auf die Tierwelt des Gewässers und seiner Ufer zu gewinnen, wurden Untersuchungen über Fische und Laufkäfer durchgeführt.

Fische

Zur Fischbestandserfassung wurden in zwei- bis dreijährigen Abständen vom Dezernat Binnenfischerei Elektrobefischungen durchgeführt.

Folgende Arten wurden festgestellt:
Vor allem Plötze, Güster, Hecht, Aal und Barsch, außerdem in geringen Mengen Aland, Brassen, Gründling, Hasel, Karpfen, Rotfeder und Schlei.

Bekanntlich kann ein konventioneller Ausbau von Bächen und Flüssen dazu führen, daß der Fischbestand unmittelbar (im Verlauf der baulichen Maßnahmen) sowie mittelbar (durch das Fehlen von Unterständen oder sonstigen Schutzzonen wie z.B. Wasser- und Uferpflanzen) sehr stark reduziert wird oder die Gewässerstrecke ganz verwaist.

Bei den Elektrobefischungen wurde im Lauf der Jahre eine quantitative Verbesserung des Fischbestandes festgestellt. Ferner konnten größere Mengen Fischbrut beobachtet werden, die im Uferbereich offenbar guten Schutz und reichlich Nahrung fanden.

Obwohl für eine wissenschaftlich gesicherte Aussage der Umfang der Untersuchungen (einmal im Jahr) zu gering war, ist die Tendenz einer Fischbestandsverbesserung deutlich erkennbar.

Abb. 5 Die Versuchsstrecke vor dem Ausbau. Die Böschungen sind aufgrund von Bisambefall und fehlendem Gehölzbewuchs eingestürzt

Abb. 6 Erstellung der Böschung 1:3, Sept. 1973. Das Profil wurde beim Ausbau einseitig aufgeweitet, um die Querschnittseinengung durch späteren Pflanzenaufwuchs zu berücksichtigen

Abb. 7 Die fertiggestellte Versuchsstrecke gegen Ende der Vegetationsperiode, Aug. 1974. Zu sehen: Purpurweide, Schwarzerle, Rohrglanzgras, Kriechhahnenfuß

Abb. 8 Die Versuchsstrecke an der Oberaller 16 Jahre nach der Ferstigstellung; Rasen- und Gehölzböschung

Laufkäferfauna

Da bisher weitgehend ungeklärt war, wie die Erstbesiedlung eines ausgebauten Ufers durch die Tierwelt erfolgte, wurden 1974 und 1976 von Institut für Entomologie und Ökologie der Tierärztlichen Hochschule Hannover Untersuchungen über die Wiederbesiedlung am Beispiel der Laufkäfer (Carabiden) durchgeführt (ALPERS 1975; HENTRICH 1977).

Dabei wurde festgestellt, daß die Wiederbesiedlung des Ufers in großen Arten- und Individuen-Zahlen erfolgte. So wurden z.b. im Zeitraum vom 10.4. bis 25.9.1976 genau 2274 Laufkäfer gefangen, die 54 Arten angehörten.

Die anschließende Einteilung in ökologische Gruppen brachte 1976 die folgenden Ergebnisse:

- Von 15 Uferarten wurden 168 Exemplare gefangen, was einen Anteil von rund 7% der Gesamt-Individuenzahl entspricht.
- Die Wiesenarten hatten mit nur 6 Arten den größten Anteil am Gesamtfang: 1037 Tiere entsprechen rd. 46%.
- 15 Feldarten wurden mit insgesamt 403 Exemplaren gefangen, dies sind rund 18%.
- Die größten Artengruppen waren die Waldarten (18), die mit 666 gefangenen Tieren rd. 29% des Gesamtfanges repräsentieren.
- Im Vergleich zu 1974 hatte sich der Anteil der Ufer- und Feldarten vermindert, während die Wiesenarten und Waldarten stärker vertreten sind.

Die einzelnen Gruppen wurden je nach ihrem mikroklimatischen Präferenzen in unterschiedlichen Vorzugsarealen gefangen. So hatten die Ufertiere in den wassernahen Streifen ihre größte Aktivitätsdichte, während die Felsarten die hoch gelegenen Fangstreifen bevorzugten. Die Wiesentiere wurden in allen mit Krautvegetation bestandenen Streifen gefunden. Die Waldtiere wiederum zeigten in nahezu allen Streifen bis auf die Bereiche der Böschungskrone gleich hohe Aktivität. Da im Laufe der Jahre die Beschattung zugenommen hatte, traten 1976 erstmals echte Waldarten auf, darunter flugunfähige Groß-Carabiden. Diese Arten sind aufgrund fehlender Biotope (Auwälder) vom Aussterben bedroht.

Auswirkungen auf das Landschaftsbild

Das Bild eines Fließgewässers wird wesentlich durch seine natürliche Wasser-
und Ufervegetation geprägt. An der Aller setzt sich diese höchstwahrscheinlich
mosaikartig zusammen aus :

Im Wasser: Gesellschaft des Flutenden Igelkolbens (Sparganium-emersum-
Gesellschaft Wiegleb 1972); hier vorwiegend mit Pfeilkraut (Sagittaria
sagittifolia) und Mummel (Nuphar lutea).

Am Ufer: Rohrglanzgras-Röhricht (Phalaridetum arundinaceae Libbert 1931)
und Wasserschwaden-Röhricht (Glycerietum maximae Hueck 1931); darüber
Korbweidenbusch (Salicetum triandroviminalis Tx. 1948); und oberhalb davon
Gesellschaften des Erlenbruchwaldes (Alnion glutinosae Malcuit 1929), Erlen-
Eichenwald (Alno-Quercetum) und Stieleichen-Birkenwald (Querco roboris-
Betuletum Tx. 1930)
Durch Bepflanzung und Ansaat (Phalaris) sind in der Versuchsstrecke die
wesentlichen Arten dieser hier natürlich vorkommenden Gesellschaften mit
Ausnahme der Wasserpflanzen eingebracht worden.

Einmal wurde die Böschung dadurch artenreicher und vielfältiger strukturiert als
herkömmliche Rasenböschungen ohne Röhricht und Gehölze. Darüber hinaus
hat sich die zunächst gerade Uferlinie durch die Entwicklung des Röhrichts zu
einem naturnahen Uferrand mit einer Abfolge kleinerer Ein- und Ausbuch-
tungen verändert.

Da jedoch aus Gründen einer exakten Versuchsdurchführung erforderlich war,
gleichlange Abschnitte gleichförmig zu bepflanzen, konnte an der Versuchsstrecke kein in allen Punkten befriedigendes Landschaftsbild erzielt werden.

Es ist vorgesehen, in die weitere Entwicklung so wenig wie möglich
einzugreifen. So ist zu erwarten, daß sich hier mit der Zeit durch natürliche
Ansiedlung weiterer Arten, insbesondere von Gehölzen, das Landschaftsbild
weiter verbessern wird.

Zusammenfassung und Schlußfolgerung

a) Alle Böschungen mit den verwendeten Neigungswinkeln 1:3, 1:4, 1:6,
   Berme 1:20 wurden sowohl durch Röhricht und Rasen als auch durch
   Gehölze vollständig gesichert. Allerdings traten später an den steilen Bö-

schungen (1:3, 1:4) unabhängig von der Vegetation Bisamschäden auf.

Weil der Bisam inzwischen in unserer Landschaft trotz Bekämpfung heimisch geworden ist, sollte man beim Ausbau von vergleichbaren Gewässern im Mittelwasserbereich (möglichst breite) Bermen vorsehen. Die Verwendung von Schüttsteinen ist dann zur Ufersicherung nicht erforderlich.

b) Von den Röhrichtarten waren Wasserschwaden (Glyceria maxima) und bei den Gehölzen die Kombination von Purpurweide (Salix purpurea) und Roterle (Alnus glutinosa) am besten geeignet. Die Saatgutmatten haben sich ebenfalls zur Ufersicherung bewährt.

Bei der Sicherung von Flächen im Abflußprofil von Gewässern durch Gräser und Kräuter kommt es darauf an, heimische Arten zu verwenden, die möglichst schnell den Platz einnehmen und für ca. 3 Jahre sichern können (wie der Wasserschwaden). Die standorttypische Vegetation stellt sich dann von selbst ein. Bei der Verwendung von Gehölzen ist an vergleichbaren Gewässern die Kombination der vorwüchsigen, flachwurzelnden Purpurweide mit der langsamer und tiefer wurzelnden Roterle zu empfehlen.

c) Aus konventioneller wasserwirtschaftlicher Sicht ist ein geregelter, d.h. bestimmten Regeln unterworfener und damit berechenbarer, Abfluß notwendig und nur mit einem gesicherten Abflußprofil vorzuhalten. Dieses „starre" Abflußprofil widerspricht jedoch aus landschaftsökologischer Sicht der Dynamik eines Fließgewässers. Durch die Anlage von Bermen wurde an der Oberaller ein Kompromiß gefunden: Eine gesicherte (starre) Uferlinie und trotzdem Erosion und Akkumulation in Form von dynamischer Rehnenbildung auf der Berme davor.

Die Anlage von Bermen im Mittelwasserbereich schützt nicht nur das Ufer vor Bisamschäden sondern ermöglicht dem Fließgewässer auch ein gewisses Maß an Eigendynamik. Derartige Bermen sind für der Aller vergleichbare Gewässer zu empfehlen.

An Gewässern wie der Aller sind aus ingenieurbiologischen, ökologischen und landschaftsgestalterischen Gesichtspunkten grundsätzlich zwei Ufersicherungen zu empfehlen:

• Ufer 1:6 und flacher mit Purpurweide und Roterle,

- Ufer 1:6 und flacher mit Wasserschwaden und Rasen, der an stark beanspruchten Standorten oder im Winterhalbjahr in Form von Saatstrohmatten eingebracht werden sollte.

Die hier genannten Arten sollten das „Grundgerüst" bilden. Zur Erhaltung bzw. Wiederherstellung einer ökologischen und visuellen Vielfalt sollten aber diesem „Grundgerüst" in geringem Maße weitere standortgerechte Baum-, Strauch- und Röhrichtarten beigemischt werden.

Der Unterhaltungsaufwand kann verringert werden, wenn die Böschungen stärker als bisher geschlossene Gehölzpflanzungen erhalten.

Bei der hydraulischen Berechnung der Abflußquerschnitte sind die Einflüsse des Bewuchses, insbesondere der Gehölze, zu berücksichtigen.

Die Versuchsergebnisse und Folgerungen sind selbstverständlich nur auf Gewässer direkt übertragbar, die dem Gewässertyp der Aller ähnlich sind. Langjährige Erfahrungen an anderen Gewässertypen Niedersachsens liegen bisher nicht vor.

Literatur

ALLER-OHRE-VERBAND-WEST (Hrsg.), o.J.: Jahresbericht 1969-1971. Gifhorn.

ALPERS, R. (1975): Untersuchungen zur Besiedlung eines neugestalteten Allerufers; Erfassung der Arthropodenfauna mit Hilfe von Bodenfallen. Diplomarbeit. Institut für Entomologie und Ökologie, Tierärztliche Hochschule Hannover.

DAHL, H.-J. (1975): Die niedersächsische Versuchsstrecke für Lebendbau an der Oberaller bei Brenneckenbrück. In: Jahrbuch für Naturschutz und Landschaftspflege (24) S. 54-57.

DAHL, H.-J. u. U. SCHLÜTER (1983): Versuchsstrecke Oberaller. Neun Jahre Versuchsstrecke für ingenieurbiologische Ufersicherungsmaßnahmen an der Oberaller bei Gifhorn. In: Informationsdienst Naturschutz, Nr. 4, 3. Jg.

Der Nds. MELF (Der Niedersächsische Minister für Ernährung, Landwirtschaft und Forsten, Hrsg.) (1982): Deutsches Gewässerkundliches Jahrbuch. Weser- und Emsgebiet. Abflußjahr 1981. Hannover.

Der Nds. MELF und MK (Der Niedersächsische Minister für Ernährung, Landwirtschaft und Forsten und der Niedersächsische Kultusminister) (1973): „Berücksichtigung von Naturschutz und Landschaftspflege bei wasserbaulichen Maßnahmen" Gem. Rd. erl. d. ML. u. d. MK v. 5.10.1973-314-301103-GültLML 73/13 Nds. MBl.Nr. 47/1973.

HENTRICH, M. (1977): Faunistische Untersuchungen an einem künstlich gestalteten Allerufer unter besonderer Berücksichtigung der Carabiden-Fauna. Diplomarbeit. Institut für Entomologie und Ökologie, Tierärztliche Hochschule Hannover.

MEISEL, S. (1961): Naturräumliche Einheit 62: Weser-Aller-Flachland. In: Handbuch der naturräumlichen Gliederung Deutschlands 7. Lieferung, hrsg. von E. Meynen, J. Schmithüsen, J.F. Gellert, E. Neef, H. Müller-Miny u. J.H. Schultze, Selbstverlag der Bundesanstalt für Landeskunde und Raumforschung, Bad Godesberg.

MÜLLER, T. (1961): Naturräumliche Einheit 626: Obere Allerniederung. In: Handbuch der naturräumlichen Gliederung Deutschlands 7. Lieferung, hrsg. von E. Meynen, J. Schmithüsen, J.F. Gellert, E. Neef, H. Müller-Miny u. J.H. Schultze, Selbstverlag der Bundesanstalt für Landeskunde und Raumforschung, Bad Godesberg.

PETERS, H. (1981): Eignung verschiedener Lebendbauweisen zur Sicherung von Fließgewässerböschungen. Dissertation. Universität Hannover.

RICKERT, K.-R., (1980): Der Einfluß biologischer Maßnahmen auf den Abflußwiderstand und die Abflußgeometrie offener Gerinne; Naturmessungen. Unveröffentlichter Bericht an die DFG aus dem Institut für Wasserwirtschaft, Hydrologie und Landwirtschaftlichen Wasserbau der Universität Hannover.

Jahrbuch 6 der Gesellschaft für Ingenieurbiologie e.V. Aachen (1996)
Ingenieurbiologie im Spannungsfeld zwischen Naturschutz und Ingenieurbautechnik

295

Exkursionsbeispiel VI: Wildbachverbauung in Seitentälern der Oder im Harz

Eva Hacker und Christina Paulson

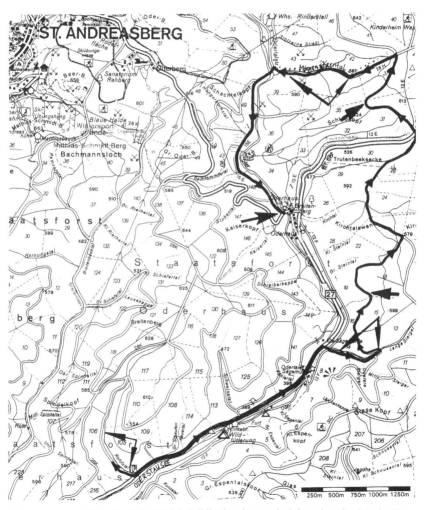

Abb. 1 Lage des Exkursionsbeispiels VI: Wildbachverbauung in Seitentälern der Oder im Harz

Naturräumliche Situation

Geologie

Der Harz steigt im Norden steil aus dem nördlichen Vorland auf und dacht sich allmählich gegen Süden ab. Das Brockenmassiv ist mit 1142 m über NN seine höchste Erhebung. Es besteht aus einem Granitstock und ist durch runde Rückenformen gekennzeichnet. Umgeben ist das Brockenmassiv von einem Kranz steilerer und schrofferer Berge aus Kontaktgesteinen, denen breite Hochflächen, vorwiegend aus devonischen Schiefern vorgelagert sind. Die westliche Hochfläche um Sankt Andreasberg ist mit Höhen bis zu 700 m mehr als 100 m höher als die etwas undeutlichere aber breitere des Ostharzes (HÖVERMANN, 1957).

Im Westharz sind nur Formationen des Erdaltertums vertreten:

- Granit und Gabbro (Magmatische Tiefengesteine),
- dunkle Schiefer des Silur,
- verschiedenartige Gesteine (Grauwacke, Kalkgrauwacke, Sandsteine, Kalksandsteine, Tonschiefer, Kieselschiefer, Kalksteine) des Devon,

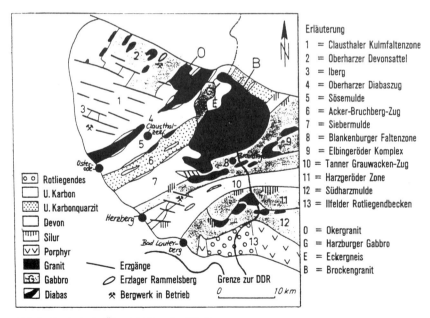

Abb. 2 Geologische Übersicht über den Westharz

- Grauwacken, Kiesel- und Tonschiefer des Karbon,
- Melaphyr und Porphyr des Rotliegenden (Perm),
- Kupferschiefer, Anhydrit, Gips, Stein- und Kalisalze des Zechstein (Perm).

Auch der Vulkanismus des Harz fand schon im Erdaltertum, nämlich im Devon (Diabas) und Perm (Melaphyr, Porphyr) statt. Mit den frühen magmatischen Vorgängen ist die Entstehung der Erzlagerstätten (Blei, Zink, Kupfer, Roteisenerz, silberreicher Bleiglanz, Zinkblende, Kupferkies, Schwertspat, usw.) verbunden. Die Verteilung der Gesteine im Harz wird aus Abbildung 2 (MOHR, 1980) deutlich.

Auffällig sind im Harz die Blockschuttbildungen, die überall die Hänge bedecken und auch die Täler füllen, während an den Rändern häufig Felsklippen schroff aufsteigen. Die Entstehung dieser Formen ist einmal darauf zurückzuführen, daß sich Granite und Quarzite zur Blockbildung besonders gut eignen, zum anderen aber trägt das häufige Schwanken der Temperatur um den Gefrierpunkt herum durch Frostverwitterung (Gefrieren und Wiederauftauen) wesentlich dazu bei (HÖVERMANN 1957).

Klima

Die vorgeschobene nordwestliche Lage verleiht dem Harz klimatisch eine gewisse Sonderstellung. Er ist im Verhältnis zu seiner Höhe stärker beregnet als die anderen Mittelgebirge. Die Niederschlagswerte erreichen am Gebirgsfuß der Luvseite im Westen 900 mm, steigen auf 1.300 mm auf der Hochfläche und auf mehr als 1.500 mm im zentralen Bergland an. An der Leeseite im Südosten sinken sie wieder auf 750 mm im Hochflächenbereich und auf 600 mm an der Südostseite ab.

In der Verbreitung von Hochmooren vor allem im Westharz und in der großen Taldichte kommen diese Klimaverhältnisse auch landschaftlich zum Ausdruck.

Die Speicherung der Winterniederschläge in meterdicken Schneedecken führt zu einer Konzentration des Abflusses im Frühjahr mit teilweise verheerenden Hochwassern. Aus den Bestrebungen, diese Schäden zu verhindern, sind die Talsperrenbauten im Verlauf der Oder, Oker, Söse und Ecker entstanden. Als Trink- und Brauchwasserreservoire haben die Talsperren jedoch eine zusätzliche Bedeutung gewonnen, seitdem Hannover und Bremen ihren Wasserbedarf nicht mehr aus ihren unmittelbaren Grundwasservorkommen decken können (HÖVERMANN, 1957).

Vegetation

Die natürliche Vegetation des Harzes ist bis in eine Höhe von ca. 700 m ein Buchenmischwald der collinen und montanen Stufe. Darüber schließt sich die hochmontane Fichtenzone mit den natürlichen Vorkommen der Fichte und charakteristischen Arten der Bodenvegetation wie Siebenstern (Trientalis europaeus) und Harzer Labkraute (Galium harcynicum) an. Ab ca. 1.000 m ist auch die subalpine Krüppelholz- und Mattenzone zu finden.

Im 17. Jahrhundert führte der Bergbau und die Erzverhüttung zu einer starken Entwaldung. Die Buche war begehrt wegen ihrer hochwertigen Holzkohle. Anschließend begann man dann, auch in den tieferen Lagen mit Fichten aufzuforsten, so daß die Wälder des Harzes heute überwiegend Fichtenforste sind.

Zu den wenigen naturnahen Wäldern zählen heute u.a.:

• autochthone Harzfichten am Oderteich und hochmontane Fichtenwälder,
• Bergahorn-Schluchtwälder,
• Laubwaldbestände an den Hahnenklee-Klippen im Odertal (MEYER o.J.).

In den Bachtälern ist im collinen und submontanen Bereich ein Schwarzerlenwald Zuhause, während bereits in der montanen Buchenstufe Grauerlenwälder als heimisch angesehen werden können (TÜXEN 1937).

Ausgangssituation für die ingenieurbiologischen Maßnahmen

Hochwasserschäden im Harz und Harzvorland waren der Grund, warum Ende der 40er Jahre Prof. Dr. E. Kirwald von der Niedersächsischen Staatsforstverwaltung beauftragt wurde, mit entsprechenden Sicherungsmaßnahmen Abhilfe zu schaffen. Deshalb wurde 1949 eine Außenstelle für Wildbachverbauung in Clausthal-Zellerfeld unter der Leitung von Professor Kirwald installiert.

Die Grundidee von Kirwald war damals, die Schäden, die die Wildbäche anrichten, so zu beheben, daß ihr Charakter weitestgehend gewahrt blieb und sie weiterhin ein natürlicher Bestandteil der Waldlandschaft sein konnten.

Dabei erkannte er, daß man nicht einfach die Hochwässer durch eine Befestigung von Bachläufen schneller ableiten dürfe, sondern daß man die Ursachen z.b. die Geschiebeverlagerungen einschränken und mit der Bachberuhigung bereits in den Einzugsgebieten beginnen müsse (KIRWALD 1954).

Bei seinen Planungen zur Wildbachverbauung ging er so vor, daß er zum einen durch die Bindung von Hangschutt und die Sicherung von Geschiebeherden, z.b. Hanganbrüche und andere Bodenwunden, die Verlagerung außerhalb der Gerinne zu beseitigen versuchte. Mit diesen Maßnahmen begann er bereits in den Oberläufen der Bäche.

Dafür nutzte er zum einen die verschiedenen Verfahren des Lebendbaus um längerfristig einen Bachschutzwald zu schaffen, wie:
• Spreitlagen,
• Besteckungen mit Weidenstecklingen und
• Aufforstungen mit standortgemäßen Gehölzen.

Dieser festigt nach einer Einwuchsphase den Standort an sich, weshalb man die Kombination von schnellwüchsigen Weiden und langfristig angelegten Pflanzungen standortgemäßer Bäume und Sträucher verwendet. Gleichzeitig wirken die lebenden "Baustoffe" bremsend auf die Wasserkraft der Wildbäche durch die sogenannte "Kammwirkung" (Zerteilung der Wasserkraft) und durch ihre "Elastizität" wegen ihres federnden Widerstandes.

Zum anderen sollten Querwerke aus Stein und Totholz, wie z.B. Sohlabstürze, Sohlschwellen, Sohlgurte oder Höckerschwellen im Bach selbst die ungeheure Kraft der Wildbäche bändigen.

Diese Verbindung von baulichen (toten) mit pflanzlichen (lebenden) Bauelementen und Baumitteln nennt Kirwald "Kombinierte Verfahren".

Durchführung der ingenieurbiologischen Maßnahmen

Das Verfahren der kombinierten Bauweisen war die Grundlage für die Wildbachverbauungen in den Seitentälern der Oder im Harz. Vor allem wegen der Überlastung des Vorfluters Oder bei Hochwasser sowie der Stauraumverlandung der damals bereits bestehenden Odertalsperre waren diese notwendig geworden. Die Wildbachverbauungen sind damals in folgenden Bachtälern im Odereinzugsgebiet vorgenommen worden:

- Hungerborntal
- Kaisertal
- Kirchtal
- Kunzental
- Lärchenkappental
- Morgensterntal

- Rolofstal
- Scheiberkappental
- Schweinetal
- Steigertal (=Langer Steiger)
- Trutenbeektal

Auszüge aus dem "Technischen Bericht über die Wildbachverbauungen im Harz im Rechnungsjahr 1949" von Kirwald sind in der Anlage zu diesem Exkursionsbeispiel wiedergegeben. Zum einen ist darin die damalige Vorgehensweise genau nachzulesen, zum anderen können hier, in einer exemplarischen Zusammenstellung für das Morgensterntal, die Berechnungsgrundlagen der Wildbachverbauungen nachvollzogen werden. Weiterhin sind von den vorhandenen Bauzeichnungen der Sohlschwellen auch die des Morgensterntales und deren Lage im Bachverlauf sowie die Zeichnungen der Sperren und eines Durchlasses beispielhaft angefügt.

Als Bachschutzwald wurden damals folgende Baumarten eingebracht:

Schwarzerle	Alnus glutinosa
Grauerle	Alnus incana
Esche	Fraxinus excelsior
Hainbuche	Carpinus betulus
Eberesche	Sorbus aucuparia (in Siedlungsnähe wegen der Beerennutzung)

Für die Spreitlagen wurden nicht näher bezeichnete Weidenarten verwendet.

Heutige Situation

Für die Beurteilung der Kirwald'schen Wildbachverbauungen nach 40 Jahren wurden speziell für die Exkursion einige charakteristische Täler ausgewählt:

- das Odertal selbst,
- das Rolofstal,
- der Lange Steiger (Steigertal) und
- das Morgensterntal.

Als Vergleich dazu wurden zwei unverbaute Seitentäler am Steigertal und am Morgensterntal mit Fichtenbewuchs begutachtet.

Von den damaligen Weidenspreitlagen und Weidenbestecken der Wildbachverbauung sind heute noch Reste bzw. einige ausgewachsene große Exemplare von Rötlicher Bruchweide (Salix rubens) und Salweide (Salix caprea) am Mittellauf des Langen Steigers und des Rolofstales zu finden.

Durch Hinterschüttung mit Fluß- oder Bruchsteinen in Form einer Sohlgleite (Steinrampe) mit der Neigung 1:10 bis 1:20 wird das Querwerk (A) für alle Fließwassertiere passierbar. Am Fuß ist wie bei Sohlabstürzen ein Tosbecken möglich (C). Glatte Gründe (z.B. Beton o. Metall) können durch einfache oder Doppelsohlschwellen aus Bruchsteinen (keine Pflastersohle!) so aufgerauht werden, daß die entstehenden strömungsarmen Bereiche allen Fließwassertieren ein Wandern entgegen der Fließrichtung ermöglichen. Die Korngröße des Schüttmaterials richtet sich nach der größten Schleppkraft des Fließgewässers, die Oberfläche soll so rauh und abwechslungsreich wie möglich ein. Der Sauerstoffeintrag wird dadurch verbessert.

Abb. 3 Sanierung eines Sohlabsturzes (BARTH 1987)

Aus den Bepflanzungen mit standortgemäßen Gehölzen entwickelten sich bis heute ca. 15 m hohe Exemplare von Schwarz- und Grauerle mit einem mittleren Durchmesser von ca. 30 cm und säumen heute die Ufer von Oder, Rolofstal, Langem Steiger und Morgensterntal (vgl. Abb. 4 und 5 sowie Tab. 2, Aufn. 2-4). Im Rolofstal wurden außerdem schöne Hangwaldbestände aus Hainbuche, Buche, Bergahorn und Esche (als Beispiel siehe Tabelle 2 Aufn. Nr. 1) gefunden, die vermutlich aus der Wildbachverbauung stammen.

Die von Professor Kirwald eingebauten Sperrwerke (Sohlschwellen und Sohlabstürze) sind so massiv gebaut worden, daß sie bis heute gut erhalten sind; Sohlgurte sind nicht mehr erkennbar. Die Sohlabstürze führen aber dazu, daß kleine Fließwassertiere und ab 20 cm Höhe der Schwellen auch kleine Fische wie z.B. Koppe oder Schmerle die Bäche entgegen der Fließrichtung nicht mehr passieren können (BLESS 1981) und so die Mittel-, Oberläufe und die Quellgebiete für viele Tierarten nicht mehr erreichbar sind. Mit diesem Problem beschäftigte sich Forstoberrat Dr. Barth/Forstamt Oderhaus und kam zu dem Ergebnis, daß an Stellen, wo dies für das Abflußverhalten weitgehend ohne schädliche Auswirkungen bleiben würde, die Sohlabstürze verändert werden müßten.

Eine Lösung, die bereits im Forstamtsbezirk Oderhaus/Mittelharz am Langen Steiger und im Morgensterntal praktiziert wurde, ist, die Sohlabstürze einfach einzureißen (siehe Abb. 3 und Titelbild).

Eine andere Variante wurde an der Oder an verschiedenen Stellen angewandt. Hier wurden Sohlschwellen in Sohlgleiten umgewandelt. Die vielen herausragenden Geschiebebrocken wirken hier immer noch bremsend auf die Wasserkraft, aber die Fließgewässerlebewesen können trotzdem wandern.

Weiterhin haben die Bachschutzwälder heute bereits eine hohe Retentionskraft erlangt, so daß auch dadurch eine Abminderung der Hochwässer möglich ist.

Ökologische Bewertung der heutigen Ufervegetation

Um zu einer Aussage zu kommen, inwieweit der von Professor Kirwald initiierte Bachschutzwald einem naturnahen Auwald ähnelt und inwieweit dieser sich von einem fichtenbestandenen Bachbewuchs unterscheidet, wurden zur Vorbereitung der Exkursion im Juli 1989 Bestandsaufnahmen in den Quellfluren und der bachbegleitenden Vegetation in den vorn genannten Bachtälern durchgeführt.

Betrachtet man die im Harz in den Seitentälern der Oder im Sommer 1989 vorgefundene Vegetation (Tabellen 1 und 2), so zeigt sich folgendes:

- Die Ufervegetation ist in zwei Standorttypen zu unterscheiden.
- Direkt am Gewässerrand befinden sich mosaikartig zwischen den Bachschottern kleine Quellfluren (Tabelle 1). Diese sind nicht mit Gehölzen bewachsen, sondern werden nur von den Bäumen, die auf den unmittelbar angrenzenden Ufern und Hängen stehen und von den Hochstaudenfluren beschattet.
- Am Gewässerufer selbst steht in allen untersuchten Fällen ein Baumbewuchs (Tabelle 2). Die Zusammensetzung der Krautschicht ist stark von der Zusammensetzung der Baumarten abhängig.

Quellfluren

In allen untersuchten Tälern findet man auf den Bachschottern Quellfluren (siehe Tab. 1) mit einer recht ähnlichen Artenzusammensetzung z.B. mit charakteristischen Arten sickerfeuchter Standorte wie Bitteres Schaumkraut (Cardamine amara) oder Bachbunge (Veronica beccabunga) und anderen Feuchtezeigern wie Sumpf-Vergißmeinnicht (Myosotis palustris) oder Flutschwaden (Glyceria fluitans).

Lfd Nr.	1	2	3	4	5	6	
Ort	R	R	S	M	SM	SS	
randliche Baumschicht aus	Berg-ahorn	Erlen	Erlen	Erlen	Fichten	Fichten	
Beschattung durch Bäume und Hochstauden in %	40	50	60	80	30	30	
Artenzahl	13	12	9	5	17	11	
Montane Quellflurarten							
Chrysosplenium oppositif.	1	.	1	1	2	+	Gegenbl. Milzkraut
Crepis paludosa	+	2	.	1	+	.	Sumpf-Pippau
Circaea intermedia	.	+	+	.	+	.	Mittleres Hexenkraut
Weitere Quellflurarten							
Cardamine amara	2	1	2	4	2	2	Bitteres Schaumkraut
Stellaria nemorum	2	1	2	.	1	2	Waldsternmiere
Carex remota	3	2	.	.	2	2	Winkelsegge
Myosotis palustris	1	+	.	.	2	2	Sumpf-Vergißmeinnicht
Veronica beccabunga	2	+	.	.	.	.	Bachbunge
Glyceria fluitans	1	.	.	.	.	+	Flutschwaden
Lysimachia nemorum	.	2	.	.	+	.	Hain-Gilbweiderich
Sonstige Arten							
Impatiens noli-tangere	.	2	2	+	.	4	Rühr-mich-nicht-an
Ranunculus repens	3	.	.	.	.	1	Kriechhahnenfuß
Veronica montana	+	+	.	.	.	.	Berg-Ehrenpreis
Rumex obtusifolius	+	+	.	.	2	.	Breitblättriger Ampfer
Poa trivialis	+	.	+	.	.	.	Gemeines Rispengras
Dryopteris spinulosa	+	+	.	.	.	1	Dornfarn

Außerdem in 3: Festuca gigantea +, Geranium robertianum +, Epilobium montanum +; in 4: Galium palustris +; in 5: Senecio fuchsii +, Glechoma hederacea 1, Alnus incana JW +, Chrysosplenium alternifolium 1, Alnus glutinosa JW +, Mentha arvense +, Equisetum sylvaticum 1, Ranunculus flammula +; in 6: Stellaria alsine 3, Juncus effusus 1;
Ortsbezeichnung: R=Rolofstal, S=Langer Steiger, SM=Seitental Morgensterntal, SS=Seitental Langer Steiger
Tab. 1 Quellfluren auf Bachschotter

Auf den ersten Blick erscheint es so, als ob sich die Quellfluren von laubbaum- und nadelbaumbestandenen Tälern nicht unterscheiden. Das kommt daher, weil in den beiden Fichtentälern die Bäume relativ weit vom Gerinne entfernt stehen und wegen ihres Alters auch relativ licht sind. Der Fichtenbestand der Aufnahme Nr. 5 ist sogar bereits soweit zurückgenommen worden, daß junge

Schwarz- und Grauerlen gepflanzt werden konnten (Maßnahmen des Forsthaus Oderhaus).

So sind die Quellfluren an den wenig durch Laub- oder Nadelbäume beschatteten Standorten artenreicher, als die dicht mit Erlen und z.T. zusätzlich mit Feuchthochstauden bestandenen Ufern.

Floristisch bemerkenswert erscheint allerdings, daß die selteneren montanen Quellflurarten wie Gegenständiges Milzkraut (Chrysosplenium oppositifolium), Sumpf-Pippau (Crepis paludosa) und Mittleres Hexenkraut (Circaea intermedia) weitgehend in den Erlenbeständen bzw. jetzt mit Erlen bepflanzten Tälern (Aufn. Nr. 1-5) zu finden sind. So kann man doch einen Unterschied zwischen naturnahen Erlen- und Fichtentälern feststellen. Das Mittlere Hexenkraut steht für Niedersachsen in der Roten Liste (HAEUPLER et al. 1983) als eine Art, über deren Rückgang und Gefährdung bis jetzt noch kein klares Bild herrscht. Es wird vermutet, daß sie zu den gefährdeten Arten gehört.

Bachbegleitende Vegetation

In den sechs untersuchten Tälern wurden grundsätzlich drei verschiedene Grundtypen von bachbegleitender Vegetation (siehe Tab. 2 a, b und c) beobachtet.

1. Steigen die Berghänge direkt relativ steil am Gewässer an, so ist neben den beschatteten Quellfluren kein eigentlicher Auwald als Bachschutzwald entstanden, sondern hier hat sich aus den Pflanzungen ein reicher Buchenwald (Rolofstal, Aufn. Nr. 1) mit Waldmeister (Galium odoratum), Zahnwurz (Dentaria bulbifera) oder Waldlabkraut (Galium sylvaticum) entwickelt, in dem die boden- und luftfeuchte Talsituation durch Arten wie Bergahorn (Acer pseudoplatanus), Goldnessel (Lamiastrum galeobdolon) oder Hainsternmiere (Stellaria nemorum) zum Ausdruck kommt. Auch die weiter verbreiteten montanen Arten wie Waldreitgras (Calamagrostis arundinacea) und Fuchsgreiskraut (Senecio fuchsii) stehen hier.

	a		b		c		
Lfd Nr	1	2	3	4	5	6	
Ort	R	R	S	S	M	SS	a) reicher Buchenwald
Deckung der Baumschicht in %	50	70	50	70	50	50	
Deckung der Strauchschicht in %	-	-	3	5	-	-	b) Erlen-Ufer-Wald
Deckung der Krautschicht in %	60	75	70	70	80	90	
Artenzahl	18	22	25	17	26	7	c) Fichtental
Baumschicht							
Fagus sylvatica	+	.	.	.	.	.	Buche
Acer pseudoplatanus	1	.	.	1	.	.	Bergahorn
Carpinus betulus	1	.	.	.	.	.	Hainbuche
Alnus glutinosa	.	3	3	.	3	.	Schwarzerle
Alnus incana	.	+	·1	.	1	.	Grauerle
Salix rubens	.	.	+	3	.	.	Rötliche Bruchweide
Picea abies	.	.	.	.	.	3	Fichte
Strauchschicht							
Salix caprea	.	.	.	1	.	.	Salweide
Corylus avellana	.	.	+	.	.	.	Hasel
Rubus idaeus	+	1	1	.	1	1	Himbeere
Krautschicht							
Typische montane Arten							
Calamagrostis arundinacea	+	2	1	1	1	5	Waldreitgras
Senecio fuchsii	1	1	.	1	1	2	Fuchsgreiskraut
Waldarten							
Oxalis acetosella	2	2	2	.	2	2	Sauerklee
Galium odoratum	2	.	.	.	.	.	Waldmeister
Dentaria bulbifera	2	.	.	.	.	.	Zwiebel-Zahnwurz
Viola reichenbachiana	+	.	.	.	.	.	Waldveilchen
Brachypodium sylvaticum	+	+	.	.	.	.	Waldzwenke
Galium sylvaticum	+	.	1	.	.	.	Waldlabkraut
Carex sylvatica	.	2	.	+	.	.	Waldsegge
Lamiastrum galeobdolon	1	.	1	.	.	.	Goldnessel
Dryopteris spinulosa	+	.	.	.	.	+	Dornfarn
Auwaldart							
Stellaria nemorum	1	.	1	1	1	.	Waldsternmiere
Feuchthochstauden							
Impatiens noli-tangere	2	1	3	2	2	2	Rühr-mich-nicht-an
Valeriana officinalis	.	+	+	+	+	.	Echter Baldrian
Stachys sylvatica	.	+	+	1	+	.	Waldziest
Cirsium palustre	.	+	.	.	+	.	Sumpfdistel
Chaerophyllum hirsutum	.	.	+	1	2	.	Behaarter Kälberkropf
Scrophularia nodosa	.	.	+	.	+	.	Knotige Braunwurz
Cicerbita alpina	.	.	.	.	1	.	Alpen-Milchlattich
Filipendula ulmaria	.	.	.	.	+	.	Mädesüß
Sonstige Feuchte- und Nährstoffzeiger							
Deschampsia cespitosa	+	2	.	1	+	.	Rasenschmiele
Athyrium filix-femina	.	1	+	+	.	.	Frauenfarn
Festuca gigantea	.	+	+	.	.	.	Riesenschwingel
Geranium robertianum	.	+	+	.	.	.	Stinkender Storchschnabel
Myosotis palustris	.	.	.	+	+	.	Sumpf-Vergißmeinnicht
Galium palustris	.	+	.	.	1	.	Sumpflabkraut
Gehölzjungwuchs							
Alnus incana	.	.	+	.	2	.	Grauerle
Alnus glutinosa	.	.	.	.	+	.	Schwarzerle
Fraxinus excelsior	+	1	.	.	.	.	Esche
Acer pseudoplatanus	.	1	+	.	.	.	Bergahorn

Außerdem in 2: Ajuga reptans 1, Equisetum arvense +, Glechoma hederacea +; **in 3:** Lapsana communis +, Epilobium montanum +, Poa nemoralis 1, Mycelis muralis +, Moehringia trinervia 1, Gymnocarpion dryopteris +; **in 4:** Circaea intermedia +, Cardamine amara +, Rumex obtusifolius +; **in 5:** Crepis paludosa 2, Ranunculus repens +, Rumex acetosa +, Silene dioica +, Petasites albus +, Sambucus racemosa JW +.
Ortschaften: R=Rolofstal, S=Langer Steiger, M=Morgensterntal, SS=Seitental des Langen Steigers

Tab. 2   Bachbegleitende Vegetation

2. Ein weiterer, bereits vorn erwähnter Typ der bachbegleitenden Vegetation ist der Erlen-Uferwald. Er entstand aus den Kirwald`schen Pflanzungen in Rolofs-, Steiger- und Morgensterntal (Tabelle 2, Aufn. Nr. 2-5). Die Schwarzerle überwiegt gegenüber der Grauerle. Im Unterwuchs hat sich eine artenreiche (Durchschnittsartenzahl 23), besonders hochstaudenreiche Vegetation entwickelt. Sie setzt sich zusammen aus:
- Auwaldarten (z.B. Hainsternmiere),
- Bachhochstauden (z.b. Baldrian, Behaarter Kälberkropf)
- montanen Waldarten (z.B. Fuchsgreiskraut),
- Arten reicher Laubwälder (z.B. Goldnessel),
und anderen Feuchte- und Nährstoffzeigern.

Die blütenreichen Hochstaudenbestände des bachbegleitenden Uferbewuchses aus Grauerle und Schwarzerle haben eine hohe Bedeutung als Lebensraum für blütenbesuchende Insekten, wie es auch KRATOCHWILL (in SCHWABE 1985) im Schwarzwald beobachten konnte.

Besonders hervorzuheben ist das Vorkommen von Alpenmilchlattich (Cicerbita alpina) in den Hochstaudenbeständen des Morgensterntals. Er steht als gefährdete Art auf der Roten Liste Niedersachsens (HAEUPLER et al. 1983).

3. Im Vergleich zu den hangwald- und erlenbewachsenen Bachrändern sind die fichtenbestandenen Bachränder artenarm. Das exemplarisch untersuchte Seitental des Langen Steiger (Tab. 2, Aufn. Nr. 6) wirkt durch das zu etwa 80 % deckende Waldreitgras relativ trostlos. Es wird nur zur Zeit der Blüte des Fuchsgreiskrautes farblich belebt. Man kann also feststellen, daß die Krautflora der Bachrandlage durch den Fichtenbewuchs auf wenige Arten reduziert wird.

Ökologische Beurteilung der verwendeten Gehölzarten

Die Analyse der Vegetation und einige Vergleiche mit Vegetationsbeschreibungen aus der Literatur zeigen, daß die Verwendung von Schwarzerle für die Bachufer als auch die Verwendung von Hainbuche und Esche am Rande der Aue bzw. in Hanglagen standortgerecht war. Auch die Anpflanzung von Grauerlen als Art des Bachschutzwaldes hier in den montanen Lagen des Harzes auf schotterreichem und basenhaltigem Boden (Diabas) kann man wohl als richtig und standorttypisch ansehen, da hier wahrscheinlich ein natürliches Verbreitungsgebiet dieser Art liegt.

Eine Pflanzengesellschaft der Grauerle wird schon 1907 von BROCKMANN und 1930 von AICHINGER et SIEGRIST als Alnetum incanae beschrieben und von TÜXEN (1937) für schmale, gelegentlich überflutete Bachauen und an wasserzügigen Orten in der Fagion-Stufe (Buchenwald-Stufe) des Harzes angegeben. Das Vorkommen einer natürlichen Waldgesellschaft mit der boreal-subalpin verbreiteten Grauerle ist aber in dieser pflanzengeographischen Grenzlage (kaltluftbeeinflußte Täler der Höhenlagen) im Harz nicht völlig unumstritten und man weiß auch nicht sicher, ob nicht alle Grauerlen-Vorkommen im Oberharz ursprünglich gepflanzt sind (MEUSEL, JÄGER u. WEINERT 1965).

Abb. 4 Oder bei Forsthaus Oderhaus; etwa 40-jähriger Erlensaum, hervorgegangen aus Kirwald'schen Pflanzungen

Daß die Anpflanzungen von Grauerlen aber zu Beständen führen, die denen des Alnetum incanae ähnlich sind, zeigt ein Vergleich mit Untersuchungen aus dem Schwarzwald von SCHWABE (1985). Dort wurden auf vergleichbaren Standorten (die Schwarzwaldtäler mit fluvioglazialen, basenreichen Schottern ähneln den basenreichen Diabas-Blockschutt-Standorten einiger Harztäler) hochstaudenreiche Grauerlenwälder gefunden.

Die Artenzusammensetzung der Krautschicht mit einigen nordisch-montanen Arten wie Sumpf-Pippau (Crepis paludosa) oder Alpen-Milchlattich (Cicerbita alpina) und montanen Feuchthochstauden wie Behaarter Kälberkropf (Chaerophyllum hirsutum) und Weiße Pestwurz (Petasites albus) zeigen die pflanzengeographische Nähe der im Harz vorgefundenen Grauerlen-Beständen

mit dem Alnetum incanae. So sieht auch OBERDORFER (1953), bei seiner Be-
schreibung der europäischen Auenwälder den Behaarten Kälberkopf als Cha-
rakterart dieser Pflanzengesellschaft an.

Weiterhin wäre die Grauerle auch morphologisch der Schwarzerle in den
winterkalten Tälern überlegen, denn die Grauerle ist aufgrund spitzerer An-
satzwinkel der Seitenäste und einer insgesamt höheren Bruchfestigkeit der Äste
besser gegen Schneebruchschäden ausgerüstet (SCHWABE 1985).
Außerdem regeneriert sie gut mit rutenreichen Trieben nach Beschädigungen
durch Geröll und Eis.

Fazit

Durch die Wildbachverbauungen in den Seitentälern der Oder im Harz, die in
den 40er Jahren von Professor Kirwald durchgeführt wurden, hat man die
Hochwasserprobleme und die Geschiebebelastungen der Talsperren in den Griff
bekommen. Sie sind bis heute wirksam.

Gleichzeitig sind mit den Verbaumaßnahmen aber vorher "wilde", mehr oder
weniger natürliche Bachläufe mit einem vielfältigen, kleinräumigen Standortmosaik ausgestattete Bachläufe verändert worden. Besonders problematisch erscheint dies, da sich die Maßnahmen bis in die Quellbereiche der Gewässer
erstreckten.

Betrachtet man heute diese Täler, so kann man aber sagen, daß der Anspruch,
mit dem Professor Kirwald bei den Wildbachverbauungen vorgegangen ist,
nämlich den Landschaftscharakter zu erhalten, erfüllt worden ist. Fast alle
anderen Täler des Oberharzes sind nämlich fichtenbestanden.

Aus den Lebendverbaumaßnahmen haben sich Vegetationsbestände mit z.T. floristisch bemerkenswerten Arten entwickelt, die der natürlichen Vegetation
weitgehend entsprechen. Diese sind auch faunistisch von Bedeutung. Ob sie
dem früheren Standortgefüge und der entsprechenden Vegetation ähnlich sind,
bleibt dahingestellt.

Bedenklich aus der Sicht von Naturschutz und Landschaftspflege ist aber der Einbau von Querwerken in die Bäche. Diese verändern den Charakter der Wildbäche, den Naturhaushalt und stellen für viele Wasserorganismen eine Barriere dar.

Entfernt man heute sukzessive diese Einrichtungen, wie es bereits begonnen wurde, so kann man feststellen, daß sich aus den von Professor Kirwald ausgebauten Tälern im Harz naturnahe Bachökosysteme entwickeln können.

Somit wurde mit der Wildbachverbauung das sicherungstechnische Problem der damaligen Zeit gelöst und Ansätze für eine landschaftlich angepaßte Entwicklung aufgezeigt. Diese müßte heute fortgesetzt werden, indem man die Fehler, die für den Naturhaushalt gemacht worden sind, aufhebt.

Abb. 5 Sohlabsturz im Rolofstal (Sperre Nr. I in den Originalaufzeichnungen von Professor Kirwald)

Literatur

BARTH, W.-E. (1987): Praktischer Umwelt- und Naturschutz. Parey-Verlag, Hamburg und Berlin.

BLESS, R. (1981): Untersuchungen zum Einfluß gewässerbaulicher Maßnahmen auf die Fischfauna in Mittelgebirgsbächen. In: Natur und Landschaft 56.S. 243-252.

HAEUPLER, H., MONTAG, A. WÖLDECKE, K. und E. GRAVE (1985): Rote Liste Gefäßpflanzen Niedersachsen und Bremen, 2. Auflage, Hrsg.: Niedersächsisches Landesverwaltungsamt - Fachbehörde für Naturschutz, Hannover.

HÖVERMANN, J. (1957): Naturräumliche Einheit 38: Harz. In: Handbuch der naturräumlichen Gliederung Deutschlands, 4. und 5. Lieferung, Selbstverlag der Bundesanstalt für Landeskunde, Remagen.

KIRWALD, E. (1954): Höckerschwellen im kombinierten Bachausbau In: Mitteilungen der württembergischen Forstlichen Versuchsanstalt, 11, H. 1.

MEUSEL, H., JÄGER, E., MEINERT, E. (1965): Vergleichende Chorologie der zentraleuropäischen Flora, Fischer-Verlag, Jena.

MEYER, W. (o.J.): Das Pflanzenkleid des Harzes, 3. Aufl., Verlag Ed. Pieper, Clausthal-Zellerfeld.

MOHR, K. (1980): 400 Millionen Jahre Harzgeschichte. Die Geologie des Westharzes. 8. Aufl. Verlag Ed. Pierer, Clausthal-Zellerfeld, 96 S.

OBERDORFER, E. (1953): Der europäische Auenwald In: Beiträge zur naturkundlichen Forschung Südwestdeutschlands. S. 23-70.

SCHWABE, A. (1985): Zur Soziologie Alnus incana-reicher Waldgesellschaften im Schwarzwald unter besonderer Berücksichtigung der Phänologie. In: Tuexenia 5, Göttingen.

TÜXEN, R. (1937): Die Pflanzengesellschaften Nordwestdeutschlands. In: Tüxen, R. (Hrsg.): Mitteilungen der Floristisch-soziologischen Arbeitsgemeinschaft, Beihefte zu den Jahresberichten der Naturhistorischen Gesellschaft zu Hannover in Niedersachsen, Heft 3.

Anlage

Auszüge aus dem Technischen Bericht über die Wildbachverbauung im Harz im Sommer 1949 mit dem Beispiel des Morgensterntals von Prof. Dr. E. Kirwald (Abschrift)

Technischer Bericht
über die <u>Wildbachverbauung</u> im <u>Harz</u> im Rechnungsjahr 1949.

<u>Arbeitsfelder</u> der Außenstelle für Wildbachverbauung:

A. <u>Forstamt Oderhaus</u>:	1. Kaisertal, 2. Kirchtal, 3. Morgenstern, 4. Kunzental, 5. Trutenbeck, 6. Brunnenbach, 7. Hungerbornstal (teilw. FA Andreasberg), 8. Schreiberkappe, 9. Lärchenkappe, 10. Steiger, 11. Schweinetal, 12. Rolofstal
B. <u>Forstamt Sieber</u>:	1. Sieber
C. <u>Forstamt Andreasberg</u>:	1. Hungerbornstal (vgl. auch A7).

Verbauungssystem und Verbauungsmittel:
Zur Anwendung kam ein <u>Lebendausbau</u> mit einzelnen festen
Punkten zur Bändigung der Bäche und zwar:
In den Mittelläufen und Mündungsstrecken wurden <u>Beruhi-
gungssperren</u> zur Beruhigung der Bachläufe und <u>Geschiebe-
stausperren</u> als Rückhalt für das bewegliche Geschiebe eingelegt. Diese Querwerke (Sperren) sind aus Bruchsteinmauerwerk in Zementmörtel errichtet worden. Ihre Vorfelder sind
durch Sturzböden mit Wasserpolstern, gemauerte Vorfeld-
flügel und Vorsperren gesichert. Auf Felsunterlagen entfal-
len diese Sicherungen. Die Querwerke erfüllen mehrere
Zwecke zugleich: Sie sichern die Gerinne höhen- und rich-
tungsmäßig, d.h., daß die Bäche an der Eintiefung und Verlagerung gehindert werden, ferner dienen sie zur Brechung
der lebendigen Wucht des Wassers und zur Bindung des Ge-
schiebes. Die Schwemmstoffe werden durch eingelegte Dohlen
durchgelassen, um das hydraulische Gleichgewicht der Vor-
fluter nicht zu stören.
Das in den Stauräumen gesammelte Geschiebe ist aufzuforsten.

Die Zwischenstrecken zwischen den Querwerken sind <u>lebend
ausgebaut worden</u> und zwar mittels <u>Spreitlagen</u> aus Weidenruten, <u>Besteckungen</u> mit Weidenstecklingen und <u>Aufforstungen</u>
mit standortgemäßen Holzarten (Erle, Esche, Vogelbeere,
Weißbuche und Baumweiden).

An besonders gefährdeten Böschungen, die nicht unbefestigt
liegen bleiben durften bis die Lebendverbauungen außer der
Vegetationszeit verlegt werden konnten, wurden tote Spreitlagen aus Fichtenreisig verlegt, die in der Zeit der Saft-
ruhe mit Weidenstecklingen besteckt und dadurch ebenfalls
begrünt werden.
Wo die Bachsohlen für das vorhandene starke Gefälle zu wenig widerstandsfähig waren, wurden sie durch <u>Sohlgurte</u> aus
Holz mit Vorfeldsicherungen aus verpfählten Steinpackungen
befestigt. Nach dem Aufwuchs der Böschungsmäntel werden die
Angriffe auf die Sohle auch vermindert werden.
In den <u>Oberläufen</u> muß das bewegliche Geschiebe soweit
gebunden werden, daß die Vegetation festen Fuß fassen kann.
Zu diesem Zwecke wurden <u>Holzschwellen</u> errichtet mit be-
festigtem Vorfeld (Steinpackungen und Vorschwellen). Ihre
Lebensdauer reicht bis zu jenem Zeitpunkt aus, bis die Aufforstungen (vor allem Erlen) hinreichend verwurzelt sind,
um die Sohle zu binden, den Wasserfluß zu bremsen und die
Hochwassermassen zu zerteilen und damit ihre Schädlichkeit
zu beseitigen.

Bautypen:
Die angewandten Bautypen sind aus den vorliegenden Skizzen
ersichtlich. Es wurden nur die grundsätzlichen Erforder-
nisse, die an Querwerke zu stellen sind, berücksichtigt; im
einzelnen sind die Grundtypen je nach Standort, Material-
und Arbeitsverhältnissen abgewandelt worden. Grundsätzlich
wurde Beton an allen Orten, die dem aggressiven Wasser
(Moorlagen) ausgesetzt sind, ausgeschlossen.
Die Durchlässe wurden gebaut: Widerlager aus Bruchsteinmauerwerk, Stahlbetonplattendecken, Bruchsteinflügel, Sohle
aus Trockenpflasterung zwischen Sohlgurten.

Bauwerke:

Es sind errichtet worden:

3. Morgenstern

A. 6 Querwerke aus Bruchsteinmauerwerk in Zementmörtel und
   zwar:

Sperren-	I	in	km	0,018	mit	einem	Inhalt	von	65,0
staffel									
Sperre	II	"	"	0,097	"	"	"	"	26,0
"	III	"	"	0,235	"	"	"	"	24,5
"	IV	"	"	0,284	"	"	"	"	18,0
"	V	"	"	0,360	"	"	"	"	17,5
"	VI	"	"	0,624	"	"	"	"	20,5

Querwerke zusammen   171,5

B. Durchlaß in km 0,088 mit einem Inhalt von........16,0
   Ausbesserung d. Durchlaßflügels km 0,73...........3,0
   Dohle in km 0,549.................................1,0
   Rohrdohle km 0,534...............................0,5
   Herdwände bei Rohrdohle 0,363....................1,0

Mauerwerk b. Durchlaß   21,50

Bruchsteinmauerwerk im Ganzen 193,00

Stahlbetondecke 3,76

Trockenpflaster(Mündung 11+Furt 21) 32,00

C. a. Holzgurte mit Vorfeldsicherung ....30Stk.
   b. Holzschwellen mit Vorfeldsicherung ....5Stk.
      (km laut Skizze)

D. Spreitlagen (tote Mündung u. oberh. Sperre V) ....190 qm

E. Rauhpackung-Oderufer............................20 cbm

G. Steingutrohre Ø 0,4 ....5 m
   Steingutrohre Ø 0,3 ....5 m

Massenbewegung in Eigenregie

	Bach-aushub-räum-ungen	Aushub für Sperren	Gestein lösen, Grobge-schiebe	Durch-laßaus-hub	Vor-flut-schaf-fung	Hinter-fül-lungen, Ein-ebnen	Ge-schiebe bewe-gungen f. Schwel-len	Ma-terial-bewe-gungen zus.
				m³				
3. Morgenstern (0,00-0,727)	560	510	270	400	110	1100	110	3160

Kalkulation:

3. Morgenstern   m³   DM   DM

A. Bodenbewegungen
1. Bachaushub.............660   zu   3,- DM   1980,-
2. Sperrenaushub.........510   zu   6,- DM   3060,-
3. Gesteinlösen..........270   zu 11,- DM   2970,-
4. Durchlaßaushub........400   zu   6,- DM   2400,-
5. Vorflut...............110   zu   2,- DM   220,-
6. Hinterfüllung........1100   zu   2,5 DM   2750,-
7. Geschiebebewegungen....110   zu   5,- DM   ___550,-
                                                    13930,-

B. Bruchstein-Sperren und -Durchlässe
1. Mauerwerk   193,00   zu 63,- DM   12159,-
2. Stahlbeton   3,76   zu 85,- DM   __319,60
                                                 12478,60,-

C. 1. Holzgurte mit Vorfeldsicherung
                    30 Stück   zu 40,-DM   1200,-
   2. Holzschwellen mit Vorfeldsicherung
                    5 Stück   zu 60,-DM   300,-

D. Pflasterungen   32 m²   zu 16,- DM   512,-

E. Spreitlagen   190 m²   zu 4,- DM   760,-

F. Rauhpackungen   20 m³   zu 8,- DM   160,-

G. Rohrdohlen mit Verlegen 10 lfm. zu 50,- DM   500,-

H. Abtragen des alten Durchlasses zur Verlegung
   der Gasleitung u. des Fernsehkabels in km 0,088 218,67

J. Wegeherstellung zur Baustoffanfuhr 1700,-

K. Durchlaßreperatur km 0,73 .... __100,-
                    Bausumme 3   ___31859,27

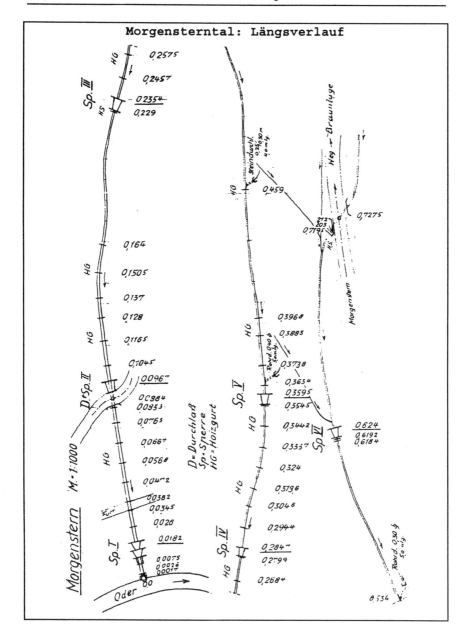

Morgensterntal: Längsverlauf

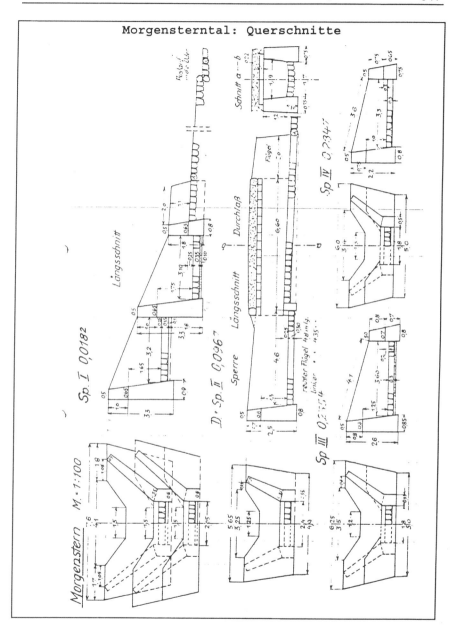

Morgensterntal: Querschnitte

Jahrbuch 6 der Gesellschaft für Ingenieurbiologie e.V. Aachen (1996)
Ingenieurbiologie im Spannungsfeld zwischen Naturschutz und Ingenieurbautechnik

319

Exkursionsbeispiel VII: Böschungssicherung an der A7 bei Bockenem

Eva Hacker und Christina Paulson

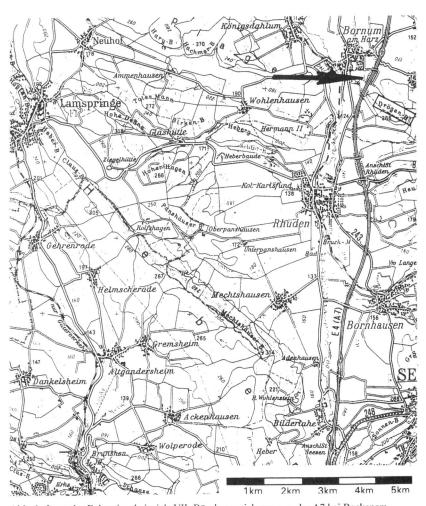

Abb. 1 Lage des Exkursionsbeispiels VII: Böschungssicherung an der A7 bei Bockenem

Naturräumliche Situation

Der Drögenberg bei Bockenem (siehe Abb. 1) liegt in der naturräumlichen Einheit 379, dem "Innerste-Bergland", einem Teil des Leineberglandes im Nordwesten des Steilabfalls des Harzrandes.

Die Höhenzüge des Innerste-Berglandes sind aus widerstandsfähigen Gesteinen des Erdmittelalters (Mesozoikum) aufgebaut, wie sie in mehreren Horizonten des Buntsandsteins, den harten Kalken des Unteren und Oberen Muschelkalks und des Malms, den Sandsteinen des Keupers und der Unterkreide sowie den kieseligen Plänerkalken der Oberkreide auftreten. Diese mesozoischen Schichten werden z.T. von fluvioglazialen, pleistozänen Schotterdecken und einer 1 - 2 m mächtigen Lößschicht überdeckt.

Klimatisch gesehen stellt das Gebiet mit einer mittleren Jahrestemperatur von 8,5° C und einem mittleren Jahresniederschlag von 720 mm ein landwirtschaftliches Gunstgebiet dar.

Der vorherrschende Bodentyp ist der nicht oder kaum gebleichte braune Waldboden. Auf den Höhenzügen, denen aufgrund der Erosion die Lößdecke fehlt, sind es steinreiche Karbonatböden (MÜLLER 1957).

Die potentielle natürliche Vegetation im Gebiet ist der Eichen-Hainbuchenwald, auf den Karbonatböden der Höhenzüge ist es ein artenreicher Perlgras- oder Flattergras-Buchenwald.

In diesen Buchenwäldern wird die vorherrschende Buche von der Esche und dem Bergahorn, stellenweise auch von Traubeneiche, Hainbuche, Sommer- oder Winterlinde und Feldahorn bei meist schütterer Strauchschicht (Schlehe, Hasel, Weißdorn, Hundsrose, Wasserschneeball und Pfaffenhütchen) begleitet.

Die Bodenvegetation wird charakterisiert von basenliebenden Pflanzen wie Einblütiges Perlgras (Melica uniflora), Waldmeister (Galium odoratum), Waldveilchen (Viola reichenbachiana), Goldnessel (Lamiastrum galeobdolon), Mehrjähriges Bingelkraut (Mercurialis perennis), Buschwindröschen (Anemone nemoralis), Flattergras (Milium effusum), Aronstab (Arum maculatum), Waldprimel (Primula elatior), Waldsegge (Carex sylvatica), Waldsanikel (Sanicula europaea) u.a. (TRAUTMANN et al. 1973).

Ausgangssituation für die ingenieurbiologischen Maßnahmen

Quer durch das Innerste-Bergland wurde Ende der 50-er Jahre die Bundesautobahn A7 gebaut (Fertigstellung 1959). Hierbei wurde unter anderem auch der Drögenberg bei Bockenem angeschnitten und es entstand eine ca. 25 m hohe Böschung im Kalkgestein mit einer 1:1 Neigung.

Um den nötigen Erosionsschutz zu erreichen und die Böschung auf Dauer zu sichern, wurde eine ingenieurbiologische Bauweise aus netzförmigem Faschinengeflecht vorgeschlagen, die sich schon bei einer ähnlich extremen Situation an einer Eisenbahnböschung bei Altenbeken bewährt hatte.

Durchführung der ingenieurbiologischen Arbeiten

Die Ausführung erfolgte nach Angaben der ausführenden Firma KLUGE u. Sohn aus Alfeld an der Leine folgendermaßen:

Aus lebendem und totem Reisig wurden ca. 9 m² große Netz-Matten geflochten und an den exponierten Bereichen der vorbereiteten Böschung befestigt (siehe Abb. 2, 4 und 5). Die verankerten Flechtwände wurden mit einem Gemisch aus Oberboden, Grassaat und organischem Dünger überzogen. In dieses Erdgemisch wurden anschließend die Pflanzen gesetzt. Die Anwuchs-Chance der Pflanzen wurde erhöht, indem sie vor dem Pflanzen in einen verbesserten Boden einballiert wurden. Gepflanzt wurden nach Angaben der Firma Kluge/Alfeld folgende Bäume und Sträucher:

Esche	Fraxinus excelsior
Stieleiche	Quercus robur
Hainbuche	Carpinus betulus
Buche	Fagus sylvatica
Feldahorn	Acer campestre
Winterlinde	Tilia cordata
Schwarzerle	Alnus glutinosa
Süßkirsche	Prunus avium
Hasel	Corylus avellana
Roter Hartriegel	Cornus sanguinea
Schwarzer Holunder	Sambucus nigra
Eingriffliger Weißdorn	Crataegus monogyna
Hundsrose	Rosa canina
Salweide	Salix caprea

Abb. 2 Legen des netzförmigen Faschinengeflechtes an der Kalkböschung des Drögenberges, 1959

Abb. 3 Blick auf die heutige Autobahnböschung der A7 an derselben Stelle, etwa 30 Jahre nach dem Bau

Abb. 4   Faschinengeflecht an der Böschung des Drögenberges (1959)

Abb. 5   Legen des netzförmigen Faschinengeflechtes an der Kalkböschung des Drögenberges

Außer der Schwarzerle als Baumart nasser und feuchter Standorte, dem Holunder (Pioniergehölz stickstoffreicher Standorte) und der Salweide (Pioniergehölz) handelt es sich hierbei um Gehölze der potentiellen natürlichen Vegetation.

Heutige Situation

Nach 30 Jahren stellt sich heute der Vegetationsbestand (siehe Abb. 3) folgendermaßen dar:

Die Baumschicht, die ca. 10 m hoch ist und deren Kronendach zu 70 % den Boden beschattet, setzt sich im wesentlichen aus den damals gepflanzten Arten zusammen, wobei jedoch Buche, Erle, Holunder und Salweide ausgefallen sind. Spontan von selbst hinzugekommen ist der Bergahorn, der heute die häufigste Baumart an dieser Böschung ist (durchschnittlicher Stammdurchmesser 30 cm), sowie der Bergholunder in der Strauchschicht.

Der Ausfall der Erle ist wegen der für sie ungünstigen Standortbedingungen auf dem durchlässigen Kalkgestein nicht verwunderlich. Auch daß Holunder und Salweide als Pioniergehölze im dichter werdenden Gehölzbestand nicht mehr konkurrieren können, erstaunt nicht.

Doch wo bleibt die Buche als potentielle Hauptbaumart?
Mögliche Erklärungen, daß bisher nur ein Exemplar als Solitärbäumchen von 1,5 m Höhe am Rand der Pflanzung überlebt hat, könnten sein:

• Die langsamwachsende Buche konnte mit den schneller wachsenden Arten wie Esche, Kirsche, Hainbuche und verschiedenen Sträuchern nicht sofort konkurrieren.
• Außer auf absoluten Optimalstandorten entwickeln sich Buchen oft erst in der zweiten oder dritten Baumgeneration im lichten Unterstand anderer Laubbäume z.B. von Bergahorn und Hainbuche (eigene Beobachtungen in verschiedenen Waldreservaten).
• Dem neu auf die Böschung zwischen die Flechtwerke aufgebrachte Boden fehlte die, für das Buchenwachstum notwendige Mykorhizza (Bodenpilze, die in Symbiose mit Bäumen leben und u.a. die Nährstoffaufnahme der Bäume erleichtern). Es muß sich erst ein entsprechender Mullboden entwickeln.

Der hohe Spontanaufwuchs von Bergahorn zeigt, daß hier die Buche noch mindestens eine Generation braucht, um dann eventuell die Bestandsbildung zu übernehmen.

Daß aber bereits die Entwicklung in Richtung der potentiellen natürlichen Waldvegetation eingesetzt hat, zeigen die ersten zarten Versuche von einigen typischen Buchenwaldpflanzen in der Krautschicht Fuß zu fassen, wie beispielsweise Waldmeister (Galium odoratum) und der besonders auf Kalkstandorten wachsende Sanikeł (Sanicula europaea). Noch ist die Bodenvegetation durch die gleichmäßige hohe Beschattung durch die Gehölze spärlich (ca. 10 % Deckung).

Zur Verdeutlichung der einsetzenden Entwicklung werden in der folgenden Tabelle 1 die Arten der Bodenvegetation der Böschung und des ca. 50 m entfernten Buchenwaldes einander gegenübergestellt. Der Buchenwald selbst ist ein ca. 20 m hoher, straucharmer Bestand. Für den Vergleich ist von der Pflanzung nur die spontane Entwicklung von Gehölzjungwuchs herangezogen worden.

	Autobahn-böschung	Buchenwald am Drögenberg	
Typische Wald- und Waldrandarten			
Galium odoratum	+	+	Waldmeister
Sanicula europaea	+	+	Waldsanikel
Dactylis polygama	+	+	Wald-Knäulgras
Fragaria vesca	+	+	Walderdbeere
Rubus idaeus	+	+	Himbeere
Senecio fuchsii	+	+	Waldgreiskraut
Geum urbanum	+	+	Echte Nelkwurz
Poa nemoralis	+	+	Hain-Rispengras
Viola reichenbachiana	.	+	Waldveilchen
Carex sylvatica	.	+	Waldsegge
Anemone nemorosa	.	+	Buschwindröschen
Mycelis muralis	.	+	Mauerlattich
Scrophularia nodosa	.	+	Knotige Braunwurz
Gehölzjungwuchs			
Fagus sylvatica	+	+	Buche
Ribes uva-crispa	+	+	Stachelbeere
Crataegus monogyna	+	.	Eingriffliger Weißdorn
Acer pseudoplatanus	+	.	Bergahorn
Prunus fruticosus	+	.	Zwetschge
Acer campestre	+	.	Feldahorn
Sambucus nigra	+	.	Schwarzer Holunder
Rosa canina	+	.	Hundsrose
Cornus sanguinea	+	.	Roter Hartriegel
Euonymus europaeus	+	.	Pfaffenhütchen
Viburnum opulus	+	.	Wasserschneeball
Prunus avium	+	.	Süßkirsche
Tilia spec	+	.	Linde
Sonstige Arten			
Epilobium adenocaulon	+	.	Drüsiges Weidenröschen
Heracleum sphondylium	+	.	Bärenklau
Taraxacum officinale	+	.	Löwenzahn
Veronica hederifolia	+	.	Efeublättriger Ehrenpreis

Tab. 1 Arten der Bodenvegetationan der Autobahnböschung und in einem benachbarten Buchen-wald am Drögenberg

Fazit

Die jetzige Situation der Autobahnböschung nach 30 Jahren zeigt, daß durch die vorn beschriebenen ingenieurbiologischen Maßnahmen die Böschungssicherung bis zum heutigen Zeitpunkt gegeben ist und wie es aussieht auch weiter gegeben sein wird, da bereits die nächste Generation an Gehölzen nachwächst.

Gleichzeitig scheint hier über mehrere Gehölzgenerationen eine Entwicklung zu einem Waldbestand möglich zu sein, der sich der potentiellen natürlichen Vegetation annähert - erste Anzeichen dazu wurden dargestellt. Hieraus zeigt sich, daß trotz Bodeneintrag in die Flechtwerke und einer Gehölzbepflanzung, als hier von Natur aus siedeln würde, eine Selektion zum naturnahen Waldbestand stattfindet. Begünstigt wird dies hier sicherlich durch das deutlich die Vegetation beeinflussende anstehende Kalkgestein und den sehr nahen Buchenwald als Samen- bzw. Ausbreitungspotential. Nach WULF (1995) gehören sowohl Galium odoratum, Sanicula europaea und Dactylis glomerata zu den Arten historisch alter Wälder. Viola reichenbachiana, ebenfalls als Art alter Wälder, hat die Verbreitung in den Waldbestand noch nicht geschafft.

Zur Diskussion gestellt werden soll an diesem Beispiel auch, ob an Kalksteinböschungen, die heute vermutlich auch ohne ingenieurbiologische Maßnahmen stabil hergestellt werden können, mit Übererdung und ingenieurbiologischen Bauweisen die Entwicklung zur potentiellen natürlichen Vegetation optimal gefördert werden kann.

Beispiele von neueren Autobahnböschungen im Kalkgestein, z.B. an der A 44 (Kassel - Dortmund) westlich von Kassel zeigen, daß hier ohne Übererdung o. ä. eine direktere Entwicklung über natürliche Sukzessionsabläufe zur potentiellen natürlichen Vegetation möglich ist. An solchen Stellen kann sich die standorttypische Vegetation unmittelbar einfinden und bei regelmäßiger Mahd ein Kalktrockenrasen ansiedeln. Ohne Nutzung findet über die natürliche Sukzession langfristig eine Entwicklung zu einem standortgemäßen Gehölzbewuchs statt. Beide Möglichkeiten stellen einen Beitrag zur naturnahen Entwicklung von neugeschaffenen Standorten ohne den Einsatz von ingenieurbiologischen Maßnahmen dar.

Literatur

HAEUPLER, H., MONTAG, A. WÖLDECKE, K. und E. GRAVE (1985): Rote Liste Gefäßpflanzen Niedersachsen und Bremen, 2. Auflage, Hrsg.: Niedersächsisches Landesverwaltungsamt - Fachbehörde für Naturschutz, Hannover.

MÜLLER, Th. (1957): Naturräumliche Einheit 379: Innerste Bergland In: Handbuch der naturräumlichen Gliederung Deutschlands, 4. und 5. Lieferung, Selbstverlag der Bundesanstalt für Landeskunde, Remagen.

TRAUTMANN, W.; KRAUSE, A.; LOHMEYER, W.; MEISEL, K. u. G. WOLF (1973): Vegetationskarte der Bundesrepublik Deutschland 1: 200.000 - Potentielle natürliche Vegetation - Blatt CC 5502 Köln. In: Schriftenreihe für Vegetationskunde, Heft 6, Bonn-Bad Godesberg.

WULF, M. (1995): Historisch alte Wälder als Orientierungshilfe zur Waldvermehrung, LÖBF-Mitteilungen H.4/95, S. 62-70, Recklinghausen.

Schlußwort

Der fortgeschrittenen Zeit wegen jetzt nur noch ein kurzes Abschiedswort, verbunden mit dem Dank der Gesellschaft an alle Teilnehmer, insbesondere die Referenten und Diskutanten. Sie alle machten den Tag zu einem besonderen Erlebnis.

Auf meine in der Einführung heute morgen gestellten Fragen eingehend möchte ich behaupten, alle hier vorgetragenen Beispiele lassen erkennen, es handelt sich um Arbeiten, die in das Aufgabengebiet der Ingenieurbiologie fallen. In den meisten, wenn nicht in allen Fällen scheint auch die biologisch-technische Sicherungsleistung eingetreten zu sein bzw. in Aussicht zu stehen. Ob das ingenieurbiologische Bauwerk von Anfang an oder mit der Zeit den Erwartungen des Naturschutzes entspricht oder nahekommt, hängt eng damit zusammen, was der Naturschutz im Einzelfall erwartet. Aus den vorgetragenen Beispielen kann abgeleitet werden, daß ingenieurbiologische Bauweisen zum rascheren Erreichen des Naturschutzzieles beitragen und im Vergleich zu wohl allen ingenieurbautechnischen Bauwerken von Anfang an eine naturnähere Entwicklung ohne Pflegeaufwand gewährleisten können. Dem vom Naturschutz oft erwarteten hohen Natürlichkeitsgrad von dem nach einem Eingriff neu entstandenen Vegetationsbestand müssen die dabei eingesetzten ingenieurbiologischen Bauweisen, die Verwendung bodenständiger Pflanzenarten vorausgesetzt, nicht entgegenstehen. Unabdingbar notwendig ist allerdings, die eingesetzten ingenieurbiologischen Mittel sind der gestellten Sicherungsaufgabe angemessen.

Aus den Beispielen geht auch hervor, daß die ingenieurbiologische Sicherungsaufgabe in dem meisten Fällen Vorrang vor der Forderung haben muß, gleichzeitig und gleichberechtigt die Belange des Naturschutzes, z.B. des Biotop- und Artenschutzes, zu berücksichtigen. Die Naturschutz-Qualität eines Lebendbauwerkes stellt sich nach und nach ganz von allein entsprechend den Eigenschaften des neu geschaffenen und gesicherten Standortes ein. Sie dürfte mit der Zeit die Anfangswirkungen der ingenieurbiologischen Einbauten vollständig überdecken und meist auch tilgen. Die Natur, gibt man ihr dazu die

Gelegenheit, überwältigt sozusagen die in der Anfangsphase oft nicht zu umgehende biotechnische Hilfestellung durch den Menschen.

In seinem Schreiben an die Gesellschaft anläßlich dieser Tagung erwähnte der Bundesminister für Umwelt, Naturschutz und Reaktorsicherheit die Bedeutung der Ingenieurbiologie bei Eingriffen in Natur und Landschaft. Der Ausgleich eines Eingriffes (§ 8 Abs. 2 BNatSchG) kann, das zeigen die heute vorgetragenen Beispiele und Diskussionsbeiträge, mit Hilfe der Ingenieurbiologie im Sinne des Naturschutzes befördert werden, gleich ob es sich darum handelt, Nutzungen und Bauwerke rechtzeitig und ausreichend vor schädlichen Naturereignissen zu sichern, natürliche Entwicklungsvorgänge rasch und sicher einzuleiten oder aus Rohboden geschaffene naturnahe Geländeformen schnell mit natürlichen Mitteln zu halten und langfristig zu festigen.

Der Naturschutz braucht die Ingenieurbiologie nur in bestimmten Fällen, z.B. bei Eingriffen in Natur und Landschaft. Die Ingenieurbiologie braucht den Naturschutz immer.

Wolfram Pflug

Jahrbücher der Gesellschaft für Ingenieurbiologie e. V.

Ingenieurbiologie - Uferschutz an Fließgewässern
Jahrbuch 1 (1980) 132 Seiten, 65 Abb. Textzusammenfassung deutsch / englisch
DM 32,- (Preis für Mitglieder DM 20.-)

Ingenieurbiologie - Wurzelwerk und Standsicherheit von Böschungen und Hängen
Jahrbuch 2 (1985) 384 Seiten, 180 Abb., davon 54 in Farbe, 29 Tab. Textzusammenfassung
und Bildlegenden deutsch /englisch
DM 42,- (Preis für Mitglieder DM 30,-)

Ingenieurbiologie - Erosionsbekämpfung im Hochgebirge
Jahrbuch 3 (1988) 240 Seiten, 150 Abb. davon 90 in Farbe, Textzusammenfassung und Bild-
legenden deutsch / englisch / französisch / italienisch
DM 56,- (Preis für Mitglieder DM 40,-)

Ingenieurbiologie - Flußdeiche und Flußdämme - Bewuchs und Standsicherheit
Jahrbuch 4, im Druck

Ingenieurbiologie - Hilfsstoffe im Lebendverbau
Jahrbuch 5 (1990) 252 Seiten, 142 sw Abb., 10, Tabellen und 10 Karten, Textzusammen-
fassung und Bildlegenden deutsch / englisch
DM 42,- (Preis für Mitglieder DM 32,-)

Ingenieurbiologie im Spannungsfeld zwischen Naturschutz und Ingenieurbautechnik
Jahrbuch 6 (1996) 330 Seiten, 125 Abb., 16 Tabellen
DM 52,- (Preis für Mitglieder DM 42,-)

Ingenieurbiologie - Die mitteleuropäischen Erlen
Jahrbuch 7, in Vorbereitung

Bestellungen und Informationen bei der Geschäftsstelle:
Gesellschaft für Ingenieurbiologie e.V.
Eynattener Straße 24 A
52064 Aachen
Tel.: 0241/77227
Fax: 0241/71057
eMail: Eva.Hacker@t-online.de

Bankverbindung: Konto-Nr. 647 651
Sparkasse Aachen (BLZ 390 500 00)